普通高等教育"十三五"规划教材

基础化学实验

上 册

金 星　沈启慧　主编

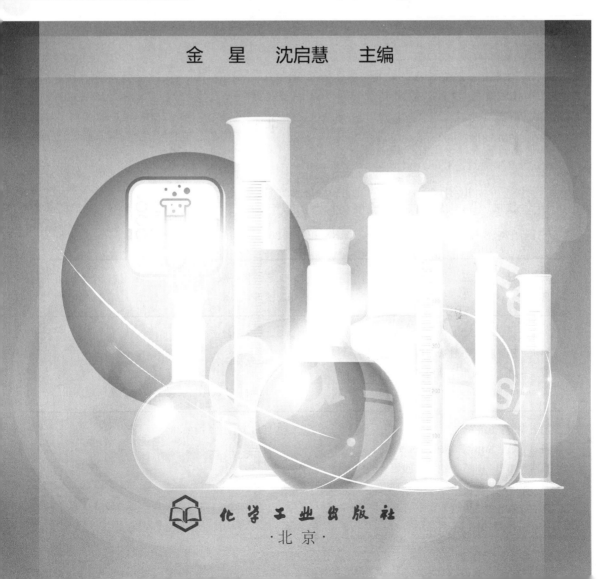

化学工业出版社

·北京·

《基础化学实验》是根据基础化学实验课程的教学基本要求，融合了面向 21 世纪化学系列课程体系教学改革成果并经过十几年实际使用、修改后而编写的实验教材。教材分为上、下两册。上册分为三个部分。第一部分为无机化学实验，包含无机化学实验室基本知识和操作及十九个实验项目；第二部分为分析化学实验，包含分析化学实验基础知识及十五个实验项目；第三部分为仪器分析实验，包含仪器分析实验的基本知识及二十一个实验项目。

　　《基础化学实验》可供高等院校化学、化工、石油、纺织、食品、医药、环境及相关专业作为基础化学实验课的教材或参考书，也可供在化学、化工、石油、纺织、食品、医药、环境等领域从事科研、生产的技术人员参考。

图书在版编目（CIP）数据

　　基础化学实验. 上册/金星，沈启慧主编. —北京：
化学工业出版社，2018.8（2024.8重印）
　　普通高等教育"十三五"规划教材
　　ISBN 978-7-122-32685-0

　　Ⅰ.①基…　Ⅱ.①金…②沈…　Ⅲ.①化学实验-高
等学校-教材　Ⅳ.①O6-3

　　中国版本图书馆 CIP 数据核字（2018）第 159269 号

责任编辑：满悦芝　石　磊　　　　　　文字编辑：陈　雨
责任校对：王素芹　　　　　　　　　　装帧设计：张　辉

出版发行：化学工业出版社（北京市东城区青年湖南街 13 号　邮政编码 100011）
印　　刷：三河市航远印刷有限公司
装　　订：三河市宇新装订厂
787mm×1092mm　1/16　印张 13½　字数 332 千字　2024 年 8 月北京第 1 版第 7 次印刷

购书咨询：010-64518888　　　　　　　售后服务：010-64518899
网　　址：http://www.cip.com.cn
凡购买本书，如有缺损质量问题，本社销售中心负责调换。

定　　价：39.80 元

前　言

　　本书根据高等院校基础化学实验教学的实际需要和课程体系的基本要求，结合"卓越工程师教育培养计划"和"全国工程教育专业认证"指标体系的人才培养要求，融合吉林化工学院及兄弟院校多年的实践教学经验和改革成果编写而成。教材侧重于化学化工类及相关专业基础化学实验知识及实验技能的介绍。全书分为上下两册，上册包括无机化学实验、分析化学实验及仪器分析实验，下册包括有机化学实验、物理化学实验及综合与设计性实验，共六个部分。

　　《基础化学实验》由吉林化工学院基础化学实验中心长期从事化学实验教学的老师共同编写完成。本书由金星、沈启慧主编，第一部分无机化学实验由沈启慧、吕洋编写，第二部分分析化学实验由刘岩、张大伟编写，第三部分仪器分析实验由于世华、陈萍编写，第四部分有机化学实验由张俭、吉慧杰编写，第五部分物理化学实验由金星、张建坡、张志会编写，第六部分综合与设计性实验由程振玉、胡博编写。刘鸿雁、蒋云霞、郝希云、李双宝等教师参加了本书部分文字修改、素材搜集与制作等工作。

　　在本书的编写过程中，吉林化工学院杨英杰教授、王景峰副教授、于林超副教授、于丽颖教授、程乐琴教授对书稿提出了许多宝贵意见，在此致以诚挚的感谢！

　　本书体现了高等院校化学化工类专业基础化学实验教学的基本特点，旨在通过学生化学实验基础知识和基本操作技能的培养与训练，激发学生进行科学研究的兴趣，开发学生的创造性思维，提高学生分析、解决复杂问题的能力。

　　由于时间仓促和水平有限，书中难免存在疏漏之处，衷心希望读者指正。

编　者

2018 年 8 月

目　录

第一部分　无机化学实验

第二部分　分析化学实验

附　　录

参考文献

第一部分　无机化学实验

第一章　无机化学实验室基本知识和操作

第一节　无机化学实验室工作教育

一、化学实验的目的与学习方法

化学是一门理论与实践并重的科学。无机化学实验作为高等理工科院校化学、化工、材料、医药和环境科学等专业的主要技术基础课程，在素质教育和人才培养中具有重要作用。要很好掌握化学的基本原理、基本方法和基本技术，就必须以化学实验作为素质教育的媒体。通过化学实验教学过程可以达到下列目的。

① 简单模拟书本上化学知识是如何从实验过程中被逐步总结归纳为一些化学理论的基本过程，培养学生在一定范围内能运用所学的知识进行基本的实验操作的能力。

② 培养学生的科学探索精神和创新思维的能力。

③ 培养学生具有一定的分析和解决基本科学问题的能力，整理和归纳实验过程中观察到的实验现象的能力，将实验过程与结论熟练运用文字进行表达的能力以及团队协作精神。

要达到以上实验教学目的，就需要学生在进行无机化学实验学习的过程中做到以下四点。

（1）实验前对本节课的实验内容进行预习　实验的预习是非常重要的环节。在进行实验之前，认真阅读实验教材，明确实验目的和实验原理，掌握实验基本操作过程和注意事项是实验课可以顺利进行的基本保障。因为，只有明确了实验目的和实验原理，才可以了解本次实验的培养意图和预期达成目标；只有明确了实验操作方法和注意事项，才可以掌握在实验过程中可能发生的现象及应对方式，才能明确实验数据的具体处理方法。除此之外，实验前还要认真地书写实验预习报告。预习报告应做到简单明了、重点突出，不可完全照抄书本。在实验开始前，应提前15min进入实验室，在指定位置进行实验前的准备工作，等待实验课的开始。

（2）实验过程中正确操作与详实记录实验结果　学生在实验过程中要按照教材上所讲的内容、方法、步骤、要求及药品用量规范认真地进行实验操作，专心致志地观察、记录实验现象，并妥善保存实验过程中记录的原始数据（可由实验教师记录在实验记分册的相应位置）。实验数据记录要完整、严谨、详实，不能随意篡改。同时，在实验过程中应保持课堂纪律，遵守实验室各项规章制度，独立思考问题，运用理论课中学习的知识分析和解决在实验过程中遇到的问题。

（3）实验结束后清理实验室的卫生　学生实验完毕后，应在教师的指导下清洗使用过的实验仪器并摆放到相应的位置，整理好试剂架上的试剂瓶及其他物品，清洁桌面、地面和水槽，经教师允许后方可离开实验室。

（4）认真书写实验报告　实验报告是对整个实验过程的综合和总结，对于培养学生的实验分析能力和文字表述能力有着非常重要的作用。因此，必须给予足够的重视。实验报告的书写，要求学生对实验过程中观察到的现象进行解释并作出结论，或根据实验数据进行处理和计算。每一位参与实验的学生都应该按要求独立完成实验报告的书写，并交由指导教师审阅和评价，不可出现抄袭等现象。如果实验过程中的现象、解释、结论、数据、计算等存在严重问题，或实验报告书写潦草、不认真，应要求其重写实验报告。

二、实验报告的书写

实验报告是实验教学中重要的基本训练内容。实验报告的完成需要准确客观地记录实验中所观察到的现象，并能根据自己掌握的化学知识对这些现象进行初步的解释。实验报告的基本格式包括实验目的、实验原理、实验过程中观察到的现象和测量数据的记录、实验结果与讨论以及对本次实验的思考。无机化学实验报告，按实验的类型可以大致分为以下三类。

（1）常数测定类实验　实验报告中主要书写实验目的、常数测定的基本原理、数据记录及处理、误差及误差分析、实验结果与讨论以及对本次实验的思考。

（2）化合物制备或化合物的提纯类实验　实验报告中主要书写实验目的、制备（提纯）流程图、实验步骤（含操作时间）、产品的纯度检验、产品的性质（颜色、状态、产率计算、理论产量的计算等）以及对本次实验的思考。

（3）性质验证类实验　实验报告中主要书写实验目的、实验原理、实验现象的记录（实验步骤、产生的现象、对应的解释和反应方程式）、实验结果与讨论以及对本次实验的思考。

无论哪种类型的实验报告，其中的实验数据处理和结果讨论部分都是实验报告的核心内容。实验数据处理应包括记录原始数据的表格、每一个推论数据的计算过程等；实验结果讨论应包括对实验现象的分析和解释，对整个实验的归纳、总结等。实验报告必须保证原始实验现象和数据的真实可靠性，不可随意篡改。实验报告的正确、规范书写，能在很大程度上端正学生对实验课的学习态度，同时强化学生对科研数据的文字表述能力，所以，在实验课中具有非常重要的位置。总之，一份好的实验报告应做到目的明晰、原理清楚、现象和数据准确可靠、图表规范合理、讨论客观深入、书写简明扼要。

三、化学实验室工作中的安全操作

① 必须熟悉实验室的环境，明确水、电、气阀门的位置和开关方法，掌握急救箱和消防用品等的放置位置和具体使用方法。

② 实验室内的药品严禁任意混合，更不能尝其味道，以免发生意外事故。当需要借助于嗅觉鉴别少量气体时，应用手把少量气体轻轻地扇向鼻孔进行嗅闻。注意试剂、溶剂的瓶盖、瓶塞不能盖错。

③ 绝对禁止在实验室内饮食、吸烟。实验完毕，必须洗净双手。使用有毒或腐蚀性试剂时，应佩戴橡胶手套和护目镜，严防其进入口、眼内或接触伤口。废液不得倒入下水道，应倒入指定的废液桶中。实验室所有药品不得携带出实验室外。

④ 实验过程中如产生少量有毒的、恶臭的、有刺激性的气体时，应该在通风橱内进行操作（必要时需在手套箱中进行操作）。

⑤ 在使用金属汞的实验中，应注意金属汞易挥发，可以通过呼吸道而进入人体内，逐渐积累引起慢性中毒现象。所以，使用金属汞的实验一定要在手套箱内进行操作。一旦有汞散落于外部实验台，应尽快使用硫黄粉盖在散落的地方进行处理。

⑥ 银氨溶液不能长期留存，因其久置后会生成氮化银，容易发生爆炸。某些强氧化剂（如氯酸钾、硝酸钾、高锰酸钾等）或其混合物不能研磨，否则将引起爆炸。

⑦ 使用易燃有机溶剂时要远离火源（如燃烧的酒精灯等），用后应立即盖紧瓶塞。

⑧ 加热、浓缩液体的操作要十分小心，应佩戴护目镜，不能俯视正在加热的液体，以免溅出的液体把脸部灼伤。加热试管中的液体时，不能将试管口对准自己或别人，应朝向无人处。

⑨ 使用电器设备时，不要用湿手接触仪器，以防触电，用后拔下电源插头。

⑩ 使用高压气体钢瓶时需要预防其发生爆炸和泄漏，因而必须严格按操作规程进行操作。钢瓶应存放在阴凉干燥的地方，远离热源，存放在独立的气瓶储存柜中，使用导管引出气体。用以储存不同气体的高压钢瓶的种类可由其颜色加以辨认：氧气使用天蓝色钢瓶，外瓶用黑色字体标注"氧"字样；氢气使用绿色钢瓶，外瓶用红色字体标注"氢"字样；氮气使用黑色钢瓶，外瓶用黄色字体标注"氮"字样；二氧化碳气体使用黑色钢瓶，外瓶用黄色字体标注"二氧化碳"字样；压缩空气使用黑色钢瓶，外瓶用白色字体标注"压缩空气"字样；硫化氢气体使用白色钢瓶，外瓶用红色字体标注"硫化氢"字样；氩气使用灰色钢瓶，外瓶用绿色字体标注"纯氩"字样。

四、化学实验意外事故的处理

（1）创伤　伤口内若有异物，应先取出（不要用水洗伤口），再涂上红药水或碘酒，使用创可贴或纱布按住伤口进行止血，必要时送医院救治。

（2）烫伤　被高温物体烫伤后，切勿用冷水冲洗，更不要把烫起的水泡挑破，可先用10%高锰酸钾清洗烫伤处，再涂上凡士林或烫伤膏。

（3）酸、碱腐蚀伤　先用大量水冲洗，再用饱和碳酸氢钠溶液（酸）或1%柠檬酸溶液（碱）冲洗，最后再用清水冲洗，涂敷凡士林。酸（或碱）溅入眼内，应立即用大量清水冲洗，再用稀碳酸氢钠溶液（或饱和硼酸溶液）冲洗眼睛，然后用蒸馏水冲洗。

（4）吸入刺激性或有毒气体（如溴蒸气、氯气等）　可吸入少量乙醇和乙醚的混合蒸气解毒。因不慎吸入煤气、硫化氢气体时，应立即到室外呼吸新鲜空气。必要时，送医院救治。

（5）遇毒物误入口　立即取一杯含5~10mL稀硫酸铜溶液的温水，内服后再用手指伸入咽喉部，促使呕吐，然后立即送医院治疗。

（6）不慎触电　立即切断电源或使用绝缘物将电源隔离触电者，必要时进行人工呼吸。

（7）起火　起火后，要立即一面灭火，一面防止火势蔓延（如采取切断电源，移走易燃药品等措施）。灭火的方法要针对起因选用合适的方法。一般的小火可用石棉布或沙子覆盖燃烧物，即可灭火，火势大时可使用泡沫灭火器。但电气设备所引起的火灾，只能使用二氧化碳或四氯化碳灭火器灭火，不能使用泡沫灭火器，以免触电。

常用的灭火器类型主要包括：①酸碱式灭火器，药液成分是硫酸和碳酸氢钠，适用于非油类和电器失火的一般性火灾；②泡沫灭火器，药液成分是硫酸铝和碳酸氢钠，适用于油类起火；③二氧化碳灭火器，药液成分是液态二氧化碳，适用于电器、小范围油类和忌水的化学品失火；④干粉灭火器，药液成分是碳酸氢钠、硬脂酸铝、滑石粉等，适用于油类、可燃性气体、精密仪器和遇水易燃烧物品的初起火灾等。

（8）重伤　伤势较重者，立即送医院。

第二节　常用仪器的使用方法及实验化学品的保存和取用

一、化学试剂的规格、存放和取用

世界各国对化学试剂的分类和分级的标准都有所不同，存在着国别、各个行业的不同的标准。国际标准化组织近年来颁布了许多种化学试剂的国际标准，国际纯粹与应用化学联合会将化学标准物质分为五级，其中 C 级和 D 级为滴定分析标准试剂，E 级为一般试剂。就我国来说，有国家标准（GB）、行业标准（HG）及企业标准（QB）三级。

（1）我国常用试剂的分类标准　我国的化学试剂一般可分为四个等级，其规格和适用范围为：①优级纯试剂（G.R.），标签标志为绿色，纯度非常高，常用于高精密的实验分析工作等；②分析纯试剂（A.R.），标签标志为红色，纯度较高，略逊于优级纯试剂，普遍应用于大多数的科研等工作；③化学纯试剂（C.P.），标签标志为蓝色，适用于对药品纯度要求不高的实验研究等；④实验试剂（L.R.），标签标志为棕色或者黄色，适用于对纯度要求不高的实验教学等工作。

还有一些特殊用途的其他规格的试剂，如色谱纯试剂、光谱纯试剂和生化试剂等。

此外，化学试剂中的指示剂，其纯度往往不太明确。生物化学中使用的特殊试剂纯度的表示方法与化学试剂也有不同，如蛋白质类试剂的纯度常以含量表示，而酶试剂则以酶的活力来表示。

在化学实验过程中，要根据实验的具体要求来选择所需的试剂，并不是一味追求高纯度的试剂。一般来说，大部分的化学类合成实验应选取分析纯试剂，而普通的分析实验中也使用分析纯试剂即可。只有在某些对精密度要求非常高的实验或分析工作中，才需要选择优级纯试剂，此时若需要用水，应当选用二次重蒸水。在极其特殊的情况下，当市售试剂的纯度不能满足实验要求时，可考虑先购买高纯度试剂，再自己进行精制。

（2）试剂的保管　在无机化学的相关实验，尤其是元素及化合物的性质部分实验中，需使用的试剂种类繁多，性质多样，如果保管不当，会造成试剂的变质，导致实验的失败。因此，妥善对各种实验所需的化学试剂进行分类保管是十分重要的。固体试剂应装在便于取用的广口瓶内，液体试剂则应存放在细口瓶中，遇光易发生分解反应的试剂（如硝酸银等）应装在棕色瓶内，并避光保存。一些代表性试剂的保存方法如表 1.1 所示。

表 1.1　一些代表性试剂的保存方法

药品特性	示例	保存方法
吸水性强	无水碳酸钠	密封,保存在干燥器中
腐蚀玻璃	氢氧化钠	用橡皮塞塞紧,保存于塑料瓶中
易挥发	丙酮	密封,存放于有通风设备的试剂柜中
剧毒	氧化汞	密封,存放于专用试剂柜中,并严格取用登记制度

此外，还应做到易发生反应的试剂分开存放，如氧化剂和还原剂分开存放，酸、碱分开存放等。而一些易升华的试剂（如碘单质）也要严格密封保存，避免其泄漏对实验柜和其他物品造成污染。

（3）取用试剂应注意的事项　在配制药品的时候，需要在盛装配制好的药品的试剂瓶上，贴上标签，并注明试剂的名称、规格和配制药品的日期。若在取用时，存在有些药品的标签脱落而无法确定试剂的种类或规格时不能取用。在无机化学实验中，有些实验明确标注药品需要新配制的［如实验一（化学反应速率、活化能的测定）中的碘化钾试剂等］，则需在实验前进行配制，不可存放过久。在取用药品时，需将瓶盖取下后，顶部朝下放在干净的桌面上，避免在盖上盖子时将杂质带入试剂瓶中。同时要注意，试剂瓶和盖子（小滴瓶和胶头滴管）要一一对应，不同药品的盖子不可以盖错，防止互相污染。除实验五（解离平衡及弱酸电离常数的测定）对 pH 计进行两点校正的标准缓冲溶液外，其他任何已取出试剂瓶的试剂均不得再放回原瓶内，如果过量，应弃置于废液桶中。在元素性质类实验中，普遍存在从滴瓶中取液体试剂的操作，此时，应注意取液过程中，要保持滴管垂直，避免倾斜，以防试剂流入橡皮头内。使用滴管滴加试剂时，应将其悬于容器口上方将试剂滴入，防止滴管尖端与容器内壁接触，造成污染或滴管的损坏。在取液时，加入反应器内所有液体的总量不得超过总容积的 2/3，试管则不能超过总容积的 1/2。实验五（解离平衡及弱酸电离常数的测定）中，配制不同浓度的乙酸溶液需使用多支移液管，此时，应注意移液管和所取用的试剂要一一对应，不能用同一根移液管不加洗涤而取用其他溶液。另外，在取用固体试剂时，需选用干净的专用药匙取用。在取用前应先用纸将药匙擦拭干净，取用完成后，一定要将试剂瓶塞盖严并放回原处，最后将药匙洗净并擦干。

二、常用实验仪器的介绍

1. 试管

试管分为普通试管（图 1.1）和离心试管（图 1.2）。普通试管常用作常温或加热条件下少量试剂反应的容器，也可以用来收集少量气体，而离心试管则常应用于沉淀的分离（离心试管不能直接加热）。使用试管时应注意，试管中的反应液体不能超过其容积的一半，在需加热时则不超过其容积的 1/3，以防止液体溅出。在加热试管中的液体时，试管口不能对准自己或他人，以防液体受热喷溅而造成伤害。另外，在进行加热操作时，需使用试管夹。加热固体时，管口应略向下倾斜，以免管口冷凝水流回灼热的试管底部而使试管炸裂。

图 1.1　普通试管　　　　　　　　　　　图 1.2　离心试管

2. 烧杯

在无机化学实验中，使用的多是有刻度的烧杯（烧杯的刻度并不精准，通常不可用作试剂的量取）。烧杯（图 1.3）常作为在常温或加热条件下盛装相对大量物质的容器。在使用烧杯时应注意加入的反应液体体积不得超过烧杯容积的 2/3，以防止搅拌或沸腾时液体溅出。在进行加热操作前，烧杯底通常垫上石棉网来防止受热不均匀现象的产生。

3. 量筒

量筒（图 1.4）通常为玻璃材质或透明塑料材质，用于量取液体的体积。量筒不可以直接加热。量筒常见的规格有 10mL、25mL、50mL、100mL、500mL、1000mL 和 2000mL 等。量筒的量度规格越大，精确度越小。

图 1.3　烧杯

图 1.4　量筒

4. 烧瓶

烧瓶主要有平底、圆底（图 1.5）、单口和多口几种（图 1.6 为斜三口烧瓶）类型。其中，圆底烧瓶是有机化学反应中常用的玻璃仪器。烧瓶与烧杯相同，反应物的投入体积不能超过其容积的 2/3，在进行加热操作前也需垫上石棉网。与烧杯不同的是，圆底烧瓶在加热时需要使用铁架台固定。

5. 锥形瓶

锥形瓶（图 1.7）主要分为有塞和无塞等多种（本书实验中涉及的主要为无塞锥形瓶），它常用作液体反应的容器和滴定操作的容器等。在对锥形瓶进行加热操作时，应垫石棉网。与烧杯相同，锥形瓶内盛放的液体也不能太多，以防振荡时溅出。

图 1.5　圆底烧瓶

图 1.6　斜三口烧瓶

图 1.7　锥形瓶

6. 抽滤瓶和布氏漏斗

在无机化学实验的合成部分，抽滤瓶（图 1.8）常与布氏漏斗（图 1.9）联合使用来对混合液进行减压过滤的操作。抽滤瓶不能直接加热。在抽滤的过程中尤其要注意，布氏漏斗的尖端要远离抽滤口，以防止抽滤过程中液体的损失和滤液对抽滤体系的污染。

7. 小滴瓶

常用的小滴瓶（图 1.10）分为无色和棕色（防光）两种。小滴瓶的滴管上装有乳胶滴头，通过挤压乳胶头来完成吸取滴瓶中的液体和释放滴管中的液体等操作。小滴瓶主要用于盛放少量液体试剂或溶液。在实验过程中，要注意滴管与小滴瓶要始终保持一一对应，以防止试剂的交叉污染。用小滴管吸液后也不能将其倒置，以防止试剂倒流而污染乳胶头。

图 1.8　抽滤瓶

图 1.9　布氏漏斗

图 1.10　小滴瓶

8. 细口瓶和广口瓶

无机化学实验教学中所使用的主要有无色和棕色（防光）两种类型的细口瓶（图 1.11）或广口瓶。广口瓶（图 1.12）多用于储存固体，而细口瓶则常用于储存液体药品。它们都不能直接加热，也不可以储存对玻璃有腐蚀性的药品。在用细口瓶（或广口瓶）盛装药品时，还应贴上标签纸，注明药品的名称、规格和日期。

图 1.11　细口瓶

图 1.12　广口瓶

9. 漏斗

玻璃质地的普通过滤漏斗主要分为短颈漏斗（图 1.13）与长颈漏斗（图 1.14）两种。它们主要用于在无机合成过程中的常压过滤操作。在过滤时，要使用玻璃棒引流，还应注意倾倒待过滤混合液的烧杯嘴要紧贴玻璃棒，玻璃棒轻轻靠在三层滤纸部分，同时，漏斗颈尖端应紧靠承接滤液的容器壁，防止滤液溅出损失。

图 1.13　短颈漏斗

图 1.14　长颈漏斗

10. 蒸发皿

蒸发皿主要分为圆底蒸发皿（图 1.15）和平底蒸发皿。其制作材质根据具体实验的需要主要分为瓷质、玻璃、石英等。本书所涉及的无机化学实验使用的是瓷质的圆底蒸发皿。它主要应用于蒸发、浓缩液体的操作过程中。同时，为保证其平稳，常在石棉网上加垫泥三角后再进行加热。

11. 坩埚

坩埚（图 1.16）的制作材质有瓷质、石墨、氧化铝、铂制品等。它常用于强热、灼烧固体的操作中 [如实验十三（硫酸铜结晶水的测定）]。需要注意的是，加热后的坩埚要使用坩埚钳取出，不可用手直接接触。同时，取出的热坩埚应放在石棉网上，防止其炸裂。

12. 容量瓶

容量瓶（图 1.17）是用来配置一定体积溶液的玻璃器皿。它通常配套带有磨口玻璃塞。瓶体上标有温度和在该温度下容量瓶的容量规格。在其颈上还有一条标线，指示在瓶体标注的温度下，当瓶中储存溶液液面与标线相切时，所容纳的溶液体积即为容量瓶的容量规格体积。容量瓶的容量规格体积一般有 10mL、25mL、50mL、100mL、250mL、500mL、1000mL、2000mL 等。容量瓶在使用前必须进行检漏操作，具体方法是：向容量瓶中加水到瓶颈标线附近，盖好瓶塞，并用纸巾将瓶塞瓶口连接处附近的水擦干净（便于观察是否漏水），然后，一手食指按住瓶塞，另一只手托住瓶底，将容量瓶倒立 2min，观察瓶塞瓶口连接处周围是否有水渗出，如不漏水，将瓶放正。进一步将瓶塞转动 180°后，重复如上操作，再将容量瓶倒立 2min，观察有无渗水。如不漏水，即可使用。

图 1.15　圆底蒸发皿　　　　　图 1.16　坩埚　　　　　图 1.17　容量瓶

在使用容量瓶配制溶液时，如果需要将一定量的固体物质配成一定浓度的溶液时，通常是将固体物质准确称量后放入烧杯中，再加溶剂将其完全溶解，然后，将溶解后的溶液全部转移到容量瓶中。在转移溶液时，需使用玻璃棒进行引流。一手持玻璃棒插入容量瓶中（不要与瓶口接触），另一手持烧杯，烧杯嘴要紧靠玻璃棒，使溶液沿玻璃棒慢慢流入容量瓶中。玻璃棒的下端要紧靠瓶颈内壁，但不要太接近瓶口，以免溶液溢出。溶液转移完后，仍要将烧杯嘴紧靠玻璃棒，同时把烧杯沿玻璃棒逐渐上移，并最终使烧杯直立，使烧杯嘴和玻璃棒之间的少量溶液流回烧杯内，再将玻璃棒放回烧杯内。然后，用溶剂清洗玻璃棒和烧杯内壁，并重复使用上述方法将洗液完全转移到容量瓶中（洗涤过程要保证 3 次以上）。再加溶剂稀释至容量瓶容积的 2/3 处，再直立旋摇容量瓶，初步混合瓶内溶液。进一步稀释溶液至容量瓶的标线处，直至弧形弯液面与容量瓶的标线相切为止（热溶液应冷却至室温后再进行此操作）。最后，盖上容量瓶的玻璃塞，将容量瓶倒转，待瓶底气泡上升至顶部后，再将容量瓶直立。如此反复多次，使瓶内溶液充分混合。

用容量瓶进行稀释溶液的操作时，需要事先计算好指定浓度的原溶液的用量，再使用移液管吸取计算体积的溶液于容量瓶中，然后按上述方法混匀溶液。容量瓶使用完毕后，应使用纯净水冲洗干净。擦干瓶口和瓶塞后，用纸片将其隔开，防止粘连。

13. 移液管和吸量管

移液管（图1.18）和吸量管（图1.19）是用来准确移取一定体积液体的量器。移液管又称无分度吸管，是一根细长而中间膨大的玻璃管，其下端为尖嘴状。通常在移液管上会标注有指定温度和在该温度下移液管的规格，同时，在管的上端有一环形标线。当使用洗耳球将溶液吸入移液管内时，在垂直的情况下使凹液面与标线相切，然后，再让溶液自由流出，则流出的溶液体积等于移液管上标示的容积的数值。常用的移液管有5mL、10mL、25mL和50mL等规格。移液管在使用前一般先用洗液浸泡清洗，再用自来水清洗，最后用蒸馏水清洗，直到移液管内壁不挂水珠为止。完成清洗步骤后，将管外的水擦干，尽量除尽管内的水，然后，使用待移取溶液淋洗三次，完成润洗操作。

图1.18　移液管　　　　　　　　　　　　　　图1.19　吸量管

在使用移液管吸取溶液时，右手拇指和中指拿住移液管上端，将移液管插入待吸溶液的液面下约1～2cm处，左手拿洗耳球，先排出洗耳球中空气，用洗耳球按紧移液管的上口，勿使漏气。然后慢慢松开洗耳球，吸取溶液至移液管中。待液面上升至环形标线以上时，迅速移去洗耳球，立刻用右手食指按紧移液管的上口，切勿漏气。将移液管提离液面，用纸擦干外管的溶液，使移液管下面的尖端靠着用以收集多余液体的容器壁，轻轻转动移液管，使溶液缓缓流出，直到凹液面与移液管的标线相切。随后，立即以食指按紧移液管上口，使溶液不再流出。将移液管保持垂直并使其尖端靠在接收溶液的容器的内壁，稍微倾斜接收容器，松开食指，使溶液沿容器内壁流下。待移液管内溶液流净后，再等待15s后取出移液管。

吸量管又称为有分度吸管，它带有刻度，一般为玻璃材质，常用于吸取不同体积的液体。吸量管的用法基本上与移液管的操作相同，这里就不再赘述。需要注意的是，使用吸量管时，通常是使液面从吸量管的最高刻度降到另一刻度，两刻度之间的体积为取用液体的体积。移液管和吸量管使用完毕后，应洗涤干净，然后放在指定位置上，留待下次使用。

14. 滴定管

滴定管是滴定时用来准确测量流出溶液体积的量器。它可分为两种：一种是下端带有玻璃旋塞的酸式滴定管（图1.20），主要用于填装酸类溶液或氧化性溶液，需要注意的是，酸式滴定管不可填装碱性溶液，否则碱性溶液会腐蚀玻璃，使旋塞发生粘连等情况，致使无法转动；另一种是下端连接乳胶管的碱式滴定管（图1.21），主要用于填装碱性溶液，其下端连接的橡皮管内放有一颗玻璃珠，用于控制溶液的流出，这里需要注意碱式滴定管不能盛放氧化性溶液，因为这些溶液能与乳胶管作用，致其损坏。常用的滴定管的容积为50mL，其最小刻度是0.1mL，因此读数可读到小数点后第二位。另外还有容积为25mL的滴定管及

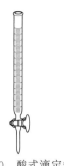

图 1.20 酸式滴定管

图 1.21 碱式滴定管

10mL、5mL、2mL 和 1mL 的微量滴定管。

在使用滴定管之前，需要先进行洗涤和检漏操作。酸式滴定管在洗涤前还应检查玻璃旋塞与滴定管是否配合紧密，如不紧密则不宜使用。洗涤可根据滴定管的污染程度，酌情采用直接用自来水清洗，或者选用洗液进行清洗等方法洗净。但是，无论用何种方法清洗，最后都必须用自来水冲洗干净，然后再用蒸馏水冲洗三次，并将管外壁擦干。洗净后，为了使玻璃旋塞转动灵活并防止漏水，需在酸式滴定管的旋塞上均匀涂抹凡士林油。具体的操作方法是：首先，取下旋塞，将滴定管平放在实验台上，用滤纸将旋塞套和旋塞上的水擦干。然后，再用手指蘸取少量的凡士林，涂在旋塞的两头，要均匀地涂一薄层。凡士林既不能涂得太厚，更不可以使旋塞的中段沾染凡士林，以免凡士林将旋塞孔道堵住。也不可涂得太少，那样会导致旋塞转动不灵活或者漏水。正确涂抹凡士林后，将旋塞插入旋塞套中，并向同一方向转动旋塞，直到旋塞与旋塞套之间呈现透明、无气泡的状态为止，并且旋塞可以转动灵活。然后关闭旋塞，用水充满滴定管，并擦干管壁外的水，再将滴定管置于滴定架上，直立静置 2min，观察有无漏水，若没有，则继续将旋塞旋转 180°，再静置 2min，继续观察有无漏水，若仍无水漏水现象，旋塞转动也灵活，即可使用。

与酸式滴定管不同，碱式滴定管在使用之前，应首先检查其底部的乳胶管是否老化，玻璃珠大小是否恰当。若存在问题，应及时更换。碱式滴定管的洗涤与检漏和酸式滴定管大体相同，只是没有涂抹凡士林油和旋转旋塞的操作，这里不再赘述。

在将操作溶液装入滴定管之前，应先将溶液瓶中的操作溶液摇匀。在滴定管装入操作溶液时，先要用操作溶液将其内壁润洗三次，每次由溶液瓶直接倒入操作溶液大约为 5～10mL（一般第一次倒入 10mL，第二、第三次倒入 5mL）。润洗时，在倒入溶液后，横向平端滴定管并缓慢转动，使操作溶液洗遍滴定管内壁并保持一小段时间，然后，从两端放出润洗液。用同样方法润洗三次滴定管后，即可倒入操作溶液，直至充满至 "0" 刻度以上为止。装好溶液后要注意将滴定管尖端出管口处的空气泡排掉。对于酸式滴定管，可稍微倾斜滴定管，再快速转动旋塞，使液体急速流出，即可排出滴定管下端的气泡；对于碱式滴定管，可一手持滴定管成倾斜状态，另一手捏住玻璃珠附近的乳胶管，并使尖嘴玻璃管稍向上翘，这样，气泡可随着液体一同溢出。

将酸式滴定管夹在滴定管架上，用左手控制活塞，拇指在前，中指和食指在后，轻轻捏住活塞柄，无名指和小指向手心弯曲。转动活塞时要注意勿使手心顶着活塞，以防手心把活塞顶出，造成漏水。如果是碱式滴定管，则用左手轻捏玻璃珠近旁的橡皮管，使溶液从玻璃珠旁边的空隙流出。但必须注意不要使玻璃珠上下移动，更不要捏玻璃珠下部的橡皮管，以免空气进入而形成气泡，影响准确读数。

在进行滴定操作时，应将滴定管垂直固定在滴定管架上，被滴定的溶液一般置于锥形瓶中。在使用酸式滴定管滴定过程中，用右手持锥形瓶，使瓶底离桌面 2～3cm，滴定管下端伸入瓶口约 1cm。同时，左手小指和无名指向手心弯曲，用其余三指控制旋塞，调节滴加溶液。若使用碱式滴定管，则应左手小指和无名指夹住出口管，拇指与食指轻捏玻璃球所在部位乳胶管，控制溶液从玻璃球和乳胶管空隙处流出。滴定过程中，右手摇动锥形瓶，摇瓶时应微动腕关节，将溶液向同一方向旋转，使瓶内溶液混合均匀。一般来说，在滴定刚开始时，滴加速度可稍快些，但切记溶液不能呈水流状地从滴定管中放出。一旦临近滴定终点（局部出现指示剂变色），则需要放慢滴定速度，逐渐减至每次加一滴或半滴。滴定时要注意观察溶液滴落点周围溶液颜色的变化情况，当接近终点时，指示剂变色可能暂时扩散到全部溶液，但一经摇匀仍会完全消失。此时，应该每加一滴，就充分摇动，直到颜色褪去后，再加一滴。最后，要每加半滴就充分摇匀溶液，直至溶液出现明显的颜色变化而不再褪去为止。滴加半滴溶液的操作方法是：当用酸式滴定管时，可轻轻转动旋塞，使溶液悬挂在出口的尖嘴上，形成半滴，用锥形瓶内壁将其沾落，再用洗瓶吹洗；当用碱式滴定管时，应先松开拇指和食指，将悬挂的半滴溶液沾在锥形瓶内壁上，再放开无名指和小指，这样可以避免尖嘴玻璃管内出现气泡。

滴定结束后，滴定管内剩余的溶液应弃去，不可倒回原瓶中，以免沾污溶液，随后洗净滴定管待用。

第三节　实验结果的处理

一、误差类别及减小误差的方法

我们在进行化学实验的过程中，要详实记录实验现象和实验数据，它们都反映出实验的宏观信息，是判断实验走向、产品类型、定量分析结果的重要依据。但是，需要明确的是通过实验记录下的任何数据都只能是相对准确的，是存在实验误差的。实验过程中，误差产生的原因多种多样，如测量仪器产生的误差、实验人员的操作产生的误差、实验测定方法的误差等。根据误差产生的性质，误差主要可分为系统误差、随机误差和过失误差。下面简单介绍一下这几种误差及相应的减小误差的方法。

1. 系统误差

系统误差是由某些固定的原因造成的误差，具有单向性和重复性，它对测定结果的影响比较恒定，具有一定的规律性。系统误差产生的原因主要有仪器未经校正导致的不准确（如移液管等测量仪器标注的指示容积与实际容积不符，酸度计等电化学设备使用前未经校正），化学试剂的纯度不够等。因此一般情况下系统误差可通过校正仪器等方式进行消除，具体可采用：①对照实验，即采用已知含量的标准试样取代待测样，用同样的方法，在相同的测试条件下进行测定的方法；②空白实验，即在不加任何试样的情况下（如只使用蒸馏水），使用同样的方法进行测定，所得结果称为空白值，从之后试样测定结果中扣除空白值来消除系统误差的方法；③校正测量仪器，即在进行实验前对所使用的容量器、电化学仪器或其他仪器进行校正，求出校正值，提高测量准确度（准确度要求不高时，一般不必校正仪器）。

2. 随机误差

随机误差又称偶然误差，它是由于测定过程中各种难以控制的偶然因素随机变动所引起的误差，如观测时温度的微小波动、测试仪器性能的微小变化等。随机误差可变性大，有时正、有时负，数值或大或小。在各种测量中，随机误差在实验操作中是不可能完全避免的。虽然随机误差无法避免，但它却存在一定的规律性，当进行大量的重复实验时，随机误差可以用正态分布来描述，存在两大特点：①绝对值相等的正、负误差出现的概率几乎相等；②绝对值较小的误差出现概率大，绝对值较大的误差出现概率小，绝对值特别大的误差出现的概率接近于零。根据这样的特点，就可以通过尽可能多的增加测定次数的方式，来最大程度减小随机误差的影响。

3. 过失误差

除了上述两种误差之外，还存在过失误差。过失误差是由于操作者的疏忽大意或者实验技能不熟练等原因造成的误差，由于无机化学实验一般主要是针对刚刚进入大学校门的学生进行的实验技能的基本训练，学生的实验操作水平参差不齐，很多学生在进行实验之前并没有接受过系统的实验技能的培训。因此，要尤其注意在实验过程中的过失误差的出现，如试剂加入量不够、加错试剂、记录出错等。过失误差会导致测量结果与事实明显不符，有较大的偏离且无规律可循。只要在学习的过程中，系统地培养学生的实验技能，增强学生的责任心，提高学生实验操作的严谨性，就可以最大限度地避免过失误差。

二、准确度和精密度

在完成实验获得结果之后，一般都需要对实验结果的好坏进行评定。这种评定通常是从准确度和精密度两方面进行的，下面就简单介绍一下它们。

（1）准确度　准确度指的是测量值与"真实值"接近的程度。一般以误差或绝对误差 E 来进行定义，即某一次测定值与真实值的差。测定值越接近于真实值，误差越小，测定结果准确度越高；反之，测定值越偏离于真实值，误差越大，测定结果准确度越低。根据前面部分对误差的介绍可以得知，实际上绝对准确的实验结果是无法得到的。

为了更准确地描述准确度，又引入了相对误差（RE）这一概念，相对误差指的是绝对误差在真实值中所占的百分率，可以公式表示为：

$$RE = \frac{x_i - x_t}{x_t} \times 100\% \tag{1.1}$$

式中　RE——测量值的相对误差；

　　　x_i——测量值；

　　　x_t——真实值。

绝对误差是具有与测定值相同的量纲，如对于质量为 1.5012g 的药品，在分析天平上称得其质量为 1.5014g，则此次称量的绝对误差值为 0.0002g。

而如果用相对误差来表示，值应为：

$$RE = \frac{1.5014g - 1.5012g}{1.5012g} \times 100\% = 0.0133\% \tag{1.2}$$

可以看出，相对误差是比值，因此是量纲为 1 的量。

若被称量的药品的质量是 5.5012g，在分析天平上称得其质量为 5.5014g，则称量的绝对误差仍为 0.0002g，但相对误差通过计算，结果为 0.0036%。通过上面的例子可以看出，两次称量的绝对误差虽然相同，但相对误差（即绝对误差）在被测物体质量中所占份额却发生了变化，即当绝对误差相同时，被测量的量的值越大，测量的相对误差越小，准确度越高。

（2）精密度　精密度是指在同一条件下，进行几组平行测定而获得几组测量值相互接近的程度。因为在实际上，客观存在的真实值是难以获知的，因此，上面提到的几组平行测定的平均值可以在一定程度上代替真实值。这个求得的平均值与单次测定之差称为偏差。因此，精密度也可以描述为用偏差的大小表示几次平行测量相互接近的程度。通过上面的描述可以看出，紧密度越大，实验重现性越好，这是从另一个角度对实验获取的数据进行评定的方法。

与误差相似，偏差也分为绝对偏差和相对偏差。设一组测量值为 x_1、x_2、x_3、$\cdots$、x_i，这组测量值的平均值为，则每次测量数据与平均值的绝对偏差可以表示为 $x_i - \bar{x}$，可见，绝对偏差的量纲与测量值相同。而单次测量值的相对偏差指的则是每组测量值的绝对偏差与平均值的比值 $\dfrac{x_i - \bar{x}}{\bar{x}} \times 100\%$，因此相对偏差是量纲为 1 的量。由此可见，绝对偏差和相对偏差都是用来衡量某个观测值与平均值的偏离程度的。

从上面的介绍可以看出，准确度和精密度是两个完全不同的概念。但是，它们都能从一个侧面反映出测量结果的好坏，准确度表示测量的正确性，而精密度则表示测量的重现性的好坏。

三、有效数字

在实际的实验中获取的数据与测试仪器的精密度有着密切的关系。仪器的精密度就是仪器的最小刻度。一般来说，在记录数据时，都要在仪器的最小刻度后再估读一位。如本书涉及的实验一（化学反应速率、活化能的测定）中使用的秒表，最小刻度为 1s，所以，应估读到 1s 的下一位，如 43.2s。这样，前两位数字是准确读取的，称为准确数字，而第三位数字则是估读的，称为存疑数字。又如，实验五（解离平衡及弱酸电离常数的测定）中用最小刻度为 0.1mL 移液管移取溶液的体积为 22.50mL，其中前三位是准确的，而后面一位的 0 是估计的。准确数字和存疑数字统称为有效数字。

在记录实验数据和处理实验数据时，存在一些注意点，如下面一组数据：0.013、0.2560、14.013。从这组数据可以看出，"0" 在有效数字中具有双重性，即当 "0" 在数字中间或数字末位时都是有效数字，但如果 "0" 在数字的前面，则只起定位作用，不是有效数字。

有效数字的运算如下。

（1）加减运算　加减运算结果的有效数字的位数应以运算数字中小数点后有效数字位数最小者决定，在计算过程中，以小数点后位数最少的数据为基准，将其他数据按"四舍六入五留双"的原则进行处理。如 15.275、2.33 和 16.05501 三个数据进行相加时，应首先找到小数点后位数最少的数据 2.33，以此为基准，根据原则，15.275 修约为 15.28（五留双），16.05501 修约为 16.06（六入），则结果为 15.28＋2.33＋16.06＝33.67。

（2）乘除运算　几个数相乘或相除时所得结果的有效数字位数应与各数中有效数字位数最少者相同。在运算前，应先以"四舍六入五留双"的原则进行处理后再计算。无括号时，先乘除后加减，有括号时，按圆括号到方括号的顺序进行计算，中间的每一步仍要符合上面的规则。

基础化学实验（上册）

14

四、实验数据的表达

为了对实验数据进行分析和处理，来研究实验数据的规律性，无机化学实验的结果主要采用列表法和作图法表达。

（1）列表法　列表法是表达实验数据最常用的方法之一。将各种实验数据根据自变量、因变量的关系列入简明的表格内，对获得的实验结果进行相互比较，就可以分析和阐明某些实验结果的规律性。

列表时要注意以下几个问题。

① 表格应有序号、数据来源和简明完备的名称。

② 将表格分为若干行，每一变量占一行。每一行的第一列应标注变量名称及量的单位。凡有国际通用代号或为大多数读者熟知的，应尽量采用代号，以使表头简洁明了。

③ 表中每一行记录的数字要排列整齐，注意其有效数字位数。如果表列值是特大或特小的数，可用科学计数法表示。如果各数据的数量级相同，可将 10 的指数写在表头中变量的名称（或量的单位）旁边。

④ 一般情况下，通常选择较简单的变量作为自变量，如浓度、时间等。

（2）作图法　作图法是将实验原始数据通过正确的方法画出合适的曲线（或直线）。它可以直观地表现出实验数据的特点和变化规律，如极大值、极小值等，并能够进一步从图上求得斜率、截距、外推值等。因此，作图的好坏与实验结果的准确性关系密切。在使用作图法处理数据时需要注意以下几点。

① 选择自变量为横轴、因变量为纵轴，横、纵坐标原点不一定从零开始，而视具体情况确定。坐标轴旁应注明其所代表的变量的名称和单位。

② 选择合理的比例尺，一般多采用 1、2、5 为分度，而不采用 3、6、7、9 或小数为分度，要确保分度能表示出测量的全部数据。

③ 合理布局图的大小，使实验数据各点尽量分散、匀称地分布在全图。当图形为直线时，应尽可能使直线与横坐标夹角接近 $45°$。

④ 在坐标纸上明显地标出各实验数据点（可用符号 ×、△、□、◇ 等表示）后，应用曲线尺（或直尺）绘出平滑的曲线（或直线）。绘出的曲线或直线应尽可能接近或贯穿所有的点并使两边点的数目和点离线的距离大致相等。

第二章　实验部分

实验一　化学反应速率、活化能的测定

一、实验目的

（1）理解反应速率、反应级数、反应活化能的概念。

（2）通过过硫酸铵与碘化钾的平均反应速率的测定，掌握利用所学的公式求算具体反应级数、反应速率常数及反应活化能的方法。

（3）掌握搅拌、加热、量筒量取溶液及恒温水浴、冰浴等基本操作。

二、实验原理

（1）反应速率的计算　　在水溶液中，过硫酸铵与碘化钾的反应方程式为：

$$S_2O_8^{2-} + 3I^- \rule[0.5ex]{1.5em}{0.4pt} 2SO_4^{2-} + I_3^- \tag{2.1}$$

该反应的平均反应速率可以表示为：

$$v = -\frac{\Delta[S_2O_8^{2-}]}{\Delta t} \tag{2.2}$$

单纯凭借反应方程式(2.1)，很难直接地测量出过硫酸铵在反应时间 Δt 内的浓度变化量。因此，我们引入另一个反应方程式：

$$2S_2O_3^{2-} + I_3^- \rule[0.5ex]{1.5em}{0.4pt} S_4O_6^{2-} + 3I^- \tag{2.3}$$

因为反应(2.1)是一个慢反应，而反应(2.3)则进行得非常快，所以，在反应(2.1)中生成的 I_3^- 很快会在反应(2.3)中被消耗殆尽。如果以淀粉作为指示剂，同时加入已知浓度和体积的硫代硫酸钠溶液，可以想象，只要加入的硫代硫酸钠在溶液中还有残留，混合溶液就应该始终保持澄清，直到溶液中的硫代硫酸钠的浓度变为零，溶液才会开始变色。记录下从反应开始到溶液变色的这段时间 Δt，就是硫代硫酸钠从浓度 $\Delta[S_2O_3^{2-}]$ 到 0 的时间。

根据式(2.1)和式(2.3)可以得知：

$$\Delta[S_2O_8^{2-}] = \frac{\Delta[S_2O_3^{2-}]}{2} \tag{2.4}$$

根据式(2.2)可以得知：

$$v = -\frac{\Delta[S_2O_8^{2-}]}{\Delta t} = -\frac{\Delta[S_2O_3^{2-}]}{2\Delta t} \tag{2.5}$$

在本实验中，每组混合溶液的总体积是一样的，同时，加入的硫代硫酸钠溶液的浓度和体积也是一定的，因此，开始反应到溶液显蓝色的这段时间内 $\Delta[S_2O_3^{2-}]$ 也是固定的。只要记录下反应经历的时间 Δt，就可以根据公式（2.5）求出每组实验在一定温度下的平均反应速率。

（2）反应级数的计算　根据式（2.1）可知，本实验的反应速率方程可以表示为：

$$v = k[S_2O_8^{2-}]^m[I^-]^n \tag{2.6}$$

本实验在第一组和第三组实验中，加入了相同体积、相同浓度的碘化钾溶液，同时，混合溶液的总体积不变（见表2.1），所以：

$$[I^-]_1^n = [I^-]_3^n \tag{2.7}$$

$$\frac{v_1}{v_3} = \frac{k[S_2O_8^{2-}]_1^m[I^-]_1^n}{k[S_2O_8^{2-}]_3^m[I^-]_3^n} = \frac{[S_2O_8^{2-}]_1^m}{[S_2O_8^{2-}]_3^m} \tag{2.8}$$

因为 v_1、v_3 可以根据式（2.5）求得，而 $[S_2O_8^{2-}]_1$ 和 $[S_2O_8^{2-}]_3$ 是已知的，所以，m 可以求得。

本实验在第一组和第五组实验中，加入了相同体积、相同浓度的过硫酸铵溶液，同时，混合溶液的总体积不变（见表2.1），所以：

$$[S_2O_8^{2-}]_1^m = [S_2O_8^{2-}]_5^m \tag{2.9}$$

$$\frac{v_1}{v_5} = \frac{k[S_2O_8^{2-}]_1^m[I^-]_1^n}{k[S_2O_8^{2-}]_5^m[I^-]_5^n} = \frac{[I^-]_1^n}{[I^-]_5^n} \tag{2.10}$$

因为 v_1、v_5 可以根据式（2.5）求得，而 $[I^-]_1$ 和 $[I^-]_5$ 是已知的，所以，n 可以求得。

m 与 n 的和即为反应（2.1）的反应级数。

（3）反应速率常数、活化能的计算　在前面的介绍中，我们已经可以求出反应速率 v、过硫酸铵的浓度 $[S_2O_8^{2-}]$ 及其在反应速率方程中的指数 m、碘离子的浓度 $[I^-]$ 及其在反应速率方程中的指数 n，那么，就可以通过式（2.6）求出反应速率常数 k。

根据阿伦尼乌斯方程：

$$k = Ae^{-E_a/RT} \tag{2.11}$$

两边取对数，得：

$$\log_{10} k = \frac{-E_a}{2.303RT} + \log_{10} A \tag{2.12}$$

式中，k 为反应速率常数；E_a 为反应的活化能；$R = 8.134\text{J} \cdot \text{K}^{-1} \cdot \text{mol}^{-1}$。使用式（2.6），在不同温度下，对同一组实验进行反应时间的测试（见表2.2），就可以分别得到其在不同温度下的反应速率常数的值。以 $\log_{10} k$ 对其对应的温度 $1/T$ 作图，得到一条直线，那么这条直线的斜率 J 可求：

$$J = \frac{E_a}{2.303R} \tag{2.13}$$

则 E_a 可求。

三、实验用品

50mL 烧杯、500mL 烧杯、10mL 量筒、秒表、温度计、玻璃棒、标签纸、水浴锅、冰块。

0.2mol·L⁻¹过硫酸铵、0.2mol·L⁻¹碘化钾、0.01mol·L⁻¹硫代硫酸钠、0.2mol·L⁻¹硝酸钾、0.2mol·L⁻¹硫酸铵、0.2%的淀粉溶液、去离子水。

四、实验内容

首先，每人准备7个10mL量筒，分别用标签纸标记为过硫酸铵、碘化钾、硫代硫酸钠、硝酸钾、硫酸铵、淀粉溶液和去离子水，用以量取相应的溶液。

参照表2.1的试剂用量分别进行1组到5组实验，药品加入的次序如下。

1组：首先用量筒量取10mL的0.2mol·L⁻¹碘化钾、3mL的0.01mol·L⁻¹硫代硫酸钠、3mL的0.2%的淀粉溶液放入50mL烧杯中，再用量筒量取10mL的0.2mol·L⁻¹过硫酸铵，迅速倒入装有混合溶液的烧杯中，开始计时并不断搅拌溶液，记录溶液变色的时间Δt就是1组实验的反应时间。

2组：首先用量筒量取10mL的0.2mol·L⁻¹碘化钾、3mL的0.01mol·L⁻¹硫代硫酸钠、1mL的0.2%的淀粉溶液、5mL的0.2mol·L⁻¹硫酸铵和2mL的去离子水放入50mL烧杯中，再用量筒量取5mL的0.2mol·L⁻¹过硫酸铵，迅速倒入装有混合溶液的烧杯中，开始计时并不断搅拌溶液，记录溶液变色的时间Δt就是2组实验的反应时间。

3组：首先用量筒量取10mL的0.2mol·L⁻¹碘化钾、3mL的0.01mol·L⁻¹硫代硫酸钠、1mL的0.2%的淀粉溶液、7.5mL的0.2mol·L⁻¹硫酸铵和2mL的去离子水放入50mL的烧杯中，再用量筒量取2.5mL的0.2mol·L⁻¹过硫酸铵，迅速倒入装有混合溶液的烧杯中，开始计时并不断搅拌溶液，记录溶液变色的时间Δt就是3组实验的反应时间。

4组：首先用量筒量取5mL的0.2mol·L⁻¹碘化钾、3mL的0.01mol·L⁻¹硫代硫酸钠、1mL的0.2%的淀粉溶液、5mL的0.2mol·L⁻¹硝酸钾和2mL的去离子水放入50mL的烧杯中，再用量筒量取10mL的0.2mol·L⁻¹过硫酸铵，迅速倒入装有混合溶液的烧杯中，开始计时并不断搅拌溶液，记录溶液变色的时间Δt就是4组实验的反应时间。

5组：首先用量筒量取2.5mL的0.2mol·L⁻¹碘化钾、3mL的0.01mol·L⁻¹硫代硫酸钠、1mL的0.2%的淀粉溶液、7.5mL的0.2mol·L⁻¹硝酸钾和2mL的去离子水放入50mL烧杯中，再用量筒量取10mL的0.2mol·L⁻¹过硫酸铵，迅速倒入装有混合溶液的烧杯中，开始计时并不断搅拌溶液，记录溶液变色的时间Δt就是5组实验的反应时间。

分别记录五组反应时间之后，应用公式（2.5）就可以求得各自的反应速率。同时，通过1组和3组的比较、1组和5组的比较，也可以求得m和n的数值及反应级数（$m+n$）。

表2.1 恒定室温温度条件下，测定反应速率和反应级数的实验

	实验编号	1组	2组	3组	4组	5组
溶液的用量/mL	0.2mol·L⁻¹过硫酸铵	10	5	2.5	10	10
	0.2mol·L⁻¹碘化钾	10	10	10	5	2.5
	0.01mol·L⁻¹硫代硫酸钠	3	3	3	3	3
	0.2%的淀粉溶液	3	1	1	1	1
	0.2mol·L⁻¹硝酸钾	0	0	0	5	7.5
	0.2mol·L⁻¹硫酸铵	0	5	7.5	0	0
	去离子水	0	2	2	2	2

实验编号		1组	2组	3组	4组	5组
26mL 混合溶液中反应物的起始浓度/(mol·L⁻¹)	过硫酸铵					
	碘化钾					
	硫代硫酸钠					
反应时间 Δt/s						
反应速率/mol·L⁻¹·s⁻¹						

表 2.2 改变温度条件下，测定反应速率常数、活化能的实验

试验编号	1组	6组	7组
反应温度 T/K			
反应时间 Δt/s			
反应速率/(mol·L⁻¹·s⁻¹)			
$\lg k$（k 为反应速率常数）			
$1/T$/K⁻¹			
反应活化能 E_a/(kJ·mol⁻¹)			

注：反应温度的记录、活化能的计算中，温度的单位均应使用热力学温度。

因为 1 组实验之前已经完成，这里不用重复操作，需要注意的是，1 组实验是在室温的条件下完成的。参照表 2.1 的试剂用量分别进行 6 组和 7 组实验，药品加入的次序如下。

6 组：首先用量筒量取 10mL 的 0.2mol·L⁻¹碘化钾、3mL 的 0.01mol·L⁻¹硫代硫酸钠、3mL 的 0.2％的淀粉溶液放入 50mL 烧杯中，再用量筒量取 10mL 的 0.2mol·L⁻¹过硫酸铵。将装有混合溶液的 50mL 烧杯和装有 10mL 的 0.2mol·L⁻¹过硫酸铵的量筒放置在比室温高 10℃的恒温水浴锅中，用温度计测量混合溶液和过硫酸铵的温度，直到二者温度均达到室温高 10℃，迅速将过硫酸铵倒入装有混合溶液的烧杯中，开始计时并不断搅拌溶液，记录溶液变色的时间 Δt 就是 6 组实验的反应时间。

7 组：首先用量筒量取 10mL 的 0.2mol·L⁻¹碘化钾、3mL 的 0.01mol·L⁻¹硫代硫酸钠、3mL 的 0.2％的淀粉溶液放入 50mL 的烧杯中，再用量筒量取 10mL 的 0.2mol·L⁻¹过硫酸铵。将装有混合溶液的 50mL 烧杯和装有 10mL 的 0.2mol·L⁻¹过硫酸铵的量筒放置在比室温低 10℃的冰水浴中，用温度计测量混合溶液和过硫酸铵的温度，直到二者温度均达到室温低 10℃，迅速将过硫酸铵倒入装有混合溶液的烧杯中，开始计时并不断搅拌溶液，记录溶液变色的时间 Δt 就是 7 组实验的反应时间。

通过公式(2.6)我们可以分别计算 1 组、6 组和 7 组的反应速率常数 k。以这三组实验的 $\lg k$ 对其对应的温度作图（使用坐标纸，以 $\lg k$ 为纵坐标，以 $1/T$ 为横坐标），得到一条直线，那么这条直线的斜率 J 可求，根据公式(2.13)就可以算出反应的活化能 E_a。

五、注意事项

（1）实验使用的烧杯、量筒、玻璃棒等用品必须用去离子水清洗干净，并烘干以排除杂质离子的干扰。

（2）在进行表 2.2 的 6 组和 7 组实验时，必须要等待烧杯中的混合溶液和量筒中的过硫酸铵溶液的温度均达到目标温度时再混合，在混合搅拌的过程中要始终保持实验体系处于目标温度。

（3）实验中使用的碘化钾、过硫酸铵和淀粉均容易变质，因此必须是实验前新配置的。

六、实验思考

（1）为什么在第 2、3、4、5 组实验中，为了和第 1 组实验做对比，需要向溶液中加入 $0.2mol \cdot L^{-1}$ 硝酸钾、$0.2mol \cdot L^{-1}$ 硫酸铵和去离子水？

（2）在实验中，为什么要将过硫酸铵迅速倒入混合溶液中开始计时并搅拌，如果缓慢倒入会怎么样？

（3）为什么在将过硫酸铵迅速倒入混合溶液中开始计时的时候，需要对溶液进行不停搅拌？

实验二　电导率法测定硫酸钡的溶度积常数

一、实验目的

（1）理解电导、电导率、摩尔电导率、溶度积的概念。
（2）理解电导率法测定硫酸钡溶度积常数的原理和方法。
（3）掌握搅拌、加热、量筒量取溶液等操作及电导率仪的使用方法。

二、实验原理

（1）电导率及摩尔电导率的概念　我们在中学学习过电阻的概念，电阻符号为 R，在一定程度上，电阻表示材料对电流阻碍作用的大小。电阻的倒数为电导，用符号 G 表示：

$$G = \frac{1}{R} \tag{2.14}$$

在国际单位制中，电阻的单位为欧姆（Ω），电导的单位为西门子（S）。与电阻不同的是，电导可以在一定程度上反映材料对电流传输能力的强弱。

一个材料的电阻的大小与材料的长度和横截面积存在以下关系：

$$R = \rho \frac{l}{S} \tag{2.15}$$

式中，l 为材料的长度；S 为材料的横截面积；ρ 为材料的电阻率，在一定温度下，它是由材料本身的性质决定的。结合式（2.14）和式（2.15），可以得到：

$$G = \sigma \frac{S}{l} \tag{2.16}$$

式中，σ 为电导率，在一定温度下，它也是由材料本身的性质决定的。根据公式（2.16）并且结合本实验的内容，在本实验中，我们将电导率理解为在间距为 1m、面积为 $1m^2$ 的两个电极之间溶液的电导。同样，l 表示电导率仪电极的两极板距离，S 表示电导率仪电极的极板面积。在国际单位制中，电阻率 ρ 的单位为欧姆·米（$\Omega \cdot m$），电导率 σ 的单位为西门子每米（$S \cdot m^{-1}$）。

摩尔电导率指的是相距为 1m 的平行电极之间，充入含 1mol 的电解质溶液时所具有的电导。

$$\Lambda_m = \sigma V_m = \sigma c \tag{2.17}$$

式中，Λ_m 为摩尔电导率；V_m 为 1mol 电解质溶液的体积；c 为电解质溶液的浓度。在国际单位制中，摩尔电导率 Λ_m 的单位为 $S \cdot m^2 \cdot mol^{-1}$。

（2）极限摩尔电导率 难溶电解质的饱和溶液可近似看成无限稀释的溶液，此时，溶液的摩尔电导率为极限摩尔电导率，用符号 Λ_m^{∞} 表示。溶液的浓度与摩尔电导率之间存在以下关系：

$$c = \frac{1000\sigma}{\Lambda_m^{\infty}} \tag{2.18}$$

在本实验中，我们用以进行实验的对象为难溶电解质硫酸钡的饱和溶液，在硫酸钡的饱和溶液中，存在下列平衡：

$$BaSO_4 \rightleftharpoons Ba^{2+} + SO_4^{2-} \tag{2.19}$$

因为在进行电导率的测试之前，硫酸钡沉淀已经进行了多次洗涤，排除了多余的钡离子和硫酸根离子的干扰，所以，用以进行测试的硫酸钡饱和溶液中，钡离子和硫酸根离子均来自硫酸钡沉淀的电离过程。所以，在溶液中存在这样的关系：$c_{BaSO_4} = c_{Ba^{2+}} = c_{SO_4^{2-}}$，将其代入式（2.18），得到：

$$c_{BaSO_4} = c_{Ba^{2+}} = c_{SO_4^{2-}} = \frac{\sigma_{BaSO_4}}{1000\Lambda_{m,BaSO_4}^{\infty}} \tag{2.20}$$

通过查找物理化学手册得到硫酸钡的极限摩尔电导率在 25℃ 时为 $286.88 \times 10^{-4} S \cdot m^2 \cdot mol^{-1}$，这里需要注意的是在进行电导率测试的过程中，用以溶解硫酸钡的水的电导率很难达到 $0 S \cdot m^{-1}$，所以，使用电导率仪测得的溶液电导率的数值存在水中杂质离子的干扰，因此，需要对其数值进行修正：

$$\sigma_{BaSO_4} = \sigma''_{BaSO_4} - \sigma_{H_2O} \tag{2.21}$$

式（2.21）中，σ''_{BaSO_4} 为通过电导率仪测出的饱和硫酸钡溶液的电导率读数；σ_{H_2O} 为通过电导率仪测出的用以溶解硫酸钡的水的电导率读数。

硫酸钡饱和溶液的溶度积常数与硫酸根离子和钡离子的浓度关系为：

$$K_{sp} = c^2 \tag{2.22}$$

综合式（2.20）、式（2.21）、式（2.22）可以得到电导率法测定硫酸钡溶度积的公式：

$$K_{sp} = \left(\frac{\sigma''_{BaSO_4} - \sigma_{H_2O}}{1000\Lambda_{m,BaSO_4}^{\infty}}\right)^2 \tag{2.23}$$

25℃ 时，$\Lambda_{m,BaSO_4}^{\infty}$ 为 $286.88 \times 10^{-4} S \cdot m^2 \cdot mol^{-1}$。

（3）DDS-W 系列实验室电导率仪

① 显示屏 图 2.1 是本实验所使用的 DDS-W 电导率仪显示屏各项显示内容的介绍，从这张图中，我们可以很容易地了解到显示屏显示各种图标时，对应的仪器状态。

② 仪器的校准 在进行测试之前，我们首先要对仪器进行校准，以最大限度地排除系统误差，这里只对仪器的自动校准进行介绍。

这里采取的是三点校准的方法。

a. 准备 首先在校准之前首先按住仪器的 CAL 键 3s，进入系统菜单，屏幕显示当前选择的电极常数选项。

按▲或▼键，选择 0.1、1 或 10 的电极常数，若选择 USER 则无法进行自动校准。

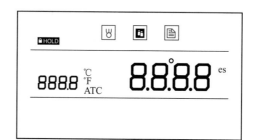

图标索引：

测量图标：	
	表示仪表正在测量模式
校准图标：	
	表示仪表正在校准模式
设置图标：	
	表示仪表正在设置模式
数据锁定图标：	
	表示终点测量值已锁定
ATC	自动温度补偿图标：
	表示自动温度补偿已启用

图 2.1　DDS-W 电导率仪的显示屏

b. 一点校准　首先，用蒸馏水彻底清洗电导电极，按 CAL 键，仪表进入校准模式。

然后，将电极传感器放入校准溶液中，仪表自动显示当前校准溶液的标准值（如 $1413\mu S$）。

按住 ENTER 键，校准值的第一位数字开始闪烁。如果数值与我们准备的溶液不一致，可以按▲或▼键进行修改，无误后，按 ENTER 键进行确认，然后校准值的第二位开始闪烁。

按此方法依次设定校准值，并按 ENTER 键确认，直到显示值完全匹配校准溶液的标准。

最后，按 ENTER 键，待校准值稳定后，屏幕自动显示 END，一点校准完毕。

c. 二点校准　在一点校准完毕之后，屏幕显示 CAL2，提示继续进行二点校准。

首先，将电极传感器浸入到下一个标准溶液中，仪表自动显示当前校准溶液的标准值（如 $84\mu S$）。

然后，按 ENTER 键，校准值的第一位数字开始闪烁。如果数值与我们准备的溶液不一致，可以按▲或▼键进行修改，无误后，按 ENTER 键进行确认，然后校准值的第二位开始闪烁。

按此方法依次设定校准值，并按 ENTER 键确认，直到显示值完全匹配校准溶液的标准。

最后，按 ENTER 键，待校准值稳定后，屏幕自动显示 END，二点校准完毕。

d. 三点校准　当二点校准完毕，屏幕自动显示 CAL3，进行三点校正。

重复上述步骤进行校准确认，直到屏幕显示 END，仪表返回测量模式，校准完毕。

e. 温度校准　若待测溶液的温度与显示器显示温度不一致，需要进行温度的调整。

按℃键进入温度校准模式，按▲或▼键调整显示器上所示的温度，直到其与待测溶液温度一致，按 ENTER 键确认，温度校准完毕。表 2.3 列出了各量程对应的可用的电导校准液。

表 2.3　各量程对应的可用的电导校准液

测量范围	可用的校准液范围
$0 \sim 20 \mu S \cdot cm^{-1}$	$7 \sim 17 \mu S \cdot cm^{-1}$（默认 $10 \mu S \cdot cm^{-1}$）
$20 \sim 200 \mu S \cdot cm^{-1}$	$70 \sim 170 \mu S \cdot cm^{-1}$（默认 $84 \mu S \cdot cm^{-1}$）
$200 \sim 2000 \mu S \cdot cm^{-1}$	$700 \sim 1700 \mu S \cdot cm^{-1}$（默认 $1413 \mu S \cdot cm^{-1}$）
$2 \sim 20 mS \cdot cm^{-1}$	$7 \sim 17 mS \cdot cm^{-1}$（默认 $12.88 mS \cdot cm^{-1}$）
$20 \sim 200 mS \cdot cm^{-1}$	$70 \sim 170 mS \cdot cm^{-1}$（默认 $111.8 mS \cdot cm^{-1}$）

③ 电导率的测试　用蒸馏水彻底清洗电导电极，将电极传感器浸入样品溶液中缓慢搅拌，等待测量值稳定后，记录显示值，完成测量。

三、实验用品

滤纸片、100mL 烧杯、500mL 烧杯、25mL 量筒、50mL 量筒、玻璃棒、胶头滴管、石棉网、电炉、电导率仪、秒表。

$0.05 mol \cdot L^{-1}$ 氯化钡、$0.05 mol \cdot L^{-1}$ 硫酸、$0.1 mol \cdot L^{-1}$ 硝酸银、去离子水。

四、实验内容

（1）用量筒量取 20mL $0.05 mol \cdot L^{-1}$ 氯化钡和 20mL $0.05 mol \cdot L^{-1}$ 硫酸分别放入两个 100mL 烧杯中，并将两个烧杯放置在垫有石棉网的电炉上进行加热。

（2）当两个烧杯内的溶液被加热到近沸状态，用玻璃棒搅拌并使用胶头滴管将氯化钡溶液逐滴加入到装有硫酸溶液的 100mL 烧杯中，注意在这个过程中不要停止加热，可以观察到有白色的硫酸钡沉淀生成。

（3）当 20mL 的氯化钡全部滴加到装有硫酸溶液的 100mL 烧杯后，将装有沉淀的烧杯放置到沸水浴中加热并搅拌 10min（要等到用以水浴的水达到沸腾再开始计时）。然后静置冷却 20min，再使用倾析法倒掉上层的清液。

（4）向装有沉淀的烧杯内加入 40mL 的去离子水并不断搅拌 15min，静置分层后继续使用倾析法倒掉上层的清液。

（5）重复步骤（4）5～6 次，完成对硫酸钡沉淀的洗涤过程。

（6）向洗涤完成的硫酸钡沉淀中加入 40mL 去离子水，并加热煮沸，待冷却至室温后，使用电导率仪对其进行测试，数据填入表 2.4。同样，对用以进行实验的去离子水也要进行电导率的测定，数据同样填入表 2.4 中。

重复步骤（1）～（6）进行两次实验，分别将结果记为 1 组、2 组。

表 2.4　测试结果记录

温度_____℃

实验组数	1组	2组	平均值
σ''_{BaSO_4}			
σ_{H_2O}			
K_{sp}			

五、注意事项

（1）本实验所使用的去离子水的 pH 值要小于 6，否则将给硫酸钡的溶度积常数的计算带来较大误差。

（2）本实验所使用的玻璃棒、烧杯、量筒等玻璃用品必须用去离子水清洗干净，以排除杂质离子的干扰。

（3）如果实验测得的硫酸钡的电导率的数值过大，那么需要重复进行洗涤的步骤，直到测得的电导率的数值在合理的范围内。

（4）在最后一次洗涤倾倒出来的上层清液中应加入几滴硝酸银试剂，检验硫酸钡样品中是否还有氯离子的残留。

（5）通过电导率仪测得的数据单位是 $\mu S \cdot cm^{-1}$，而在通过电导率计算硫酸钡溶度积常数的公式中，电导率的单位是 $S \cdot m^{-1}$，因此，要进行单位换算。

（6）电导率仪的电极要在使用前 24h 开始在蒸馏水中浸泡活化。

六、实验思考

（1）为什么在对洗涤干净的硫酸钡沉淀进行测试之前，要向洗涤完成的硫酸钡沉淀中加入 40mL 去离子水，并加热煮沸，同时，还要待溶液冷却至室温以后再进行测试？

（2）若待测硫酸钡中存在氯离子，对电导率的测试结果有什么样的影响？

实验三　磺基水杨酸铜配合物组成和稳定常数的测定

一、实验目的

（1）掌握移液管移取溶液的方法和容量瓶配制溶液的方法。

（2）了解光度法测定溶液中配合物组成及稳定常数的原理。

（3）学习并掌握分光光度计的基本操作方法。

二、实验原理

（1）吸光度　根据朗伯-比尔定律（光的吸收定律），当一束平行的单色光照射到有颜色的溶液时，一部分光被有色溶液吸收，另一部分透过溶液（因为本实验中测试采用的比色皿在材质、厚度等方面完全相同，因此，由其产生的反射光的影响不予考虑）。此时，溶液中有色物质对光的吸光度（A）、入射光的强度 I_0、透过光的强度 I_t、有色溶液的液层厚度

b、有色物质浓度 c 之间的关系如式(2.24)所示。

$$A=\lg \frac{I_0}{I_t}=kcb \qquad (2.24)$$

式中　A——吸光度；

c——有色物质浓度；

b——有色溶液的液层厚度。

因此，当有色溶液的液层厚度 b 不变时，吸光度 A 便只与有色物质的浓度 c 成正比。

为了测定配合物的组成和稳定常数，被测的配离子 ML_n 中的中心离子 M 与配位体 L 在溶液中本身最好是无色的，如果有色，必须在选定的波长下不吸收，而在一定条件下它们只生成一种配合物。

实验中所选取的 Cu^{2+} 与磺基水杨酸（简式为 H_3L）在 pH＝5 左右形成 1∶1 配离子，呈亮绿色，pH＝8.5 以上时形成 1∶2 配离子，呈深绿色。已知 pH 值在 4.5～4.8 的溶液中选用波长为 440nm 单色光，H_3L 不吸收，Cu^{2+} 对光也几乎不吸收，而它们的配合物却具有很强的吸收作用。

本实验采用等摩尔系列法进行测定，用物质的量浓度相等（均为 $0.05mol \cdot L^{-1}$）的硝酸铜溶液和 H_3L 溶液配成一系列的溶液，在这一系列的混合溶液中，硝酸铜和 H_3L 的总物质的量不变，但两者的物质的量分数在十三个数值内连续变化。通过分光光度计测定这 9 组溶液的吸光度并制作出吸光度组成图。那么，其中与吸光度最大值（即溶液对光的吸收最大值）对应的溶液的组成，便是它们构成的配合物的组成。

我们还可以进一步通过实验中得到的吸光度-组成图（图 2.2），求算出 H_3L 和 Cu^{2+} 构成的配合物的稳定常数。在吸光度-组成图 2.2 中，在极大值两侧即 $A(H_3L)$ 或 $B(Cu^{2+})$ 占主导成分的情况下，配合物的电离强度受到同离子效应的抑制，解离度很小，所以吸光度与溶液组成（或配合物浓度）几乎呈线性关系。如果沿着这条线一直延伸的话，得到的两条直线的交点 B 就是假定配合物在溶液中几乎完全不电离得到的吸光度的极大值 A_1。但是当 H_3L 和 Cu^{2+} 摩尔比接近

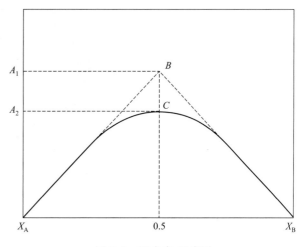

图 2.2　吸光度-组成图

于配合物组成的时候，形成的配合物的离解度相对来说就比较大，因此，实验中实际测得的吸光度的极大值为 C 点，对应的吸光度为 A_2。显然配合物的解离度越大，则 A_1-A_2 的值越大，所以对于配位平衡：

$$A+B \Longleftrightarrow AB \qquad (2.25)$$

其电离度 α 为：

$$\alpha=\frac{A_1-A_2}{A_1} \qquad (2.26)$$

其稳定常数 $K_{稳}$：

$$K_稳 = \frac{1-\alpha}{\alpha^2 c} \qquad (2.27)$$

c 为与吸光度最大值点 C 对应的溶液 A(H_3L) 的总物质的量浓度。

（2）722 型分光光度计　分光光度计是利用物质对单色光的选择性吸收来测定物质含量的仪器（朗伯-比尔定律）。国产分光光度计主要有 72 型、721 型、722 型和 751型等，这里以 722 型分光光度计的使用方法作为代表。722 型分光光度计控制面板见图 2.3。

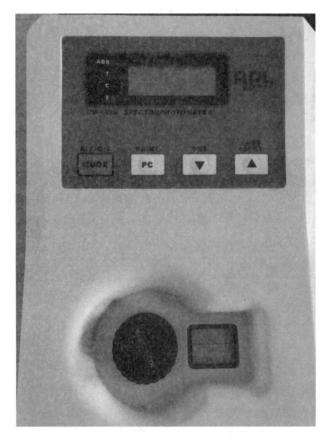

图 2.3　722 型分光光度计控制面板

722 型分光光度计的使用方法如下。

（1）预热仪器　将选择开关置于"T"，打开电源开关，使仪器预热 20min。为了防止光电管疲劳，不要连续光照，预热仪器时和不测定时应将试样室盖打开，使光路切断。

（2）选定波长　根据实验要求，转动波长手轮（图 2.3 中的黑色旋钮），调至所需要的单色波长。

（3）调零　只有在 T 状态时有效（通过按红色的 MODE 键来切换），轻轻按"▼/0%T"旋钮，使数字显示为"0.000"（此时样品室是打开的）。

（4）调节 $T = 100\%$　将盛蒸馏水（或空白溶液、纯溶剂）的比色皿放入比色皿座架中的第一格内，并对准光路，把试样室盖子轻轻盖上，调节透过率"100%"旋钮，使数字显示正好为"100.0"。

（5）吸光度的测定　将选择开关置于"A"，打开盖子，将装有试样的比色皿放入样品池，盖上试样室盖子，此时数字显示值即为该待测溶液的吸光度值。读数后，打开试样室盖，切断光路。

重复上述测定操作 1～2 次，读取相应的吸光度值，取平均值。

（6）浓度的测定　选择红色的 MODE 键由"A"切换至"C"，将已标定浓度的样品放入光路，调节浓度旋钮，使得数字显示为标定值，再将被测样品放入光路，此时数字显示值即为该待测溶液的浓度值。

（7）关机　实验完毕，切断电源，将比色皿取出洗净，并将比色皿座架用软纸擦净。

比色皿的使用方法如下。

① 拿比色皿时，手指只能捏住比色皿的毛玻璃面，不要碰比色皿的透光面，以免沾污。

② 清洗比色皿时，一般先用水冲洗，再用蒸馏水洗净。如比色皿被有机物沾污，可用盐酸-乙醇混合洗涤液（1:2）浸泡片刻，再用水冲洗。不能用碱溶液或氧化性强的洗涤液洗比色皿，以免损坏。也不能用毛刷清洗比色皿，以免损伤它的透光面。每次做完实验时，应立即洗净比色皿。

③ 比色皿外壁的水用擦镜纸或细软的吸水纸吸干，以保护透光面。

④ 测定有色溶液吸光度时，一定要用有色溶液洗比色皿内壁几次，以免改变有色溶液的浓度。另外，在测定一系列溶液的吸光度时，通常都按由稀到浓的顺序测定，以减小测量误差。

⑤ 在实际分析工作中，通常根据溶液浓度的不同，选用液槽厚度不同的比色皿，使溶液的吸光度控制在 0.2～0.7。

三、实验用品

722 型分光光度计、pH 计、50mL 容量瓶、25mL 移液管、玻璃棒。

$0.05mol \cdot L^{-1}$ $Cu(NO_3)_2$、$0.05mol \cdot L^{-1}$ 磺基水杨酸、$0.1mol \cdot L^{-1}$ 氢氧化钠、$1mol \cdot L^{-1}$ 氢氧化钠、$0.1mol \cdot L^{-1}$ 硝酸钾、$0.01mol \cdot L^{-1}$ 硝酸。

四、实验内容

（1）用 $0.05mol \cdot L^{-1}$ $Cu(NO_3)_2$ 溶液和 $0.05mol \cdot L^{-1}$ 磺基水杨酸溶液，在 9 个 50mL 容量瓶中按表 2.5 所列体积比例配制混合溶液（用移液管量取溶液）。

（2）依次在每个混合液中插入 pH 电极，在玻璃棒搅拌下，慢慢滴加 $1mol \cdot L^{-1}$ NaOH 溶液调节混合溶液的 pH=4 左右，然后改用 $0.1mol \cdot L^{-1}$ NaOH 溶液以调节 pH 值在 4.5～5 之间（此时溶液的颜色为黄绿色，不应有沉淀产生）。

（3）若 pH 值超过 5，则可用 $0.01mol \cdot L^{-1}$ HNO₃ 溶液调节，9 组系列溶液均应在 pH=4.5～5 之间有统一的确定值。溶液的总体积不得超过 50mL，将调好 pH 的溶液分别转移到预先编有号码的干净的 50mL 容量瓶中，用分光光度计分别测定每个混合溶液的吸光度，记入表 2.5 中。

（4）在波长为 440nm 的条件下用分光光度计测定每个混合溶液的吸光度值，填入表 2.5 中。

以吸光度 A 为纵坐标、配位体物质的百分数 X 为横坐标作 A-X 图（AB_n 的配位体数目和配合物的稳定常数）。

表 2.5　数据的记录与处理

溶液编号	1	2	3	4	5	6	7	8	9
$V(H_3L)/L$	0.0	4.0	8.0	10.0	12.0	14.0	16.0	20.0	24.0
$V[Cu(NO_3)_2]/L$	24.0	20.0	16.0	14.0	12.0	10.0	8.0	4.0	0.0
$x_L = \dfrac{V_A}{V_A + V_B}$									
吸光度 A									

五、注意事项

（1）测量完毕，速将暗盒盖打开，关闭电源开关，将灵敏度旋钮调至最低挡，取出比色皿，将装有硅胶的干燥剂袋放入暗盒内，关上盖子，将比色皿中的溶液倒入烧杯中，用蒸馏水洗净后放回比色皿盒内。

（2）每台仪器所配套的比色皿不可与其他仪器上的表面皿单个调换。

六、实验思考

（1）如何通过使用分光光度计来测量溶液中存在的几种不同组成的有色配合物的每种组分的稳定常数？

（2）为什么本实验中 9 组样品的 pH 值必须保持一致？

实验四　银氨离子配位数的测定

一、实验目的

（1）了解配位化合物的概念。

（2）应用配位平衡和溶度积原理测定银氨配离子 $[Ag(NH_3)_n]^+$ 的配位数 n。

（3）掌握酸式滴定管的使用方法。

二、实验原理

（1）配位化合物　配位化合物简称配合物，也称为络合物。它通常可以分成内界和外界两部分。不在内界的其他离子构成外界。而配合物的内界为配合物的特征部分，也称配离子。它是由中心离子（或原子）和配体组成的。中心离子通常是过渡金属离子（可以提供空的原子轨道）。在中心离子周围直接形成配位的有化学键作用的分子、离子或集团，称为配体。配体中与中心离子（或原子）直接结合的原子称为配位原子。而与中心离子（或原子）直接结合的配位原子数目，则称为该中心离子（或原子）的配位数。

中心离子（或原子）的配位数的大小与中心离子（或原子）和配体的电荷、半径、电子层结构有关，还与形成配合物时的外界条件有关。普遍的规律是：第一，中心离子（或原子）的电荷越高，配位数越大，而配体的负电荷越多，配位数越小；第二，中心离子（或原子）的半径越大，配位数越大（如果半径过大，也可以导致配位数变小），而配体的半径越大，配位数越小；第三，增大配体的浓度可以在一定程度上增加配位数；第四，升高温度，一般配位数会随之变小。当然这些只是普遍的规律，存在特例。

（2）银氨离子配位数的测定　在硝酸银水溶液中加入过量的氨水，即生成稳定的银氨配离子 $[Ag(NH_3)_n]^+$。再往溶液中加入溴化钾溶液，直到刚出现的溴化银沉淀不消失为止，这时混合溶液中同时存在着如下平衡：

$$Ag^+ + nNH_3 \Longleftrightarrow [Ag(NH_3)_n]^+ \qquad (2.28)$$

银氨离子的稳定常数 $K_稳$ 表达式：

$$K_稳 = \frac{[Ag(NH_3)_n]^+}{[Ag^+][NH_3]^n} \qquad (2.29)$$

难溶电解质溴化银在水溶液中存在着下列沉淀溶解平衡：

$$AgBr(s) \Longleftrightarrow Ag^+ + Br^- \qquad (2.30)$$

沉淀溶解平衡常数的表达式为：

$$K_{sp} = [Ag^+][Br^-] \qquad (2.31)$$

将式（2.29）和式（2.31）联合在一起可以得到式（2.32）：

$$K = K_稳 K_{sp} = \frac{[Ag(NH_3)_n^+][Br^-]}{[NH_3]^n} \qquad (2.32)$$

式中，$[Br^-]$、$[Ag(NH_3)_n^+]$ 和 $[NH_3]$ 都是指平衡时的离子浓度，单位是 $mol \cdot L^{-1}$，对式（2.32）进行变形可以得到：

$$[Br^-] = \frac{K[NH_3]^n}{[Ag(NH_3)_n^+]} \qquad (2.33)$$

设定硝酸银溶液的初始浓度为 $[Ag^+]_0$，溶液的体积为 V_{Ag^+}，在锥形瓶中加入的氨水（过量）和滴定时所需溴化钾溶液的体积分别为 V_{NH_3} 和 V_{Br^-}，其对应浓度分别为 $[NH_3]_0$ 和 $[Br^-]_0$，混合溶液的总体积为 $V_总$，则平衡时体系各组分的浓度近似为：

$$[Br^-] = [Br^-]_0 \frac{V_{Br^-}}{V_总} \qquad (2.34)$$

$$[Ag(NH_3)_n^+] = [Ag^+]_0 \frac{V_{Ag^+}}{V_总} \qquad (2.35)$$

$$[NH_3] = [NH_3]_0 \frac{V_{NH_3}}{V_总} \qquad (2.36)$$

综合式（2.33）～式（2.36）得到：

$$V_{Br^-} = V_{NH_3}^n K \left(\frac{[NH_3]_0}{V_总}\right)^n \bigg/ \frac{[Br^-]_0}{V_总} \times \frac{[Ag^+]_0 V_{Ag^+}}{V_总} \qquad (2.37)$$

本实验是采用改变氨水的体积，在各组分起始浓度和 $V_总$、V_{Ag^+} 在实验过程均保持不变的情况下进行，所以式（2.37）可写成：

$$V_{Br^-} = V_{NH_3}^n K' \qquad (2.38)$$

两边同时进行对数运算得到：

$$\lg V_{Br^-} = \lg V_{NH_3}^n \lg K' \qquad (2.39)$$

以 $\lg V_{Br^-}^n$ 为纵坐标、$\lg V_{NH_3}^n$ 为横坐标，直线的斜率便是 $[Ag(NH_3)_n]^+$ 的配位数 n。

三、实验用品

50mL 酸式滴定管、250mL 锥形瓶。

$0.01 mol \cdot L^{-1}$ 硝酸银溶液、$0.01 mol \cdot L^{-1}$ 溴化钾溶液、$2 mol \cdot L^{-1}$ 氨水溶液、蒸

馏水。

四、实验步骤

按照表 2.6 各编号所列数量依次加入 $0.01\text{mol}\cdot\text{L}^{-1}$ 硝酸银溶液、$2\text{mol}\cdot\text{L}^{-1}$ 氨水溶液和蒸馏水于各锥形瓶中，在不断缓慢摇荡下从滴定管中逐滴加入 $0.01\text{mol}\cdot\text{L}^{-1}$ 溴化钾溶液，直到溶液开始出现的浑浊不再消失为止（思考沉淀为何物），记下所用 $0.01\text{mol}\cdot\text{L}^{-1}$ 溴化钾溶液的体积。从编号 2 开始，当滴定接近终点时，还要补加适量的蒸馏水，继续滴至终点，使溶液的总体积都与编号 1 的体积基本相同。

表 2.6　数据的记录和处理

编号	V_{Ag^+} /mL	V_{NH_3} /mL	$V_{\text{H}_2\text{O}}$ /mL	V_{Br^-} /mL	$V'_{\text{H}_2\text{O}}$ /mL	$V_{总}$ /mL	$\lg V_{\text{NH}_3}^n$	$\lg V_{\text{Br}^-}$
1	20.0	40.0	40.0		0.0			
2	20.0	35.0	45.0					
3	20.0	30.0	50.0					
4	20.0	25.0	55.0					
5	20.0	20.0	60.0					
6	20.0	15.0	65.0					
7	20.0	10.0	70.0					

五、注意事项

（1）在滴定过程中，锥形瓶中刚开始出现沉淀的时候，需要停止加入溴化钾溶液，摇晃锥形瓶一段时间，若生成的沉淀溶解了则表示不是滴定终点。

（2）本实验所使用的锥形瓶、量筒等玻璃用品必须用去离子水清洗干净，以排除杂质离子的干扰。

六、实验思考

为什么从编号 2 开始，当滴定接近终点时，还要补加适量的蒸馏水，继续滴至终点，使溶液的总体积都与编号 1 的体积基本相同？

实验五　解离平衡及弱酸电离常数的测定

一、实验目的

（1）了解用酸度计测定乙酸电离常数的原理和方法。

（2）理解弱电解质的电离和盐类水解的概念及同离子效应、盐效应、温度等因素对水解和电离程度的影响。

（3）理解缓冲溶液的概念，并掌握配制简单的缓冲溶液的方法。

（4）学习酸度计的使用方法和移液管移取溶液的方法。

二、实验原理

（1）**弱电解质的电离** 弱电解质 $A_m B_n$ 在水溶液中可以发生部分电离，存在下列平衡：

$$A_m B_n \Longleftrightarrow m A^{n+} + n B^{m-} \tag{2.40}$$

那么，当电离达到平衡状态的时候，平衡常数的表达式为：

$$K = \frac{\left[c(A^{n+})\right]^m \left[c(B^{m-})\right]^n}{c(A_m B_n)} \tag{2.41}$$

（2）**同离子效应和盐效应** 在平衡体系中加入 A^{n+} 或 B^{m-}，就会使平衡发生移动，抑制弱电解质 $A_m B_n$ 的电离，这种现象我们称为同离子效应。

向弱电解质 $A_m B_n$ 的水溶液中加入不含 A^{n+} 或 B^{m-} 的强电解质时，由于强电解质完全电离，增大了溶液中离子的总浓度，使得离子的相互牵制作用增强，降低了离子重新结合生成弱电解质的概率，从而导致弱电解质 $A_m B_n$ 的解离度增大的现象，称为盐效应。

（3）**盐类的水解** 弱酸强碱盐、强酸弱碱盐或弱酸弱碱盐在水溶液中都会发生水解，因为它们电离出来的离子和水中的 H^+ 或 OH^- 作用，生成对应的弱酸或弱碱，使溶液显碱性或酸性。需要注意的是，水解的过程为吸热反应，所以加热可以促进水解，同样，水解也受同离子效应的影响。

① **弱酸强碱盐的水解** 这里以 NaAc 为例进行说明，在其水溶液中存在下列平衡：

$$Ac^- + H_2O \Longleftrightarrow OH^- + HAc \tag{2.42}$$

设此反应的平衡常数为 K_b，HAc 的酸式解离平衡常数为 K_a，NaAc 的浓度为 c_b，因为在本实验中应用的强酸弱碱盐、强碱弱酸盐或弱酸弱碱盐的浓度相对较大，而它们的水解平衡常数相对较小，因此可以采用最简式进行计算：

$$c(H^+) = \frac{K_w}{c(OH^-)} = \frac{K_w}{\sqrt{c_b K_b}} = \frac{K_w}{\sqrt{c_b \dfrac{K_w}{K_a}}} = \sqrt{K_w \frac{K_a}{c_b}} \tag{2.43}$$

② **强酸弱碱盐的水解** 这里以 NH_4Cl 为例进行说明，在其水溶液中存在下列平衡：

$$NH_4^+ + H_2O \Longleftrightarrow H^+ + NH_3 \cdot H_2O \tag{2.44}$$

设此反应的平衡常数为 K_a，$NH_3 \cdot H_2O$ 的碱式解离平衡常数为 K_b，NH_4Cl 的浓度为 c_b，因为在本实验中应用的强酸弱碱盐、强碱弱酸盐或弱酸弱碱盐的浓度相对较大，而它们的水解平衡常数相对较小，因此可以采用最简式进行计算：

$$c(H^+) = \sqrt{K_a c_b} = \sqrt{c_b \frac{K_w}{K_b}} \tag{2.45}$$

③ **弱酸弱碱盐的水解** 这里以 NH_4Ac 为例进行说明，在其水溶液中存在下列平衡：

$$Ac^- + H_2O \Longleftrightarrow OH^- + HAc \tag{2.46}$$

$$NH_4^+ + 2H_2O \Longleftrightarrow H_3O^+ + NH_3 \cdot H_2O \tag{2.47}$$

$$H_2O + H_2O \Longleftrightarrow H_3O^+ + OH^- \tag{2.48}$$

其质子守恒式：

$$c(H_3O^+) + c(HAc) \Longleftrightarrow c(OH^-) + c(NH_3 \cdot H_2O) \tag{2.49}$$

HAc 的酸式解离平衡常数为 K_a，$NH_3 \cdot H_2O$ 的碱式解离平衡常数为 K_b，NH_4Ac 的浓度为 c_b，因为在本实验中应用的强酸弱碱盐、强碱弱酸盐或弱酸弱碱盐的浓度相对较大，而它们的水解平衡常数相对较小，则式(2.49) 可以依次化简表示为：

$$c(\text{H}^+) + \frac{c(\text{H}^+)c(\text{Ac}^-)}{K_a} = \frac{K_w}{c(\text{H}^+)} + \frac{K_w c(\text{NH}_4^+)}{K_b c(\text{H}^+)} \tag{2.50}$$

$$c^2(\text{H}^+)\left(\frac{K_a + c_b}{K_a}\right) = K_w\left(\frac{K_b + c_b}{K_b}\right) \tag{2.51}$$

即

$$c(\text{H}^+) = \sqrt{K_a \frac{K_w}{K_b}} \tag{2.52}$$

④ 多元酸弱碱盐的水解　这里以正盐 Na_2CO_3 为例进行说明，在其水溶液中存在下列平衡：

$$CO_3^{2-} + H_2O \Longrightarrow OH^- + HCO_3^- \tag{2.53}$$

$$HCO_3^- + H_2O \Longrightarrow OH^- + H_2CO_3 \tag{2.54}$$

H_2CO_3 的一级酸式解离平衡常数为 K_{a1}，二级酸式解离平衡常数为 K_{a2}，Na_2CO_3 的浓度为 c_b，因为在本实验中应用的强酸弱碱盐、强碱弱酸盐或弱酸弱碱盐的浓度相对较大，而它们的水解平衡常数相对较小，同时，式（2.53）在溶液中的进行程度远大于式（2.54），所以，Na_2CO_3 的溶液体系中的 pH 值主要取决于式（2.53），相当于弱酸强碱盐的计算方法，采用最简式进行计算：

$$c(\text{H}^+) = \frac{K_w}{c(\text{OH}^-)} = \frac{K_w}{\sqrt{c_b K_b}} = \frac{K_w}{\sqrt{c_b \dfrac{K_w}{K_{a2}}}} = \sqrt{K_w \frac{K_{a2}}{c_b}} \tag{2.55}$$

一元酸式盐、二元酸式盐的计算方法与弱酸弱碱盐的一样，可以参考计算。

（4）缓冲溶液　根据酸碱质子理论，缓冲溶液是一个共轭酸碱对系统。在水溶液中存在下列质子转移平衡：

$$\text{HB（大量）} + H_2O\text{（很少）} \Longrightarrow H_3O^+ + B^-\text{（大量）} \tag{2.56}$$

在溶液中，存在大量的 HB 和 B^-，当加入少量的酸时，H_3O^+ 的浓度增加，平衡轻微地向左侧移动，因为存在大量的 HB 和 B^-，所以，溶液的 pH 值基本保持不变。如果加入碱，则反应向右侧移动，因为存在大量的 HB 和 B^-，所以，溶液的 pH 值也基本保持不变。所以，缓冲溶液可以在一定的范围内具备抗酸碱的能力而保持体系的 pH 值在一个恒定的范围内。

① 弱酸及其共轭碱构成的缓冲体系　这里以 HAc 和 NaAc 为例进行说明，设体系中 HAc 的浓度为 c_a，NaAc 的浓度为 c_b，HAc 的酸式解离平衡常数为 K_a，则体系中存在平衡：

$$\text{HAc} + H_2O \Longrightarrow H_3O^+ + Ac^- \tag{2.57}$$

则

$$\text{pH} = \text{p}K_a - \lg\frac{c_a}{c_b} \tag{2.58}$$

② 弱碱及其共轭酸构成的缓冲体系　这里以 $NH_3 \cdot H_2O$ 和 NH_4Cl 为例进行说明，设体系中 $NH_3 \cdot H_2O$ 的浓度为 c_a，NH_4Cl 的浓度为 c_b，$NH_3 \cdot H_2O$ 的碱式解离平衡常数为 K_b，则体系中存在平衡：

$$NH_4^+ + H_2O \Longrightarrow H^+ + NH_3 \cdot H_2O \tag{2.59}$$

则

$$pH = 14 - pK_b - \lg \frac{c_b}{c_a} \tag{2.60}$$

（5）用酸度计测量乙酸溶液的 pH 值　在乙酸的水溶液中存在平衡：

$$HAc + H_2O \rightleftharpoons H_3O^+ + Ac^- \tag{2.61}$$

其电离常数的表达式为：

$$K_a = \frac{c(H^+)c(Ac^-)}{c(HAc)} \tag{2.62}$$

设乙酸的起始浓度为 c_b，平衡时 $c(H^+)$ 与 $c(Ac^-)$ 相等，根据前面提到的原则，可以应用最简式形态，将式(2.62)可以改写为：

$$K_a = \frac{c^2(H^+)}{c_b} \tag{2.63}$$

这样的话，我们只需要知道溶液中乙酸的浓度和溶液的 pH 值，就可以计算出乙酸的电离常数。

（6）PHS-W 系列实验室 pH 计

① 显示屏　图 2.4 向我们详细展示了 PHS-W 型 pH 计的显示屏可能出现的各种图标以及它们所代表的含义。

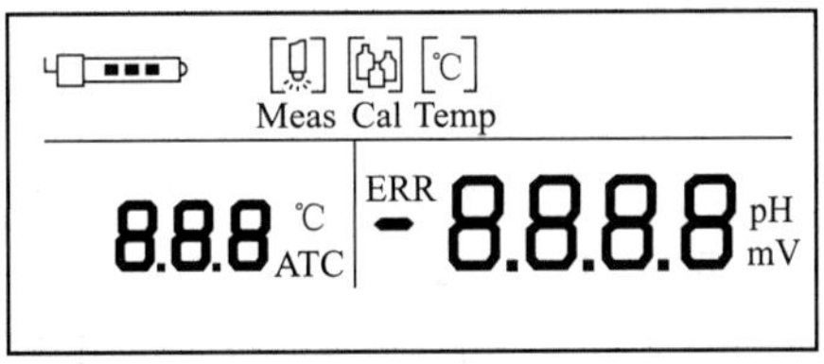

图标索引

[] Meas	测量图标： 表示仪表正在测量模式
[] Cal	校准图标： 表示仪表正在校准模式
[℃] Temp	设置图标： 表示仪表正在温度设置模式
ERR	错误报警图标： 表示当前校准液或pH电极已失效或污染
ATC	自动温度补偿图标： 表示自动温度补偿功能已启用
▭▭▬▬	电极斜率图标： 校准后，如果电极斜率或校准结果不符合测量要求，图标自动熄灭

图 2.4　PHS-W 型 pH 计的显示屏

② 控制面板　从图 2.5 中我们可以看到 PHS-W 型 pH 计的操作面板中可以进行的按键以及它们对应的功能。

按键	功能
ON	开关仪表
CAL	进入校准模式
pH	进入pH测量模式
mV	进入mV测量模式
℃	进入温度设置模式
◀	递减设定值
▶	递增设定值
ENTER	确认当前参数

图 2.5　PHS-W 型 pH 计仪的控制面板

③ 仪器的校准　PHS-W 型 pH 计采用的校准模式为两点校准，可用以校准的缓冲溶液包括：pH 4.01/7.00/10.01（USA 标准）；pH 4.01/6.86/9.18（NIST 标准）。这里我们采用的两个 pH 点为 4.01 和 6.86。

a. 一点校准　首先，用蒸馏水清洗 pH 电极，按 CAL 键，屏幕显示 CAL 6.86，这是仪表提示我们使用一点校正的缓冲溶液。

然后，将电极浸入到 pH 6.86 的缓冲溶液当中，缓慢搅拌并按 ENTER 键开始校准过程。待屏幕上显示的数值稳定后闪烁三下，一点校准完毕。

b. 二点校准　一点校准完毕后，屏幕自动显示 CAL-----，即等待进行二点校准。此时，应该使用蒸馏水清洗电极并且用滤纸吸干电极表面附着的水珠。

然后，将电极浸入到 pH 值为 4.01 的缓冲溶液当中，缓慢搅拌并且按住 ENTER 键开始校准过程。

等到显示器上的数值稳定之后，会自动闪烁三次，提示二点校准过程完成。

仪器自动进入到测量模式，此时二点校准完成。

c. 温度校准　这里只介绍手动的温度校准过程。若待测溶液的温度与显示器显示温度不一致，需要进行温度的调整。按 ℃ 键进入温度校准模式，按 ◀ 或 ▶ 键调整显示器上所示的温度，直到其与待测溶液温度一致，按 ENTER 键确认，温度校准完毕。

d. pH 值的测量　首先，用蒸馏水彻底清洗电极并用滤纸吸干表面附着的水珠。然后，将电极浸入到待测溶液当中并缓慢搅拌。最后，待数值稳定后，记录下溶液的 pH 值，完成测量。

三、实验用品

PHS-W 型 pH 计、25mL 移液管、50mL 烧杯、洗耳球、试管、井穴板、酒精灯、胶头滴管、药匙、广泛 pH 试纸、精密 pH 试纸（2.7～4.7）、玻璃棒、标签纸。

甲基橙溶液、酚酞指示剂、$0.1mol \cdot L^{-1}$ 氨水、$1mol \cdot L^{-1}$ 乙酸铵、$1mol \cdot L^{-1}$ 氯化钠、$0.1mol \cdot L^{-1}$ 乙酸、$0.1mol \cdot L^{-1}$ 氢氧化钠、$0.1mol \cdot L^{-1}$ 盐酸、$0.1mol \cdot L^{-1}$ 碳酸钠、$0.1mol \cdot L^{-1}$ 碳酸氢钠、$0.1mol \cdot L^{-1}$ 氯化铵、乙酸钠固体试剂、硝酸铁固体试剂、$6mol \cdot L^{-1}$ 硝酸、饱和硫酸铝溶液、饱和碳酸钠溶液、$0.1mol \cdot L^{-1}$ 乙酸钠、去离子水。

四、实验步骤

（1）同离子效应和盐效应

① 在 5mL 井穴板的 1～3 号孔穴内各加入一滴 $0.1mol \cdot L^{-1}$ 氨水和两滴酚酞指示剂。然后，再在井穴板的 1 号孔穴内加入一滴去离子水，在井穴板 2 号孔穴内加入一滴 $1mol \cdot L^{-1}$ 乙酸铵，在井穴板的 3 号孔穴内加入一滴 $1mol \cdot L^{-1}$ 氯化钠，比较 1～3 号孔穴内颜色的差异并解释原因。

② 在 5mL 井穴板的 4～6 号孔穴内各加入一滴 0.1mol·L⁻¹ 乙酸和一滴甲基橙指示剂。然后，再在井穴板的 4 号孔穴内加入一滴去离子水，在井穴板 5 号孔穴内加入一滴 1mol·L⁻¹ 乙酸铵，在井穴板的 6 号孔穴内加入一滴 1mol·L⁻¹ 氯化钠，比较 4～6 号孔穴内颜色的差异并解释原因。

③ 分别用 0.1mol·L⁻¹ 氢氧化钠替代 0.1mol·L⁻¹ 氨水，0.1mol·L⁻¹ 盐酸替代 0.1mol·L⁻¹ 乙酸重复进行①、②实验，比较强电解质和弱电解质的区别。

（2）盐类的水解

① 弱酸强碱盐的水解　取少量的乙酸钠固体试剂放入 50mL 烧杯中，用大概 4mL 的去离子水将其溶解。然后，将溶液平分成两等份，分别倒入两支洁净的试管中，在第一支试管中加入 3 滴酚酞指示剂，摇匀后静置；在第二支试管中加入 3 滴酚酞指示剂，并加热。比较两个试管内溶液颜色的区别，并加以解释。

② 强酸弱碱盐的水解　取少量的硝酸铁固体试剂放入 50mL 烧杯中，用大概 6mL 的去离子水将其溶解。然后，将溶液平分成三等份，分别倒入三支洁净的试管中，在第一支试管中加入 2 滴 6mol·L⁻¹ 硝酸，摇匀后静置；在第二支试管中加入 2 滴去离子水，并静置；在第三支试管中加入 2 滴去离子水，用酒精灯加热至微沸。比较三支试管内溶液颜色的区别，并加以解释。

（3）弱酸弱碱盐及多元弱酸的水解

① 用广泛 pH 试纸测试 0.1mol·L⁻¹ 碳酸钠、0.1mol·L⁻¹ 碳酸氢钠和 0.1mol·L⁻¹ 氯化铵的 pH 值，并通过计算对其进行解释。

② 向一支洁净的试管中加入 2 滴饱和的硫酸铝溶液，然后再向试管中加入饱和的碳酸钠溶液，观察有何现象发生，并解释现象产生的原因。再向试管中加入 0.1mol·L⁻¹ 盐酸，观察有何现象发生，并解释现象产生的原因。

（4）缓冲溶液

① 在试管中加入 2mL 的 0.1mol·L⁻¹ 乙酸和 2mL 的 0.1mol·L⁻¹ 乙酸钠，混合均匀后，用玻璃棒蘸取少量的混合溶液，检测其 pH 值，记录 pH 的数值并通过计算进行解释。然后将溶液均分成两份，分别倒入两支洁净的试管中。在第一支试管中加入两滴 0.1mol·L⁻¹ 盐酸，摇匀；在第二支试管中加入两滴 0.1mol·L⁻¹ 氢氧化钠，摇匀。用精密 pH 试纸分别对两支试管中的溶液进行检测，记录下 pH 值，并通过计算对其进行解释。

② 通过计算，设计出如何使用 0.1mol·L⁻¹ 乙酸和 0.1mol·L⁻¹ 乙酸钠溶液配制出 10mL 的 pH 值为 4.1 的缓冲溶液。根据计算结果进行操作，用精密 pH 试纸检测配置溶液的 pH 值是否符合要求，并验证其缓冲能力。

（5）用酸度计测量乙酸溶液的 pH 值

准备 4 个干燥洁净的 50mL 烧杯，分别用标签纸标注为 1 号烧杯、2 号烧杯、3 号烧杯和 4 号烧杯。在 1 号烧杯中，使用移液管准确移取 22.50mL 去离子水和 1.50mL 的 0.1mol·L⁻¹ 乙酸（实验前已准确标定），用玻璃棒混合均匀；在 2 号烧杯中，使用移液管准确移取 21.00mL 去离子水和 3.00mL 的 0.1mol·L⁻¹ 乙酸（实验前已准确标定），用玻璃棒混合均匀；在 3 号烧杯中，使用移液管准确移取 18.00mL 去离子水和 6.00mL 的 0.1mol·L⁻¹ 乙酸（实验前已准确标定），用玻璃棒混合均匀；在 4 号烧杯中，使用移液管准确移取 12.00mL 去离子水和 12.00mL 的 0.1mol·L⁻¹ 乙酸（实验前已准确标定），用玻璃棒混合均匀。用 PHS-W 型 pH 计分别对 4 个烧杯中的溶液进行 pH 值的测定，并填入表 2.7 中。

表 2.7　测定数据的记录与计算

温度_____℃

烧杯编号	HAc(已标定)的体积/mL	H_2O 的体积/mL	混合液中 $c_{HAc}/(mol \cdot L^{-1})$	pH 值
1	1.50	22.50		
2	3.00	21.00		
3	6.00	18.00		
4	12.00	12.00		

五、注意事项

（1）本实验所用的试管、烧杯、井穴板必须是用去离子水清洗过并且是干燥的，以排除杂质离子和残余水对实验体系的干扰。

（2）因为本实验中加入乙酸的量过小，所以，我们用以进行 pH 值测试的 $0.1mol \cdot L^{-1}$ 的乙酸要进行准确的标定，以保证实验的精密度。

（3）在进行每次测试之前，都要用去离子水对 pH 计的电极进行清洗，并用滤纸条擦干，以排除杂质离子的干扰，或者残余水分对待测溶液浓度的影响。

（4）pH 计的电极要在使用前 24h 开始在蒸馏水中浸泡活化。

（5）在使用移液管之前，一定要对移液管进行认真的清洗，并用待转移溶液进行润洗。

六、实验思考

（1）为什么碳酸钠、碳酸氢钠的水溶液呈碱性？

（2）为什么在配制用以进行 pH 计测试的乙酸溶液时，选择用移液管来量取溶液，而不是用量筒来量取？

（3）为什么 pH 计的电极要在使用前 24h 开始在蒸馏水中浸泡活化？

实验六　水溶液中的单相与多相离子平衡

一、实验目的

（1）了解溶度积的概念和配位化合物的性质。

（2）了解影响沉淀溶解平衡和配位平衡的因素。

（3）理解配位离子和简单离子的区别，配位化合物和复盐的区别。

二、实验原理

（1）溶度积规则　通过前面实验二的介绍，我们已经可以得知，难溶的电解质在水溶液中仍然存在一定的溶解度，在其溶液中，存在下列的平衡：

$$A_m B_n(s) \rightleftharpoons m A^{n+}(l) + n B^{m-}(l) \qquad (2.64)$$

在这样的条件下，其平衡常数称为溶度积常数，表达式为：

$$K_{sp} = [c(A^{n+})]_{eq}^m [c(B^{m-})]_{eq}^n \qquad (2.65)$$

若设定离子积 Q 使其与溶度积常数 K_{sp} 同型，来适用于任意情况下（平衡或非平衡状态）的难溶电解质的溶液，则：

$$Q = [c(A^{n+})]^m [c(B^{m-})]^n \tag{2.66}$$

可以得到一个重要的结论：

$Q > K_{sp}$，是过饱和溶液，反应向生成沉淀的方向进行；

$Q = K_{sp}$，难溶电解质处于动态平衡状态，既无沉淀生成，也无沉淀溶解； $\left.\begin{array}{l} \\ \\ \\ \end{array}\right\}$ (2.67)

$Q < K_{sp}$，是不饱和溶液，反应向沉淀溶解的方向进行。

（2）分步沉淀　向一个溶液体系中缓慢地加入某种试剂，若溶液中存在几种离子可能与之发生沉淀时，根据溶度积规则，哪种沉淀的离子积 Q 先达到其与溶度积常数 K_{sp}，先沉淀。待第一种沉淀完全之后，另一种沉淀的离子积 Q 也达到其与溶度积常数 K_{sp}，第二种沉淀析出，依此类推，这种现象称为分步沉淀。

这里我们假设加入的试剂含有 A^+，溶液中的 B^- 和 C^- 均能与之生成沉淀，则第一种沉淀的组成为 AB，第二种沉淀的组成为 AC，当第一种沉淀生成时：

$$Q > K_{sp} = [c(A^+)]_{eq}[c(B^-)]_{eq} \tag{2.68}$$

随着我们继续缓慢地加入试剂，溶液中 A^+ 的浓度在逐步提升，平衡向生成沉淀的方向进行，溶液中 A^+ 的浓度不断下降而导致第二种沉淀的离子积 $Q = c(A^+)c(C^-)$ 始终无法达到等于其溶度积常数 K_{sp} 的程度。所以，只有当第一种沉淀完全析出之后，随着试剂的加入，溶液中的 A^+ 的浓度才会逐渐大量提升，使第二种沉淀的离子积 Q 达到等于、大于其溶度积常数 K_{sp} 的程度，进而沉淀析出。

沉淀溶解平衡同样受到同离子效应和盐效应的影响，同离子效应促进平衡向沉淀的生成方向移动，而盐效应则促进平衡向沉淀的溶解方向移动。

（3）配合物的组成　配合物是由中心离子（或原子）和配体组成，中心离子通常是过渡金属离子，可以给配体提供空原子轨道，在中心离子周围直接配位的有化学键作用的分子、离子或基团，称为配体。配位化合物为强电解质，在水溶液中完全电离为配位离子和简单离子。其中配位离子称为配位化合物的内界，简单离子称为配位化合物的外界。配位离子以配位键相结合。下面以氯化二氨合银为例进行说明。

$$[Ag(NH_3)_2]Cl \rightleftharpoons [Ag(NH_3)_2]^+ + Cl^- \tag{2.69}$$

$$[Ag(NH_3)_2]^+ \rightleftharpoons Ag^+ + 2NH_3 \tag{2.70}$$

其中，式（2.69）就是配位化合物在水溶液中电离成为简单离子和配位离子的过程，式（2.70）是配位离子的解离平衡，我们用一个平衡常数来衡量配位离子的解离程度：

$$K_f = \frac{[Ag(NH_3)_2]^+}{[Ag^+][NH_3]} \tag{2.71}$$

式中，K_f 为配合物的稳定系数，不同的配离子具有不同的 K_f 的值。通过式（2.71）可以看出，K_f 值越大，则配离子越稳定。

配离子的解离平衡同样受到同离子效应和盐效应的影响，同离子效应促进平衡向配离子的生成方向移动，而盐效应则促进平衡向配离子的电离方向移动。

三、实验用品

试管、10mL 量筒、不锈钢药匙、真空抽滤机、布氏漏斗、抽滤瓶、滤纸、胶头滴管、10mL 离心管、离心机、玻璃棒、试管夹、酒精灯、石棉网、50mL 烧杯。

$0.1 mol \cdot L^{-1}$ 硝酸铅、$0.1 mol \cdot L^{-1}$ 碘化钾、$0.001 mol \cdot L^{-1}$ 硝酸铅、$0.001 mol \cdot L^{-1}$

碘化钾、饱和草酸铵、$0.1mol \cdot L^{-1}$氯化钙、$2mol \cdot L^{-1}$盐酸、$2mol \cdot L^{-1}$乙酸、$1mol \cdot L^{-1}$氯化镁、$2mol \cdot L^{-1}$氨水、饱和氯化铵、$0.5mol \cdot L^{-1}$氯化钙、$0.5mol \cdot L^{-1}$硫酸钠、$0.1mol \cdot L^{-1}$硫化钠、$0.1mol \cdot L^{-1}$铬酸钾、$0.1mol \cdot L^{-1}$氯化钠、$0.1mol \cdot L^{-1}$硝酸银、$0.2mol \cdot L^{-1}$硫酸铜、$0.1mol \cdot L^{-1}$硫酸铜、$0.1mol \cdot L^{-1}$氨水、$0.1mol \cdot L^{-1}$氯化钡、$0.1mol \cdot L^{-1}$氢氧化钠、$0.1mol \cdot L^{-1}$三氯化铁、$0.1mol \cdot L^{-1}$硫氰化钾、$0.1mol \cdot L^{-1}$铁氰化钾、$0.1mol \cdot L^{-1}$硫酸铁铵、奈斯勒试剂、$6mol \cdot L^{-1}$氢氧化钠、$1mol \cdot L^{-1}$硫酸、$0.1mol \cdot L^{-1}$溴化钾、$0.5mol \cdot L^{-1}$硫代硫酸钠、固体氟化钠试剂、去离子水。

四、实验步骤

（1）溶度积规则

① 向试管中加入 1 滴 $0.1mol \cdot L^{-1}$硝酸铅和 1 滴 $0.1mol \cdot L^{-1}$碘化钾，摇晃试管，观察有无沉淀生成。

② 向试管中加入 1 滴 $0.001mol \cdot L^{-1}$硝酸铅和 1 滴 $0.001mol \cdot L^{-1}$碘化钾，摇晃试管，观察有无沉淀生成。

比较①和②的实验结果，通过溶度积的计算来加以解释（1 滴约 0.05mL，碘化铅的 $K_{sp}=1.39 \times 10^{-8}$）。

③ 在两支试管中分别加入 2 滴饱和草酸铵和 2 滴 $0.1mol \cdot L^{-1}$的氯化钙，观察有无沉淀生成。将溶液均分成两份，分别置于两支试管中，向其中一支加入 2 滴的 $2mol \cdot L^{-1}$盐酸；向另一支试管中加入 2 滴的 $2mol \cdot L^{-1}$的乙酸。摇晃试管，观察两支试管中沉淀的状态。说明沉淀的化学组成，并解释盐酸和乙酸对于沉淀的影响。

④ 取两支试管，分别加入 2 滴的 $0.1mol \cdot L^{-1}$的氯化镁，分别加入 $2mol \cdot L^{-1}$氨水至两支试管中均有沉淀生成。然后，在一支试管中加入 2 滴的 $2mol \cdot L^{-1}$盐酸；在另一支试管中加入 5 滴的饱和氯化铵溶液，摇晃试管。观察两支试管中沉淀的状态，说明生成的沉淀的化学组成，并解释两支试管中沉淀状态变化的原因。

（2）沉淀的转化及分步沉淀

① 取一支试管和一支 10mL 的离心管，分别加入 2 滴 $0.5mol \cdot L^{-1}$氯化钙和 2 滴 $0.5mol \cdot L^{-1}$硫酸钠，摇晃均匀 5min 左右，观察生成的沉淀的颜色和状态。然后，在试管中加入 1 滴的 $2mol \cdot L^{-1}$的盐酸，摇晃试管，观察沉淀是否溶解；在 10mL 的离心管中加入 2 滴饱和的碳酸钠溶液，摇晃试管几分钟，然后，放入离心机中进行离心处理。取出离心管后弃去清液，观察沉淀的状态，然后再向离心管中加入 2 滴的 $2mol \cdot L^{-1}$的盐酸，观察现象并解释原因。

② 在 10mL 的离心管中加入 2 滴 $0.1mol \cdot L^{-1}$的硫化钠和 2 滴 $0.1mol \cdot L^{-1}$的铬酸钾，然后用去离子水稀释至 3mL，缓慢逐滴加入 $0.1mol \cdot L^{-1}$的硝酸铅溶液，观察首先生成的沉淀的颜色。待第一种沉淀完全之后，离心弃去沉淀，再继续向清液中加入 $0.1mol \cdot L^{-1}$的硝酸铅溶液，观察出现的第二种沉淀的颜色和状态，并解释分步沉淀的产生原因。

③ 向离心管中加入 2 滴 $0.1mol \cdot L^{-1}$的氯化钠和 2 滴 $0.1mol \cdot L^{-1}$铬酸钾，用去离子水稀释至 3mL。然后，缓慢逐滴加入 $0.1mol \cdot L^{-1}$的硝酸银溶液，观察首先生成的沉淀的颜色。待第一种沉淀完全之后，离心弃去沉淀，再继续向清液中加入 $0.1mol \cdot L^{-1}$的硝酸银溶液，观察出现的第二种沉淀的颜色和状态，并解释分步沉淀的产生原因。

（3）配位化合物和复盐的区别

① 取一支试管，加入 2 滴 0.1mol·L^{-1}的硫酸铜，然后，缓慢逐滴向其中加入 0.1mol·L^{-1}的氨水，观察首先生成沉淀的颜色。然后，继续加入 0.1mol·L^{-1}的氨水至沉淀完全消失，观察此时溶液的颜色。将此溶液分成两份，分别置于两支试管中，在第一支试管中加入 2 滴 0.1mol·L^{-1}的氯化钡；在另一支试管中加入 2 滴 0.1mol·L^{-1}的氢氧化钠，观察实验现象并解释原因。

② 取两支试管，分别加入 1 滴 0.1mol·L^{-1}的三氯化铁和 1 滴 0.1mol·L^{-1}的铁氰化钾。向两支试管中各加入 1 滴 0.1mol·L^{-1}的硫氰化钾，观察两支试管中溶液的状态，并解释原因。

③ 取三支试管，各加入 1 滴 1mol·L^{-1}的硫酸铁铵，然后，在第一支试管中加入 1 滴奈斯勒试剂，观察实验现象；在第二支试管中加入 3 滴 0.1mol·L^{-1}的硫氰化钾，观察实验现象；在第三支试管中加入 1 滴 0.1mol·L^{-1}的氯化钡，观察实验现象。解释这些实验现象产生的原因。

（4）配位平衡和沉淀溶解平衡

① 取一支试管，加入 2 滴 0.2mol·L^{-1}的硫酸铜溶液，然后，向其中缓慢逐滴加入 2mol·L^{-1}的氨水，摇晃试管，观察首先生成的沉淀的颜色。继续加入 2mol·L^{-1}的氨水至生成的沉淀溶解，观察溶液的颜色。向溶液中逐滴加入 1mol·L^{-1}的硫酸，观察生成沉淀的状态并解释沉淀产生的原因。待沉淀完全后，继续加入 1mol·L^{-1}的硫酸直到溶液呈酸性，观察沉淀是否溶解并解释原因。

② 向离心管中加入 10 滴 0.1mol·L^{-1}的硝酸银和 10 滴 0.1mol·L^{-1}的氯化钠，观察生成沉淀的状态，然后，离心分离，弃去清液。用去离子水洗涤沉淀两次，向离心管中继续加入 2mol·L^{-1}的氨水至生成的沉淀刚好溶解为止。继续向溶液中加入 5 滴 0.1mol·L^{-1}的溴化钾，观察生成沉淀的状态，然后，离心分离，弃去清液，用去离子水洗涤沉淀两次。继续向试管中加入 0.5mol·L^{-1}的硫代硫酸钠直至沉淀刚好溶解为止。再向溶液中加入 0.1mol·L^{-1}的碘化钾，观察生成沉淀的状态。解释上述沉淀产生、溶解的原因，并比较氯化银、溴化银、碘化银沉淀溶解平衡常数 K_{sp} 的大小和二氨合银（Ⅰ）配离子、硫代硫酸钠合银（Ⅰ）的稳定常数 K_f 的大小。

（5）配位平衡和氧化还原平衡、配位平衡之间的平衡移动

① 向一支试管中加入 10 滴 0.1mol·L^{-1}碘化钾溶液和 10 滴 0.1mol·L^{-1}的三氯化铁，摇晃试管，观察溶液颜色的变化。再向溶液中逐滴加入饱和草酸铵溶液，观察溶液的颜色发生了什么样的变化。

② 向一支试管中加入 10 滴 0.1mol·L^{-1}的三氯化铁和 10 滴 0.1mol·L^{-1}的硫氰化钾，观察混合溶液的颜色变化。再向试管中加入一小勺固体氟化钠，摇晃试管，待氟化钠溶解后，观察溶液颜色变化，解释原因。

五、注意事项

（1）本实验所用的试管、烧杯、板必须是用去离子水清洗过并且干燥的，以排除杂质离子和残余水对实验体系的干扰。

（2）本实验中所用的药匙要一种固体药品配一个专用的药匙，以防止药品的相互污染。

（3）实验步骤中强调逐滴加入的一定要注意加入的速度缓慢，且每加入一滴都要摇晃均匀，观察现象，不可加入过快。

六、实验思考

（1）在沉淀的转化及分步沉淀部分的实验（3）中，若出现砖红色的铬酸银沉淀时，溶液中的铬酸根浓度为 $6 \times 10^{-3} \, \text{mol} \cdot \text{L}^{-1}$，已知氯化银的溶度积常数 $K_{sp} = 1.8 \times 10^{-10}$，铬酸银的溶度积常数 $K_{sp} = 1.1 \times 10^{-12}$，求此时溶液中氯离子的浓度是多少？

（2）试说明复盐和配位化合物的区别。

实验七 试剂氯化钠的提纯和碳酸氢钠的制备

一、实验目的

（1）了解通过沉淀反应，过滤、提纯氯化钠的方法。

（2）学习台秤和煤气灯的使用方法，练习结晶、干燥、抽滤等基本实验操作。

（3）学习通过复分解反应，利用盐类溶解度的差异，制取化合物的方法。

二、实验原理

（1）氯化钠的提纯 本实验使用的待提纯盐中包含泥沙和一些可溶性的杂质离子（如钙离子、镁离子、钾离子和硫酸根离子等）。实验的设计思路是先通过过滤操作除去不溶性杂质（如泥沙），然后通过沉淀反应及过滤操作除去大部分的可溶性杂质离子，最后，通过溶解度的差异，通过抽滤操作除去剩下的可溶性杂质，最终达到获取纯相氯化钠的目的。

对于可溶性杂质，采用的是如下的沉淀反应：

硫酸根离子：

$$Ba^{2+} + SO_4^{2-} == BaSO_4 \downarrow \qquad (2.72)$$

镁离子、钙离子、钡离子：

$$Mg^{2+} + 2OH^- == Mg(OH)_2 \downarrow \qquad (2.73)$$

$$Ca^{2+} + CO_3^{2-} == CaCO_3 \downarrow \qquad (2.74)$$

$$Ba^{2+} + CO_3^{2-} == CaCO_3 \downarrow \qquad (2.75)$$

（2）碳酸氢钠的制备 本实验利用碳酸氢铵和氯化钠在水溶液中通过复分解反应制取碳酸氢钠，反应方程式为：

$$NH_4HCO_3 + NaCl == NaHCO_3 + NH_4Cl \qquad (2.76)$$

利用碳酸氢铵、氯化钠、碳酸钠和氯化铵在同一温度下的溶解度的差异，使碳酸氢钠结晶析出，通过抽滤和洗涤等操作达到制取碳酸氢钠的目的。

（3）固体溶解方法

① 加热 物质的溶解度随温度变化而普遍较大，加热一般都可以加速固体物质的溶解过程。在进行加热操作时，应根据被加热物质的热稳定性来选用直接用火加热或是用水浴等间接加热方法。无机合成实验中普遍采用的是在三脚架上垫加石棉网，再使用酒精灯加热的方法。

② 搅拌 搅拌溶液也可以促进固体物质的溶解。在搅拌液体时，应手持搅拌棒，转动手腕使搅拌棒在溶液中轻轻均匀地同向搅动，但切记不要用力过猛，也不要使搅拌棒碰在器壁上。

（4）常压过滤　先把一圆形滤纸两次对折形成扇形，然后，展开滤纸使其呈圆锥形（一侧为单层滤纸，一侧为三层滤纸），恰能与漏斗相密合。然后在三层滤纸的那一侧将外两层撕去一小角，用食指把滤纸按压在漏斗内壁上，用少量蒸馏水使滤纸湿润，然后，再用玻璃棒轻压滤纸四周，赶走滤纸与漏斗壁间的气泡，使滤纸紧贴在漏斗壁上。滤纸边缘应略低于漏斗边缘。

常压过滤时漏斗要放在漏斗架上，使漏斗管末端紧贴接受容器的内壁。等待过滤溶液尽可能固液分层后，先倾倒溶液，后倾倒沉淀。倾倒时，应使用玻璃棒进行引流，玻璃棒的末端应轻轻贴在三层滤纸一侧，漏斗中的液面高度应略低于滤纸边缘。

（5）减压过滤　减压过滤可以加速过滤过程，并使沉淀抽吸得较干燥。抽滤需要使用布氏漏斗、抽滤瓶和真空泵。与真空泵和抽滤瓶连接的抽气管起着吸取空气的作用，因而使抽滤瓶内减压，由于瓶内与布氏漏斗液面上产生压力差，因而加快了过滤速度。抽滤瓶用来收集滤液。布氏漏斗上有许多小孔，漏斗管插入单孔橡皮塞，与抽滤瓶紧密连接。应注意橡皮塞插入抽滤瓶内的部分不得超过塞子高度的1/2。还应注意漏斗管下方的位置和方向，布氏漏斗的尖端要远离抽滤口。同时，还需在抽滤瓶和橡皮管之间装上一缓冲瓶，以防止倒吸，把溶液弄脏。当停止抽滤时，先打开缓冲瓶上活塞，然后再关闭真空泵。

三、实验用品

试管、台秤、10mL量筒、不锈钢药勺、真空抽滤机、布氏漏斗、抽滤瓶、滤纸、胶头滴管、玻璃棒、试管夹、酒精灯、泥三角、石棉网、50mL烧杯、长颈漏斗、漏斗架、100mL蒸发皿、pH试纸、恒温水浴锅。

$2mol \cdot L^{-1}$盐酸、$2mol \cdot L^{-1}$氢氧化钠、$1mol \cdot L^{-1}$氯化钡、$1mol \cdot L^{-1}$碳酸钠、$0.5mol \cdot L^{-1}$草酸铵、镁试剂、粗食盐、碳酸氢铵药品、氯化钠药品、去离子水。

四、实验步骤

（1）氯化钠的提纯

① 称取4g粗食盐，放入50mL的烧杯中，加15mL的去离子水，加热并用玻璃棒搅拌。当溶液达到沸腾状态时，一边搅拌，一边缓慢地逐滴加入$1mol \cdot L^{-1}$的氯化钡至沉淀完全（20滴左右）。停止加热，将烧杯从石棉网上取下，静置，待溶液分层后，在上层清液中滴入两滴$1mol \cdot L^{-1}$的氯化钡，观察是否有浑浊现象。若存在浑浊现象则重复上面的步骤，继续加入$1mol \cdot L^{-1}$的氯化钡来沉淀溶液中的杂质离子；若不存在浑浊现象，则继续将烧杯放置在石棉网上加热5min，待溶液冷却后，用长颈漏斗过滤，保留滤液于一只干净的50mL的烧杯中。

② 向滤液中加入1mL的$2mol \cdot L^{-1}$氢氧化钠和3mL的$1mol \cdot L^{-1}$的碳酸钠，加热至沸腾。停止加热，将烧杯从石棉网上取下，静置，待溶液分层后，在上层清液中滴入两滴$1mol \cdot L^{-1}$的碳酸钠，观察是否有浑浊现象。若存在浑浊现象则重复上面的步骤，继续加入$1mol \cdot L^{-1}$的碳酸钠来沉淀溶液中的杂质离子；若不存在浑浊现象，则继续将烧杯放置在石棉网上加热5min，待溶液冷却后，用长颈漏斗过滤，保留滤液于一只干净的50mL的烧杯中。

③ 向滤液中逐滴加入$2mol \cdot L^{-1}$的盐酸，一边加入，一边用玻璃棒搅拌并蘸取溶液滴在pH试纸上检验其pH值，直至溶液的pH值达到6左右为止。

④ 将调节好 pH 值的滤液，倒入 100mL 的蒸发皿中，用小火加热，使溶液中的水分蒸发，注意不要让溶液沸腾。待溶液浓缩至稀粥状，停止加热，室温冷却。

⑤ 用布氏漏斗抽滤溶液，保留沉淀。将沉淀移至 100mL 蒸发皿中，小火加热干燥，然后称量提纯的氯化钠的质量。

氯化钠的提纯流程见图 2.6。

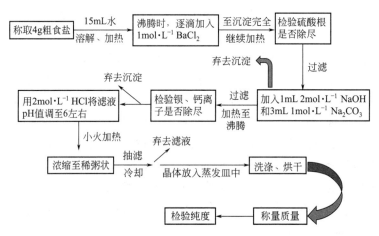

图 2.6　氯化钠的提纯流程

（2）产品氯化钠的纯度检验　各取 0.5g 精制的盐和提纯前的粗盐，分别用 5mL 的蒸馏水溶解，然后，将两种溶液均分装入三支试管中，进行比对实验。

① 各取一支装有精制盐溶液试管和装有粗盐溶液的试管，向其中分别加入 5 滴 1mol·L⁻¹ 的氯化钡，比较两支试管内溶液的状态变化。

② 各取一支装有精制盐溶液试管和装有粗盐溶液的试管，向其中分别加入 5 滴 0.5mol·L⁻¹ 的草酸铵溶液，比较两支试管内溶液的状态变化。

③ 各取一支装有精制盐溶液试管和装有粗盐溶液的试管，向其中分别加入 5 滴镁试剂，比较两支试管内溶液的状态变化。

实验完成后，记录实验现象并说明通过本实验制得的盐是否不含有硫酸根离子、钙离子和镁离子的杂质。

（3）碳酸氢钠的制备　向 50mL 的烧杯中加入 2.4g 精制后的氯化钠（若产量不足则用分析纯的氯化钠药品补足）溶于 10mL 的水中。将盛有食盐水的烧杯置于恒温水浴锅中 35℃ 水浴加热。在不断搅拌的情况下，分多次将 4.2g 研细的碳酸氢铵加入滤液中，在 30℃ 水浴的条件下搅拌 10min，水浴完成后冷却至室温。抽滤并用少量蒸馏水清洗滤纸上的样品两次，得到较纯净的碳酸氢钠固体，用滤纸吸干，称重。

五、注意事项

（1）本实验所用的试管、烧杯、蒸发皿等必须是用去离子水清洗过并且是干燥的，以排除杂质离子和残余水对实验体系的干扰。

（2）本实验中所用的药勺要一种固体药品配一个专用的药勺，以防止药品的相互污染。

（3）表 2.8 给出氯化钠、碳酸氢铵、碳酸氢钠和氯化铵在 0～40℃ 条件下的部分溶解度数据。

表 2.8　各物质溶解度随温度的变化

温度/℃ 物质	0	10	20	30	40
氯化钠	35.7	35.8	36.0	36.3	36.6
碳酸氢铵	11.9	15.8	21.0	27.0	—
碳酸氢钠	6.9	8.2	9.6	11.1	12.7
氯化铵	29.4	33.3	37.2	41.4	45.8

（4）当温度超过 35℃时，碳酸氢铵开始分解，合成碳酸氢钠的反应将受到影响，因此，选择的四种物质的分离温度应该在 35℃以下。在 30℃的温度条件下，碳酸氢铵和氯化钠的溶解度相对提升较大，而碳酸氢钠的溶解度相对较小，因此，选择 30℃有利于碳酸氢钠的析出。

六、实验思考

（1）在氯化钠提纯的过程中，为什么要在第④步中只将溶液浓缩至稀粥状而不蒸干？

（2）为什么要分次将碳酸氢铵加入滤液中，而不是一次性加入？

实验八　硫酸锰铵的制备

一、实验目的

（1）了解硫酸锰铵的制备方法。

（2）学习台秤和煤气灯的使用方法，练习结晶、干燥、抽滤等基本实验操作。

二、实验原理

本实验主要基于下面的两个反应方程式：

$$MnO_2 + H_2C_2O_4 + H_2SO_4 \Longrightarrow MnSO_4 + 2CO_2 + 2H_2O \tag{2.77}$$

$$MnSO_4 + (NH_4)_2SO_4 + 6H_2O \Longrightarrow MnSO_4 \cdot (NH_4)_2SO_4 \cdot 6H_2O \tag{2.78}$$

首先，使用固体二氧化锰在酸性介质中与草酸生成硫酸锰。然后，将硫酸锰与等物质的量的硫酸铵在水溶液中混合反应，生成溶解度较小的硫酸锰铵，结晶析出。

三、实验用品

试管、台秤、10mL 量筒、不锈钢药勺、真空抽滤机、布氏漏斗、抽滤瓶、滤纸、胶头滴管、玻璃棒、试管夹、酒精灯、表面皿、石棉网、50mL 烧杯。

$0.01mol \cdot L^{-1}$ 氯化钡、$1mol \cdot L^{-1}$ 硫酸、二氧化锰药品、草酸药品、奈斯勒试剂、硫酸铵药品、铋酸钠药品、乙醇、定性滤纸、冰块、去离子水。

四、实验步骤

（1）硫酸锰铵的制备　　向一只干净的 50mL 的烧杯中加入 30mL 的 $1mol \cdot L^{-1}$ 的硫酸并小火加热。称取 4g 草酸药品，加入烧杯中，并用玻璃棒搅拌。待草酸全部溶解后，停止加热。称取 2.5g 二氧化锰药品，分多次（5 次左右）缓慢地加入上述混合溶液中，盖上表面皿，使其充分反应一段时间。待反应完成后，将烧杯放在石棉网上，加热至沸并趁热抽滤，保留滤液。将滤液倒入一只干净的 50mL 烧杯中，加热滤液并搅拌，待硫酸铵全部溶解后，小火加热浓缩 15min 左右（注意不可以沸腾）。然后，停止加热，向烧杯中加入 10mL 的乙醇，并将烧杯放在冰水浴中，静置 30min。抽滤，然后用水和乙醇 1:1 的混合液冲洗滤纸上的沉淀两次，完成洗涤过程。最后，用大张滤纸压干硫酸锰铵，并进行称量，记录数据并计算产率。

（2）硫酸锰铵的制备流程如图 2.7 所示。

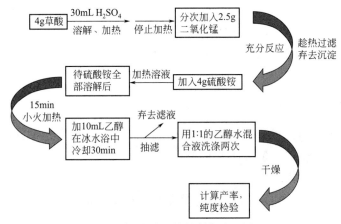

图 2.7 硫酸锰铵的制备流程图

（3）产品硫酸锰铵纯度的检验　取 0.5g 硫酸锰铵产品溶于 5mL 的去离子水中，待溶解均匀后分为三等份置于三支试管中，在第一支试管中加入奈斯勒试剂，观察溶液的状态；在第二支试管中加入少量的铋酸钠药品，观察溶液的状态；在第三支试管中加入 $0.01mol \cdot L^{-1}$ 的氯化钡，观察溶液的状态。

五、注意事项

（1）本实验所用的试管、烧杯、蒸发皿等必须是用去离子水清洗过并且是干燥的，以排除杂质离子和残余水对实验体系的干扰。

（2）本实验中所用的药勺要一种固体药品配一个专用的药勺，以防止药品的相互污染。

（3）本实验在溶解完草酸的硫酸溶液中加入二氧化锰时，因为反应过于剧烈，一定要缓慢加入，不可加入过快。

六、实验思考

（1）如何计算硫酸锰铵的理论产量？

（2）证明产品中含有铵根离子、锰离子和硫酸根离子的原理分别是什么？

实验九　硫酸亚铁铵的制备

一、实验目的

（1）了解复盐硫酸亚铁铵的制备方法。

（2）继续熟练水浴、过滤、结晶等基本操作。

二、实验原理

本实验分成两部分来完成。首先，铁粉与稀硫酸生成硫酸铁：

$$Fe + H_2SO_4 \Longrightarrow FeSO_4 + H_2 \uparrow \qquad (2.79)$$

然后，生成的硫酸亚铁与等物质的量的硫酸铵在水溶液中互相作用，即生成溶解度较小的硫酸亚铁铵。

$$FeSO_4 + (NH_4)_2SO_4 + 6H_2O \Longrightarrow (NH_4)_2SO_4 \cdot FeSO_4 \cdot 6H_2O \qquad (2.80)$$

硫酸亚铁铵在 10～40℃ 范围内的溶解度数据见表 2.9。

表 2.9　硫酸亚铁铵在 10～40℃ 范围内的溶解度数据

（以每 100g H_2O 中含有的硫酸亚铁铵克数计）　　单位：$g \cdot (100g)^{-1}$

物质　温度/℃	10	20	30	40
硫酸亚铁铵	17.2	26.4	33.0	46.0

通过表 2.9 可以看出，硫酸亚铁铵的溶解度在室温条件下相对较低，因此，可以通过加热浓缩，然后冷却至室温的方式来促使硫酸亚铁铵结晶析出。

三、实验用品

台秤、10mL 量筒、不锈钢药勺、水浴锅、真空抽滤机、布氏漏斗、表面皿、抽滤瓶、滤纸、胶头滴管、玻璃棒、酒精灯、石棉网、50mL 烧杯、蒸发皿。

$2mol \cdot L^{-1}$ 硫酸、固体铁粉药品、固体药品硫酸铵、乙醇、定性滤纸。

四、实验步骤

（1）硫酸亚铁的制备　向一只干净的 50mL 烧杯中加入 10mL 的 $2mol \cdot L^{-1}$ 的硫酸。然后，将烧杯放置在水浴锅中恒温加热（温度控制在 40～50℃）。再称取 1g 铁粉，分多次加入烧杯中。当 1g 铁粉全部加入烧杯后盖上表面皿，使其充分反应一段时间（在这个过程中要保持溶液的体积，如果水分损失过多，要补充适量的蒸馏水）。待反应完成后，向烧杯中继续加入 0.5mL 的 $2mol \cdot L^{-1}$ 硫酸溶液，若无气泡产生则可以肯定铁粉已经完全溶解。常压条件下趁热过滤，保留滤液，将滤液倒入蒸发皿中。

（2）硫酸亚铁铵的制备　将蒸发皿中的滤液继续用酒精灯加热，然后，一边搅拌一边加入 4g 的硫酸铵。待硫酸铵全部溶解后，小火加热浓缩 15min 左右（注意不可以沸腾，也不需搅拌）至出现晶膜，停止加热，冷却至室温后抽滤。然后用少量乙醇冲洗滤纸上的沉淀两次来达到洗涤样品的目的。完成洗涤过程后，取出硫酸亚铁铵的晶体放在表面皿上晾干、称重，记录数据。产品保存在干净的小烧杯中，用纸封住烧杯口。

（3）硫酸亚铁铵的制备流程图如图 2.8 所示。

（4）产品硫酸亚铁铵纯度的检验　纯度检验主要对产品中的 NH_4^+、Fe^{2+}、SO_4^{2-} 进行检验。

（1）NH_4^+：$NH_4^+ + 2HgI_4^{2-} + 4OH^- \Longrightarrow \left[O \begin{matrix} Hg \\ Hg \end{matrix} NH_2 \right] I \downarrow (红棕色) + 7I^- + 3H_2O$

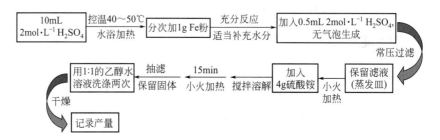

图 2.8　硫酸亚铁铵的制备流程图

（2）Fe^{2+}：$Fe^{2+} + K_3[Fe(CN)_6]$ 产生普鲁士蓝（蓝色）。

（3）SO_4^{2-}：$SO_4^{2-} + Ba^{2+} =\!=\!= BaSO_4 \downarrow$（白色）

五、注意事项

（1）在硫酸中加入铁粉时，应分多次缓慢加入，以免反应剧烈。

（2）加入铁粉后，要在烧杯上盖上表面皿，防止液体溅出。

（3）制备硫酸亚铁铵时，蒸发浓缩（小火加热 15min）过程中不要搅拌，否则会影响晶体的生长。

六、实验思考

（1）怎样计算硫酸亚铁铵的理论产量？

（2）为什么在用硫酸溶解铁粉的过程中要适当补充水分来保持溶液体积基本不变？

实验十　三草酸合铁（Ⅲ）酸钾的制备

一、实验目的

（1）熟练配合物三草酸合铁（Ⅲ）酸钾的制备方法。

（2）继续巩固过滤、蒸发、结晶和洗涤等基本操作。

二、实验原理

三草酸合铁（Ⅲ）酸钾（$K_3[Fe(C_2O_4)_3]\cdot 3H_2O$）是一种绿色的晶体，溶于水而不溶于乙醇。

本实验制备三草酸合铁（Ⅲ）酸钾使用的是两步合成的方法：

第一步是使用在实验九中制备的硫酸亚铁铵与草酸反应制备草酸亚铁。

第二步是使用沉淀法获取的草酸亚铁在草酸钾和草酸的存在下，使用过氧化氢将其氧化为草酸高铁配合物，即三草酸合铁（Ⅲ）酸钾：

$$(NH_4)_2Fe(SO_4)_2 \cdot 6H_2O + H_2C_2O_4 =\!=\!= FeC_2O_4 \cdot 2H_2O + (NH_4)_2SO_4 + H_2SO_4 + 4H_2O$$

（2.81）

$$2FeC_2O_4 \cdot 2H_2O + H_2O_2 + 3K_2C_2O_4 + H_2C_2O_4 =\!=\!= 2K_3[Fe(C_2O_4)_3] \cdot 3H_2O$$

（2.82）

最后，通过抽滤的方式，获取目标产物三草酸合铁酸（Ⅲ）钾样品。

三、实验用品

台秤、10mL 量筒、25mL 量筒、长颈漏斗、不锈钢药勺、水浴锅、真空抽滤机、布氏漏斗、抽滤瓶、滤纸、胶头滴管、玻璃棒、酒精灯、石棉网、100mL 烧杯、定性滤纸。

3mol·L^{-1}硫酸、固体药品硫酸亚铁铵、饱和草酸、饱和草酸钾、3%双氧水、乙醇。

四、实验步骤

（1）草酸亚铁制备　在 100mL 烧杯中加入 2.5g 在实验九中制得的硫酸亚铁铵，然后再加入 7.5mL 的蒸馏水和 2～3 滴 3mol·L^{-1}硫酸，用酒精灯加热使固体药品溶解。再向烧杯中加入 12.5mL 的饱和草酸溶液，并加热至沸腾，搅拌片刻后停止加热。将烧杯放置在实验台上静置，待生成的黄色晶体沉降后，使用倾析法弃去上层清液，得到的黄色晶体就是草酸亚铁。继续加入 10～15mL 蒸馏水，搅拌并温热，静置，弃去上清液，保留沉淀。

（2）三草酸合铁（Ⅲ）酸钾的制备　在上述沉淀中加入 5mL 饱和草酸钾溶液，然后将烧杯放置在水浴锅中，水浴加热至 40℃。用胶头滴管慢慢加入 10mL 3%双氧水，边加边搅拌，并使水浴温度恒定在 40℃左右，此时混合溶液呈现棕黄色，待 10mL 3%双氧水全部加入后将溶液加热至沸腾，并分两次加入 4mL 饱和草酸溶液（第一次加 2.5mL，第二次慢慢加入 1.5mL），趁热常压过滤，然后在滤液中加入 5mL 乙醇，温热溶液使析出的晶体再溶解后，封住烧杯，避光静置（过夜）。待晶体完全析出后，抽滤，称重，计算产率。

（3）三草酸合铁（Ⅲ）酸钾的制备流程图如图 2.9 所示。

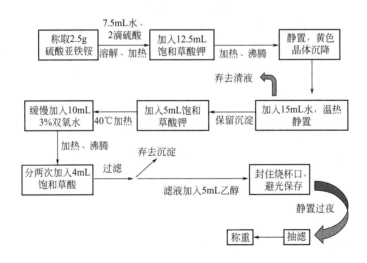

图 2.9　三草酸合铁（Ⅲ）酸钾的制备流程图

五、注意事项

（1）在第一步制备草酸亚铁沉淀时，要尽量将水倾倒干净。

（2）在制备三草酸合铁（Ⅲ）酸钾配合物时，要边加入草酸边搅拌，使其充分混合，反应完全。

六、实验思考

（1）怎样计算三草酸合铁（Ⅲ）酸钾的产率？

（2）能否使用将溶液蒸干的方法来提高三草酸合铁（Ⅲ）酸钾的产率？

实验十一　铬酸铅的制备

一、实验目的

（1）了解铬酸铅的制备原理并掌握其方法。

（2）继续熟练抽滤、洗涤、干燥等基本操作。

二、实验原理

铬酸铅是亮黄色单斜晶体，不溶于水，溶于强碱和无机强酸。颜色随原料配比和制备条件而异，有橘铬黄、深铬黄、中铬黄、浅铬黄、柠檬黄五种颜色。

本实验制备铬酸铅使用的是两步合成的方法：

第一步是利用＋3价铬盐在碱性溶液中，容易被强氧化剂氧化成为黄色＋6价铬酸盐的性质。

首先，向硝酸铬溶液中加入过量的氢氧化钠：

$$Cr^{3+} + 4OH^- \rightleftharpoons CrO_2^- + 2H_2O \qquad (2.83)$$

然后加入双氧水，进行氧化：

$$2CrO_2^- + 3H_2O_2 + 2OH^- \rightleftharpoons 2CrO_4^{2-} + 4H_2O \qquad (2.84)$$

生成的铬酸盐在水溶液中存在如下的平衡：

$$2CrO_4^{2-} + 2H^+ \rightleftharpoons Cr_2O_7^{2-} + H_2O \qquad (2.85)$$

因为铬酸铅的溶解度比重铬酸铅小很多。因此，第二步是向上述体系中加入硝酸铅溶液，便可以得到黄色铬酸铅沉淀，再通过抽滤就获得本实验的目标产物。

三、实验用品

台秤、25mL 量筒、不锈钢药勺、真空抽滤机、布氏漏斗、抽滤瓶、滤纸、胶头滴管、表面皿、玻璃棒、酒精灯、石棉网、100mL 烧杯、定性滤纸。

$25g \cdot L^{-1}$ 硝酸铬溶液、$6mol \cdot L^{-1}$ 氢氧化钠溶液、3% 双氧水、$6mol \cdot L^{-1}$ 乙酸溶液、$0.06mol \cdot L^{-1}$ 硝酸铅溶液。

四、实验步骤

（1）＋3价铬离子的氧化　用量筒量取 13mL 硝酸铬溶液［每升溶液中含有 25g $Cr(NO_3)_3 \cdot 9H_2O$］倒入 100mL 烧杯中，逐滴加入 $6mol \cdot L^{-1}$ 氢氧化钠，使溶液刚产生浑浊。然后，再加入 10 滴左右的 $6mol \cdot L^{-1}$ 氢氧化钠溶液，至溶液再次澄清。继续向溶液中缓慢地加入 7～8mL 3% 双氧水溶液，然后，盖上表面皿，用酒精灯小火加热。当溶液变为亮黄色时，继续煮沸 20min（在此过程中，应注意适当补充水分）。将溶液冷却至室温，然后缓慢加入 $6mol \cdot L^{-1}$ 的乙酸溶液调节溶液的 pH 值，使溶液从亮黄色转变为橙色。

（2）铬酸铅的生成　　继续用酒精灯加热上述溶液至沸腾情况下，逐滴加入 33mL $0.06mol \cdot L^{-1}$ 硝酸铅溶液后，继续煮沸 5min。将含有黄色沉淀的溶液抽滤，并使用热水洗涤沉淀两次，抽干后称重，计算产率。

（3）铬酸铅的制备流程图如图 2.10 所示。

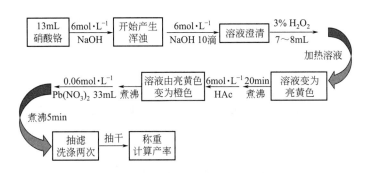

图 2.10　铬酸铅的制备流程图

五、注意事项

（1）加入双氧水和加入乙酸的步骤时，加入速度一定要缓慢，尽可能做到逐滴加入。

（2）硝酸铅溶液加入的速度开始要慢一些，而且要保持溶液微沸状态，否则会使反应生成的铬酸铅沉淀颗粒太小而穿透滤纸。

六、实验思考

（1）怎样计算铬酸铅产率？

（2）为什么在加入双氧水使溶液变为亮黄色后，还要继续煮沸溶液 20min？

实验十二　由胆矾精制五水硫酸铜

一、实验目的

（1）了解由胆矾精制五水硫酸铜原理并掌握其方法。

（2）继续熟练水浴加热、抽滤、干燥等基本操作。

二、实验原理

本实验是以工业硫酸铜（俗名胆矾）为原料，首先，使用过滤法除去其中的不溶性杂质。然后，用双氧水将溶液中的亚铁离子氧化为 +3 价铁离子。

$$2Fe^{2+} + H_2O_2 + 2H^+ =\!=\!= 2Fe^{3+} + 2H_2O \qquad (2.86)$$

并使三价铁在 pH = 4.0 时全部水解为氢氧化铁沉淀除去：

$$Fe^{3+} + 3H_2O =\!=\!= Fe(OH)_3 \downarrow + 3H^+ \qquad (2.87)$$

表 2.10 中可以看出，五水硫酸铜室温条件下在水中的溶解度相对较低，而且，随温度升高，其溶解度增大的程度不高。因此，可以进一步使用重结晶法使溶液中残留的可溶性杂质留在母液中，通过抽滤等操作得到较纯净的五水硫酸铜晶体样品。

表 2.10　五水硫酸铜在 10～40℃ 范围内的溶解度数据

（以每 100g H_2O 中含有的五水硫酸铜克数计）　　　单位：$g \cdot (100g)^{-1}$

温度/℃　物质	10	20	30	40
五水硫酸铜	23.1	27.5	32.0	37.8

三、实验用品

台秤、50mL 量筒、不锈钢药勺、真空抽滤机、布氏漏斗、抽滤瓶、滤纸、胶头滴管、玻璃棒、酒精灯、蒸发皿、石棉网、100mL 烧杯、定性滤纸。

8g 工业硫酸铜、$2mol \cdot L^{-1}$ 氢氧化钠溶液、3％双氧水、$1mol \cdot L^{-1}$ 硫酸溶液、乙醇。

四、实验步骤

（1）硫酸铜的初步提纯　首先，称取 8g 工业硫酸铜于烧杯中，加入约 30mL 水，使用酒精灯进行加热，边加热边搅拌直到固体样品几乎完全溶解为止。然后，对溶液进行抽滤操作以除去少量残余固体杂质。获取的滤液用 $2mol \cdot L^{-1}$ 氢氧化钠调节至 pH≈4.0，再滴加 3％双氧水 2mL 左右。如果溶液的酸度提高，需再次使用氢氧化钠调整 pH≈4.0。完成后继续使用酒精灯加热溶液至沸腾，数分钟后趁热常压过滤，弃去沉淀。将滤液转入蒸发皿内，加入几滴 $1mol \cdot L^{-1}$ 硫酸对溶液进行酸化处理至 pH 值达到 1～2 左右，然后，水浴加热，蒸发浓缩到适量体积（表面出现一层极薄的晶壳）时，停止加热。冷却至室温，然后抽滤，用滤纸压干，称重。

（2）重结晶　上述产品放于烧杯中，按每克产品加入 1.2mL 蒸馏水的比例加入蒸馏水。使用酒精灯加热，使其全部溶解。趁热常压过滤，滤液冷却至室温后，再减压过滤。用少量乙醇洗涤晶体 1～2 次，取出晶体，晾干，称重。

（3）五水硫酸铜的制备流程见图 2.11。

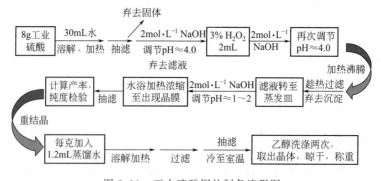

图 2.11　五水硫酸铜的制备流程图

五、注意事项

（1）加入双氧水和加入氢氧化钠调节 pH 值的步骤时，加入速度一定要缓慢，尽可能做到逐滴加入。

（2）加入双氧水时，如果工业硫酸铜中含有的＋2 价铁离子含量较高时，则需要加入的双氧水要适量增加。

六、实验思考

（1）为什么在加入双氧水的步骤时，要保持溶液的 pH 值在 4 左右？

（2）为什么在重结晶的步骤时，使用 1.2mL 蒸馏水每克样品的比例来溶解初步提纯的硫酸铜样品？

实验十三　硫酸铜结晶水的测定

一、实验目的

（1）学习沙浴的加热方法。

（2）了解本实验中测定硫酸铜结晶水的原理和基本方法。

二、实验原理

五水硫酸铜是一种蓝色晶体，结晶水与盐类的结合比较牢固。但是随着温度的升高，五水硫酸铜可以逐步脱去结晶水。当温度达到 48℃ 左右时，可以脱去部分结晶水变成 $CuSO_4 \cdot 3H_2O$；在温度达到 99℃ 左右时，可以继续脱去部分结晶水变成 $CuSO_4 \cdot H_2O$；在温度达到 218℃ 左右时，可以脱去全部的结晶水变成白色粉末状无水硫酸铜。

本实验是以实验十二制备的五水硫酸铜为原料，通过沙浴加热的方法脱去其中的结晶水。然后，通过称量原料五水硫酸铜的质量和脱去结晶水之后的硫酸铜样品的质量来计算出水和硫酸铜中结晶水的分子数目。

三、实验用品

分析天平、沙浴锅、研钵、瓷坩埚、干燥器、温度计（最高测温达到 300℃）、玻璃棒、煤气灯、1.2g 无水硫酸铜、乙醇、定性滤纸。

四、实验步骤

（1）硫酸铜结晶水去除　首先，取实验十二制备的五水硫酸铜样品，用研钵研细。然后，取一只洁净干燥的瓷坩埚，精确称量其质量（精确至 1mg）并记录。再向坩埚中加入 1.2g 研细的样品，称量质量并记录。将装有样品的坩埚放在沙浴锅内，然后，在靠近坩埚的沙浴中垂直插入一支温度计（最高测温达到 300℃），温度计的插入深度应与坩埚深入沙浴的深度一致。使用煤气灯加热沙浴锅，使其达到 240℃，然后停止加热，令沙浴锅自然升温，控制温度在 260～280℃。通过观察硫酸铜样品颜色的方式来判断样品的脱水情况。判断五水硫酸铜样品完全脱水后，将坩埚转移至干燥器内，冷却至室温。

（2）结晶水去除检验　将冷却至室温的坩埚精确称量质量（精确至 1mg），然后放入沙浴锅中，控制温度在 260～280℃加热 15min，再放入干燥器中，冷却至室温，称重。如果两次称量的质量差值在 5mg 之内，则可以认为样品中的结晶水已经去除干净。不然，则需要重复上面的步骤，直到临近的两次称量结果差值在 5mg 之内。根据实验结果计算每摩尔硫酸铜的初始样品中结晶水的含量。

五、注意事项

(1) 将装有五水硫酸铜样品的坩埚放入沙浴锅内加热时，要使坩埚的 3/4 的体积埋入沙浴中。

(2) 加热沙浴至 240℃，停止加热后，若沙浴锅温度无法自行达到 260～280℃时，则可以使用煤气灯继续小火加热，使温度控制在 260～280℃。

六、实验思考

(1) 为什么要在靠近坩埚的沙浴中垂直插入一支温度计，并且温度计的插入深度应与坩埚深入沙浴的深度一致？

(2) 如何通过观察颜色的方式来判断硫酸铜的结晶水是否除去？

实验十四　氧、硫化合物及其性质

一、实验目的

(1) 了解过氧化物、氧化物和硫化物的性质。
(2) 了解亚硫酸、硫代硫酸及其盐的性质。
(3) 了解一些基本的氧化物、硫化物的鉴定与分离方法。

二、实验原理

氧和硫是元素周期表中ⅥA族元素，原子的价电子层构型为 ns^2np^4，能形成氧化数为 -1、-2、$+4$、$+6$ 等的化合物。

(1) 过氧化氢　氧化物是指氧与电负性比氧小的元素形成的二元化合物。在自然界中，主要存在着氧与地壳中丰度较大的硅、铝、铁等元素形成的氧化物，如 SiO_2、Al_2O_3 等。下面主要介绍过氧化氢的性质。

H_2O_2 为无色液体，密度为 $1.4067g \cdot mL^{-1}$，可以与水完全混溶，是非常重要的一种过氧化物，主要从以下三点来简单介绍过氧化氢的性质。

① 过氧化氢呈现出较弱的酸性，可以与碱发生中和反应，如：

$$Ba(OH)_2 + H_2O_2 == BaO_2 + 2H_2O \tag{2.88}$$

② 存在不稳定性，可发生分解反应，如：

$$2H_2O_2 \xrightarrow{MnO_2} 2H_2O + O_2 \uparrow \tag{2.89}$$

③ 氧化性与还原性并存，但是以氧化性为主，如：

$$PbS + 4H_2O_2 == PbSO_4 + 4H_2O \tag{2.90}$$

(2) 硫化氢　硫化氢在室温状态下的主要存在形态为无色气体，有毒，在 0℃时的密度为 $1.539g \cdot L^{-1}$，其在 0℃时的溶解度为 $437.0mL$，而在 40℃时的溶解度是 $186.0mL$。硫化氢具有强还原性，如：

$$H_2S + 2Fe^{3+} == 2Fe^{2+} + S \downarrow + 2H^+ \tag{2.91}$$

(3) 硫化物　除了碱金属和 NH_4^+ 的硫化物外，大多数的硫化物难溶于水（如硫化锌、硫化铜等）。而且，还具有特征颜色。根据硫化物在酸中的溶解情况，可以将它们分成四类：

① 可以溶于稀盐酸的硫化物，如白色的硫化锌、黑色的硫化亚铁等；

② 难溶于稀盐酸，但是可以溶于浓盐酸的硫化物，如黄色的硫化镉等；

③ 难溶于浓盐酸，但是能溶于硝酸的硫化物，如黑色的硫化铜、黑色的硫化银等；

④ 难溶于硝酸，只能溶于王水的硫化物，如黑色的硫化汞等。

（4）亚硫酸及其盐　亚硫酸存在于溶液中，密度为 $1.03g \cdot mL^{-1}$，溶于水，但热稳定性差，易分解，其分解反应为：

$$H_2SO_3 =\!=\!= SO_2\uparrow + H_2O \tag{2.92}$$

亚硫酸及其盐中的硫呈 +4 价。因此，亚硫酸及其盐同时具有氧化性和还原性，但是以还原性为主。

$$2MnO_4^- + 5SO_3^{2-} + 6H^+ =\!=\!= 5SO_4^{2-} + 2Mn^{2+} + 3H_2O \tag{2.93}$$

$$SO_3^{2-} + 2H_2S + 2H^+ =\!=\!= 3S\downarrow + 3H_2O \tag{2.94}$$

（5）硫代硫酸及其盐　硫代硫酸钠商品名为海波。硫代硫酸稳定性较差，会发生分解反应：

$$S_2O_3^{2-} + 2H^+ =\!=\!= SO_2\uparrow + S\downarrow + H_2O \tag{2.95}$$

硫代硫酸盐具有较强的还原性，即使较弱的氧化剂（如 I_2）也可以将它氧化为连四硫酸盐：

$$2S_2O_3^{2-} + I_2 =\!=\!= S_4O_6^{2-} + 2I^- \tag{2.96}$$

三、实验用品

试管、试管夹、离心试管、离心机、水浴锅、火柴、pH 试纸、药勺、点滴板、火柴。

Na_2O_2 固体、$1mol \cdot L^{-1}$ 硫酸溶液、乙醚、$0.1mol \cdot L^{-1}$ 重铬酸钾溶液、40% 氢氧化钠溶液、双氧水、无水乙醇、3% 双氧水溶液、$0.1mol \cdot L^{-1}$ 碘化钾溶液、$0.01mol \cdot L^{-1}$ 高锰酸钾溶液、$2mol \cdot L^{-1}$ 氢氧化钠溶液、$0.1mol \cdot L^{-1}$ 硫酸锰溶液、二氧化锰固体药品、$0.1mol \cdot L^{-1}$ 硫化铵溶液、$0.1mol \cdot L^{-1}$ 硫酸锌溶液、$0.1mol \cdot L^{-1}$ 硫酸镉溶液、$0.1mol \cdot L^{-1}$ 硫酸铜溶液、$0.1mol \cdot L^{-1}$ 硝酸汞溶液、$2mol \cdot L^{-1}$ 盐酸溶液、$6mol \cdot L^{-1}$ 盐酸溶液、浓硝酸、王水、二氧化硫饱和溶液、碘水、淀粉溶液、饱和硫化氢溶液、$0.1mol \cdot L^{-1}$ 硫代硫酸钠溶液、氯水、$0.1mol \cdot L^{-1}$ 氯化钡溶液、$0.002mol \cdot L^{-1}$ 硫酸锰溶液、$0.1mol \cdot L^{-1}$ 硝酸银溶液、过硫酸钾固体药品、$0.1mol \cdot L^{-1}$ 硫化钠溶液、1% $Na_2[Fe(CN)_5NO]$ 溶液、$0.1mol \cdot L^{-1}$ $K_4[Fe(CN)_6]$ 溶液、品红溶液、饱和硫酸锌溶液。

四、实验步骤

（1）过氧化氢的制备　取绿豆粒大过氧化钠固体药品放置在小试管中。然后，加入少量蒸馏水使其溶解。再放在冰水中冷却并加以搅拌，用 pH 试纸检查溶液的酸碱性。再向试管中滴加已用冷水冷却过的 $1mol \cdot L^{-1}$ 硫酸溶液至酸性为止，写出反应式。

（2）过氧化氢的鉴定　取自制的过氧化氢溶液，加入约 0.5mL 乙醚，并加入 2 滴 $1mol \cdot L^{-1}$ 硫酸溶液酸化，再加入 2~3 滴 $0.1mol \cdot L^{-1}$ 重铬酸钾溶液。振荡试管，观察水层和乙醚层颜色变化，写出反应式。

（3）过氧化氢的性质

① 在一支洁净干燥的小试管中加入 2~3 滴 40% NaOH 溶液、约 0.5mL 双氧水溶液及

约 0.5mL 无水乙醇，振荡试管，观察现象，写出反应式。

② 在一支洁净干燥的小试管中加入 5 滴 3% 双氧水溶液，再用 2 滴 $1mol \cdot L^{-1}$ 硫酸溶液酸化。向其中滴加 $0.1mol \cdot L^{-1}$ 碘化钾溶液，观察现象，写出反应式。

③ 在一支洁净干燥的小试管中加入 10 滴 3% 双氧水溶液，再用 2 滴 $1mol \cdot L^{-1}$ 硫酸溶液酸化。向其中滴加 2~3 滴 $0.01mol \cdot L^{-1}$ 高锰酸钾溶液，观察现象。用火柴余烬检验反应生成的气体，写出反应式。

④ 在一支洁净干燥的小试管中加入 10 滴 3% 双氧水溶液，再加入 2 滴 $2mol \cdot L^{-1}$ 氢氧化钠溶液。向其中加入 2~3 滴 $0.1mol \cdot L^{-1}$ 硫酸锰溶液，观察现象，写出反应式。然后，将溶液静置一段时间，弃去清液，往沉淀中加入 2 滴 $1mol \cdot L^{-1}$ 硫酸溶液，再滴加 3% 双氧水溶液，观察又有什么变化？写出反应式并给予解释。

⑤ 在一支洁净干燥的小试管中加入 10 滴 3% 双氧水溶液，然后，向其中加入绿豆粒大的固体二氧化锰颗粒，观察现象。用火柴余烬检验反应生成的气体，写出反应式。

通过上面的①~⑤号实验，我们分别可以总结出过氧化氢具有什么样的性质，请加以说明。

(4) 硫化氢的还原性　在一支洁净干燥的小试管中加入 2 滴 $0.01mol \cdot L^{-1}$ 高锰酸钾溶液，向其中滴加 2 滴 $1mol \cdot L^{-1}$ 硫酸进行酸化处理。再加入 5 滴 $0.1mol \cdot L^{-1}$ 硫化铵水溶液，观察现象，写出反应式。

(5) 硫化物的溶解性　取四支洁净干燥的离心试管，分别向其中加入 0.5mL 的 $0.1mol \cdot L^{-1}$ 的硫酸锌溶液，0.5mL 的 $0.1mol \cdot L^{-1}$ 的硫酸镉溶液，0.5mL 的 $0.1mol \cdot L^{-1}$ 的硫酸铜溶液，0.5mL 的 $0.1mol \cdot L^{-1}$ 的硝酸汞溶液。再分别向四支试管中加入 3 滴 $0.1mol \cdot L^{-1}$ 硫化铵溶液，振荡后离心沉降，弃去清液，用少许蒸馏水洗沉淀，观察沉淀颜色。

① 分别向四支试管中滴加几滴 $2mol \cdot L^{-1}$ 盐酸溶液，观察每种沉淀是否溶解，写出反应式。

② 分别向四支试管中滴加几滴 $6mol \cdot L^{-1}$ 盐酸溶液，观察每种沉淀是否溶解，写出反应式。

③ 分别向四支试管中滴加几滴浓硝酸溶液，观察每种沉淀是否溶解，写出反应式。

④ 分别向四支试管中滴加几滴王水，观察每种沉淀是否溶解，写出反应式。

根据实验结果，总结四支试管中生成的硫化物沉淀在 $2mol \cdot L^{-1}$ 盐酸、$6mol \cdot L^{-1}$ 盐酸、浓硝酸和王水中的溶解情况。

(6) 亚硫酸的性质

① 用 pH 试纸测试二氧化硫饱和溶液的酸性，并记录结果。

② 在一支洁净干燥的试管中滴加 4 滴碘水和 2 滴淀粉溶液，再向其中加入 2 滴二氧化硫饱和溶液，观察现象，写出反应式。

③ 在一支洁净干燥的试管中滴加 4 滴饱和硫化氢溶液，再加入 2 滴二氧化硫饱和溶液，观察现象，写出反应式。

④ 在一支洁净干燥的试管中滴加 4 滴品红溶液，再加入 2 滴二氧化硫饱和溶液，观察现象，写出反应式。

总结说明上述实验①~④分别体现了亚硫酸的哪些性质。

(7) 硫代硫酸及其盐的性质

① 在一支洁净干燥的试管中加入 5 滴 $0.1mol \cdot L^{-1}$ 硫代硫酸钠溶液，再加入 3 滴

$1.0mol \cdot L^{-1}$ 硫酸溶液，静置片刻，用自制的高锰酸钾试纸检验放出的气体，观察现象，写出反应式。

② 在两支洁净干燥的试管中分别加入 4 滴碘水和 4 滴氯水溶液，然后向其中各加 6 滴 $0.1mol \cdot L^{-1}$ 硫代硫酸钠溶液，观察现象，并用 $0.1mol \cdot L^{-1}$ 氯化钡溶液检验在哪个反应中产生了硫酸根。

（8）过氧硫酸钾的氧化性

① 在一支洁净干燥的试管中加入 2 滴 $0.002mol \cdot L^{-1}$ 硫酸锰溶液，加入约 5mL $1.0mol \cdot L^{-1}$ 硫酸溶液、2 滴 $0.1mol \cdot L^{-1}$ 硝酸银溶液，再加入少量过硫酸钾固体，水浴加热，观察溶液颜色的变化。另取一支试管，不加 $0.1mol \cdot L^{-1}$ 硝酸银溶液，进行同样实验。比较上述两个实验的现象有什么不同，为什么？写出反应式。

② 在一支洁净干燥的试管中加入 5 滴 $0.1mol \cdot L^{-1}$ 碘化钾溶液，用 2 滴 $1.0mol \cdot L^{-1}$ 硫酸酸化后，再加入少量过硫酸钾固体，观察现象，写出反应式。

（9）S^{2-}、SO_3^{2-}、$S_2O_3^{2-}$ 的分离与鉴定

① 在洁净干燥的点滴板的 #1 号井穴内加入 1 滴 $0.1mol \cdot L^{-1}$ 硫化钠溶液，再滴加 1 滴 1% $Na_2[Fe(CN)_5NO]$，观察现象，写出反应式。

② 在洁净干燥的点滴板的 #2 号井穴内滴 2 滴饱和硫酸锌溶液，再加 1 滴 $0.1mol \cdot L^{-1}$ $K_4[Fe(CN)_6]$ 和 1 滴 1% $Na_2[Fe(CN)_5NO]$，用氨水调至中性，再加 $0.1mol \cdot L^{-1}$ 硫代硫酸钠溶液，观察现象，写出反应式。

③ 在洁净干燥的点滴板的 #3 号井穴内滴 2 滴 $0.1mol \cdot L^{-1}$ 硫代硫酸钠溶液，再加 2 滴 $0.1mol \cdot L^{-1}$ 硝酸银，观察现象，写出反应式。

总结鉴定 S^{2-}、SO_3^{2-}、$S_2O_3^{2-}$ 的方法。

五、注意事项

（1）证明不同介质中 H_2O_2 的性质，应先加介质，后加 H_2O_2 溶液。

（2）试验硫化物溶解性时，如现象不明显可以微热，以水浴加热为好。

（3）在不溶于盐酸的金属硫化物中，继续加入浓硝酸处理时，要先用少许蒸馏水洗涤沉淀，否则溶液中的 S^{2-} 与 NO_3^- 发生氧化还原反应，影响正常反应。

（4）在使用氯水、浓硝酸和王水时应注意防护。

六、实验思考

（1）为什么刚刚溶解过氧化钠的水溶液要冰浴搅拌后再测试其 pH 值？

（2）简述 S^{2-}、SO_3^{2-}、$S_2O_3^{2-}$ 的分离与鉴定的原理。

实验十五　碱金属和碱土金属

一、实验目的

（1）了解碱金属、碱土金属化合物的性质。

（2）掌握一些碱金属和碱土金属化合物的溶解性质。

（3）掌握使用金属钾、钠时需要采取的安全措施，并通过实验了解焰色反应。

二、实验原理

碱金属指的是元素周期表中ⅠA族元素（氢除外），原子的价电子层构型为ns^1，其离子价态为+1价且没有变价。碱土金属指的是元素周期表中ⅡA族元素，原子的价电子层构型为ns^2，离子价态为+2价且没有变价。无论是碱金属还是碱土金属，通过元素周期表都可以看出，随着周期的增大，表现出原子半径变大、金属性增强、电离能和电负性减小。

（1）钾和钠的性质　钾和钠是一种银白色的金属，但是容易被氧化，在空气中会因为反应而失去光泽。因此，在进行实验之前，一般需要用小刀切去表面的外皮（钾和钠较为柔软，易切割），露出具有金属光泽的部分再进行反应。

钾和钠的密度都很小，可以浮在水面上，它们都可以与水反应，且反应非常剧烈，如：

$$2Na + 2H_2O === 2NaOH + H_2\uparrow \tag{2.97}$$

（2）碱金属和碱土金属的对角线相似性　主要以碱金属中的锂和在周期表中与其呈现对角线的碱土金属镁为例，表2.11列举了它们六个方面的相似的性质。

表 2.11　锂、镁化合物的性质

项目	锂	镁
过量氧气中燃烧产物	只生成氧化物，没有过氧化物	
氢氧化物的稳定性	受热分解，生成各自对应的氧化物	
碳酸盐的热稳定性	对应的碳酸盐热稳定性较差，受热分解生成对应的氧化物	
是否存在难溶化合物	均存在对应的氟化物、磷酸盐等难溶化合物	
盐类在有机溶剂中的溶解性	对应的氧化物、卤化物均可以溶解在有机溶剂中	
水合能力	离子的水合能力均较强	

（3）焰色反应简介　将纯净的化合物放在无色火焰的氧化焰部分加热时，它们可以汽化使火焰呈现出不同的颜色。这是由于化合物中的原子的电子受热激发后，跃迁到高能级，但是，因为高能级的电子不稳定，随即又跃迁回低能级，同时发射出特定的光谱，从而呈现出不同的颜色。而碱金属和碱土金属的特征光谱在可见光范围内，因此，可以较为方便地观察到它们的特征焰色反应。碱金属和钙、锶、钡的挥发性化合物在高温火焰中可使火焰呈特征颜色。碱金属锂使火焰呈红色，钠呈黄色，钾、铷和铯呈紫色，碱土金属的钙、锶、钡可使火焰分别呈橙红色、洋红色、绿色。故可以用焰色反应鉴定这些元素。

三、实验用品

试管、试管夹、表面皿、酒精灯、蒸发皿、火柴、玻璃棒、井穴板、小刀、药勺、滤纸、pH试纸、细砂纸、烧杯。

金属钠（保存在煤油中）、$1mol \cdot L^{-1}$硫酸溶液、$0.01mol \cdot L^{-1}$高锰酸钾溶液、固体镁条药品、金属钾（保存在煤油中）、金属钙、$0.5mol \cdot L^{-1}$氯化镁溶液、$0.5mol \cdot L^{-1}$氯化钙溶液、$0.5mol \cdot L^{-1}$氯化钡溶液、$1mol \cdot L^{-1}$氯化镁溶液、$1mol \cdot L^{-1}$氯化钙溶液、$1mol \cdot L^{-1}$氯化钡溶液、$6mol \cdot L^{-1}$氨水溶液、$1mol \cdot L^{-1}$氯化铵溶液、$2mol \cdot L^{-1}$氢氧化钠溶液、$1mol \cdot L^{-1}$氯化锂溶液、$1mol \cdot L^{-1}$氟化钠溶液、$1mol \cdot L^{-1}$碳酸钠溶液、$1mol \cdot L^{-1}$磷酸氢二钠溶液、$1mol \cdot L^{-1}$氯化钠溶液、乙酸铀酰锌溶液、$1mol \cdot L^{-1}$氯化钾溶液、亚硝酸钴钠溶液、$2mol \cdot L^{-1}$乙酸溶液、$2mol \cdot L^{-1}$盐酸溶液、饱和氯化铵溶液、$1mol \cdot L^{-1}$氨

水溶液、0.5mol·L^{-1}草酸铵溶液、1mol·L^{-1}氯化锶溶液、1mol·L^{-1}铬酸钾溶液、1mol·L^{-1}硫酸钠溶液、饱和硫酸铵溶液、浓硝酸、2mol·L^{-1}氨水溶液、0.5mol·L^{-1}磷酸钠溶液、0.5mol·L^{-1}氢氧化钠溶液、0.5mol·L^{-1}氯化钠溶液、0.5mol·L^{-1}硫酸镁溶液、0.5mol·L^{-1}碳酸钙溶液、0.5mol·L^{-1}氢氧化钠溶液、0.5mol·L^{-1}硝酸溶液、0.5mol·L^{-1}碳酸钠溶液、0.5mol·L^{-1}硫酸溶液、0.5mol·L^{-1}碳酸铵、饱和草酸铵。

四、实验步骤

（1）碱金属、碱土金属单质

① 夹取一小块保存在煤油中的金属钠，用滤纸吸干表面的煤油（若存在表面失去光泽的情况，可以用小刀切去表皮），立即放在蒸发皿中，用酒精灯加热。一旦金属钠开始燃烧时即停止加热，观察现象，写出反应式。待坩埚中的产物冷却后，用玻璃棒轻轻捣碎并转移到一支洁净干燥的试管中，加入少许水使其溶解，观察试管中有无气体放出，检测溶液的pH值。然后向试管中的溶液滴加1mol·L^{-1}硫酸溶液进行酸化处理，再加1滴0.01mol·L^{-1}高锰酸钾溶液，观察现象，写出反应式。

② 取一支洁净干燥的试管，向其中加入一小块金属钙，再加入少量的蒸馏水，观察现象，用pH试纸检测水溶液的酸碱性，写出反应式。

③ 分别夹取一小块金属钠和金属钾，用滤纸吸干表面煤油后，放入两个盛有水的烧杯中，用表面皿盖好，观察现象，用广泛pH试纸检测反应后的溶液酸碱性，写出反应式。

④ 取两小段镁条，用细砂纸除去表面氧化膜后，分别将它们投入盛有少量冷水和热水的两支试管中，振荡试管，对比试管中的情况，写出反应式。

⑤ 取一小段镁条，用砂纸除去表面氧化膜，点燃，观察现象，写出反应式。

上述五个实验分别显示了碱金属元素钠、钾和碱土金属元素镁、钙的哪些特性？总结说明。

（2）碱金属的盐类

① 取三支洁净干燥的试管，向其中各加入两滴1mol·L^{-1}的氯化锂溶液。然后，分别向其中加入1mol·L^{-1}氟化钠溶液、1mol·L^{-1}的碳酸钠溶液和1mol·L^{-1}的磷酸氢二钠溶液。观察三支试管中的反应现象，写出反应方程式。

② 取一支洁净干燥的试管，向其中加入1滴1mol·L^{-1}氯化钠溶液，再加8滴乙酸铀酰锌溶液，用玻璃棒摩擦试管壁，观察现象。

③ 取一个洁净干燥的井穴板，向＃1号井穴中加入一滴1mol·L^{-1}氯化钾溶液，再加2滴亚硝酸钴钠溶液，观察现象。

（3）碱土金属的盐类

① 取一支洁净干燥的试管，向其中加入2滴0.5mol·L^{-1}氯化镁溶液，再滴加6mol·L^{-1}氨水溶液，观察生成沉淀颜色。然后，逐滴向沉淀中加入1mol·L^{-1}氯化铵溶液，直至沉淀溶解，解释现象，写出反应式。

② 取三支洁净干燥的试管，分别向其中加入2滴0.5mol·L^{-1}氯化镁溶液、0.5mol·L^{-1}氯化钙溶液和0.5mol·L^{-1}氯化钡溶液，再各加入2滴的2mol·L^{-1}氢氧化钠溶液（必须新鲜配制），观察每一支试管中的沉淀情况，比较碱土金属氢氧化物溶解度的递变顺序。

③ 取三支洁净干燥的试管，分别向其中加入2滴1mol·L^{-1}氯化镁溶液、1mol·L^{-1}氯化钙溶液和1mol·L^{-1}氯化钡溶液，再加2滴1mol·L^{-1}碳酸钠溶液，制得的沉淀经离

心分离后，用蒸馏水进行洗涤操作，弃去清液后再分别与 2mol·L^{-1}乙酸溶液和 2mol·L^{-1}盐酸溶液反应，观察沉淀是否溶解。

④ 取三支洁净干燥的试管，分别向其中加入 2 滴 1mol·L^{-1}氯化镁溶液、1mol·L^{-1}氯化钙溶液和 1mol·L^{-1}氯化钡溶液，再加 1 滴饱和氯化铵溶液、2 滴 1mol·L^{-1}氨水溶液和 2 滴 0.5mol·L^{-1}碳酸铵溶液，观察沉淀是否生成，写出反应式，解释实验现象。

⑤ 取三支洁净干燥的试管，分别向其中加入 2 滴 1mol·L^{-1}氯化镁溶液、1mol·L^{-1}氯化钙溶液和 1mol·L^{-1}氯化钡溶液，再滴加饱和草酸铵溶液。制得的沉淀经离心分离后，用蒸馏水进行洗涤操作，弃去清液后分别与 2mol·L^{-1}乙酸溶液和 2mol·L^{-1}盐酸溶液反应，观察现象，写出反应式。

⑥ 取三支洁净干燥的试管，分别向其中加入 2 滴 1mol·L^{-1}氯化钙溶液、1mol·L^{-1}氯化锶溶液和 1mol·L^{-1}氯化钡溶液，再滴加 1mol·L^{-1}铬酸钾溶液，观察是否生成沉淀和沉淀的状态。制得的沉淀经离心分离后，用蒸馏水进行洗涤操作，弃去清液后分别与 2mol·L^{-1}乙酸溶液和 2mol·L^{-1}盐酸溶液反应，观察现象，写出反应式。

⑦ 取三支洁净干燥的试管，分别向其中加入 2 滴 1mol·L^{-1}氯化镁溶液、1mol·L^{-1}氯化钙溶液和 1mol·L^{-1}氯化钡溶液，再滴加 1mol·L^{-1}硫酸钠溶液，观察是否生成沉淀和沉淀的状态。制得的沉淀经离心分离后，用蒸馏水进行洗涤操作，弃去清液后分别与饱和硫酸铵和浓硝酸反应，观察现象，写出反应式。

⑧ 取一支洁净干燥的试管，向其中加入 2 滴 1mol·L^{-1}氯化镁溶液，再加入 1 滴 2mol·L^{-1}盐酸溶液和 2 滴 1mol·L^{-1}磷酸氢二钠溶液，然后，加入一滴 2mol·L^{-1}的氨水溶液，振荡试管，观察有无沉淀生成和沉淀的状态。

（4）锂和镁的对角线相似性

① 取两支洁净干燥的试管，分别向其中加入 1mol·L^{-1}氯化锂溶液和 1mol·L^{-1}氯化镁溶液，再滴加 1mol·L^{-1}氟化钠溶液，观察现象，写出反应式。

② 取两支洁净干燥的试管，分别向其中加入 2 滴 1mol·L^{-1}氯化锂溶液和 1mol·L^{-1}氯化镁溶液，再分别向两支试管中加 2 滴 1mol·L^{-1}碳酸钠溶液，各有什么反应？写出反应式。

③ 取两支洁净干燥的试管，分别向其中加入 2 滴 1mol·L^{-1}氯化锂溶液和 1mol·L^{-1}氯化镁溶液，再分别滴加 0.5mol·L^{-1}磷酸钠溶液，观察现象，写出反应式。

（5）简单离子的鉴别

① 现有三瓶无标签的 0.5mol·L^{-1}氯化镁溶液、0.5mol·L^{-1}氯化钙溶液和 0.5mol·L^{-1}氯化钡溶液，设计并通过实验鉴定每种溶液的组成。

② 现有四瓶无标签的 0.5mol·L^{-1}氢氧化钠溶液、0.5mol·L^{-1}氯化钠溶液、0.5mol·L^{-1}硫酸镁溶液、0.5mol·L^{-1}碳酸钠溶液，请选用合适的试剂加以鉴别。

③ 现有六种无标签的 0.5mol·L^{-1}硝酸溶液、0.5mol·L^{-1}碳酸钠溶液、0.5mol·L^{-1}硫酸溶液、0.5mol·L^{-1}氯化钠溶液、0.5mol·L^{-1}氢氧化钠溶液、0.5mol·L^{-1}氯化钡溶液，请选用合适的试剂加以鉴别。

五、注意事项

（1）向 1 滴 1mol·L^{-1}氯化钠溶液中加入 8 滴乙酸铀酰锌溶液后，如果出现淡黄色结晶状的沉淀，则表示有钠离子存在，此反应可用作钠离子的鉴定反应。

（2）向一滴 $1\text{mol}\cdot\text{L}^{-1}$ 氯化钾溶液中加 2 滴亚硝酸钴钠试剂，如出现亮黄色的 $K_2Na[Co(NO_2)_6]$ 沉淀，则表示钾离子存在，否则，表示钾离子不存在。此反应可作为钾离子的鉴定反应。

（3）钠和钾的金属单质与水反应非常激烈，需要切成足够小的块再进行反应。

六、实验思考

（1）为什么要在煤油中保存金属钾和金属钠？

（2）为什么在比较氢氧化镁、氢氧化钙和氢氧化钡的溶解度时，所用的氢氧化钠溶液必须是新配制的？

实验十六　氮、磷化合物及其性质

一、实验目的

（1）了解并掌握硝酸及其盐、亚硝酸及其盐的性质。

（2）掌握 NH_4^+、NO_3^-、NO_2^-、PO_4^{3-}、$P_2O_7^{4-}$ 的鉴定方法。

（3）了解 PO_4^{3-}、HPO_4^{2-}、$H_2PO_4^-$ 的性质。

二、实验原理

氮和磷元素为周期表中 VA 族元素，原子的价电子层构型为 $n\text{s}^2n\text{p}^3$。

（1）硝酸和硝酸盐的性质　硝酸的主要特性是它的氧化性，许多非金属易被硝酸氧化成相应的硝酸盐，同时本身被还原为一氧化氮。

当硝酸与金属反应时，被还原的产物决定于硝酸的浓度及与之反应的金属的活泼性。对于硝酸而言，浓硝酸一般在反应中被还原成二氧化氮，而稀硝酸则一般被还原为一氧化氮（若硝酸很稀时，则主要被还原为 NH_3，再与过量酸反应生成铵盐）。实际上硝酸的反应很复杂，还原产物不可能单一，一般书写反应方程式时写的是主要产物。

一般来说，硝酸盐热稳定性很差，加热放出的氧气与可燃性物质混合极易燃烧而引起爆炸。其反应产物与硝酸盐的阳离子的活泼性有关。

① 阳离子位于 Mg 之前的活泼金属的硝酸盐，受热分解生成对应的亚硝酸盐和氧气，如：

$$2KNO_3 \xrightarrow{\triangle} 2KNO_2 + O_2 \uparrow \tag{2.98}$$

② 阳离子位于 Mg 到 Cu 之间的中等活泼金属的硝酸盐，受热分解生成对应的氧化物、二氧化氮和氧气，如：

$$2Pb(NO_3)_2 \xrightarrow{\triangle} 2PbO + 4NO_2 \uparrow + O_2 \uparrow \tag{2.99}$$

③ 阳离子位于 Cu 之后的不活泼金属的硝酸盐，受热分解生成对应的单质、二氧化氮和氧气，如：

$$2AgNO_3 \xrightarrow{\triangle} 2Ag + 2NO_2 \uparrow + O_2 \uparrow \tag{2.100}$$

以上仅代表普遍的规律，仍存在与之不相符的特例，如硝酸亚铁的分解产物是三氧化二铁而不是氧化铁。而对于硝酸铵来说，铵根中的氮可以和硝酸根中的氮发生自身氧化-还原反应。

（2）硝酸和硝酸盐的性质 亚硝酸可以通过亚硝酸盐与酸作用而制得，如：

$$H_2SO_4 + 2NaNO_2 \xrightarrow{\text{冰水浴}} 2HNO_2 + Na_2SO_4 \tag{2.101}$$

亚硝酸是一种弱酸，$K_a^\ominus = 6.0 \times 10^{-4}$，亚硝酸十分不稳定，极易分解，生成蓝色的三氧化二氮：

$$2HNO_2 = N_2O_3 + H_2O \tag{2.102}$$

然后，进一步分解为一氧化氮、二氧化氮：

$$N_2O_3 = NO_2\uparrow + NO\uparrow \tag{2.103}$$

亚硝酸盐既有氧化性，又有还原性，但主要以氧化剂的形式被应用，同时，亚硝酸盐溶液只有在酸性介质中才能显示出氧化性，其还原产物一般为一氧化氮，如：

$$2NaNO_2 + 2KI + 2H_2SO_4 = 2NO\uparrow + Na_2SO_4 + I_2 + K_2SO_4 + 2H_2O \tag{2.104}$$

（3）NH_4^+ 和 NO_3^- 的鉴定 NH_4^+ 的鉴定方法有两种，第一种是在待检测的试样中加入碱并进行加热，用石蕊试纸检验是否有氨气生成；第二种方法是加入奈斯勒试剂，在一般情况下，NH_4^+ 可以与奈斯勒试剂作用，生成红棕色的沉淀，但是，如果 NH_4^+ 的浓度比较低的时候，也可能没有沉淀生成，溶液呈现黄色或棕色。

NO_3^- 则主要通过棕色环法加以鉴定：

$$NO_3^- + 3Fe^{2+} + 4H^+ = NO\uparrow + 3Fe^{3+} + 2H_2O \tag{2.105}$$

$$NO + FeSO_4 = [Fe(NO)]SO_4 \tag{2.106}$$

当溶液中的 NO_3^- 的浓度达到检测限时，就可以看到溶液和浓硝酸的交界处出现棕色环。

三、实验用品

试管、试管夹、表面皿、酒精灯、水浴锅、火柴、红色石蕊试纸、药勺、滤纸、点滴板。

$0.1mol \cdot L^{-1}$ 氯化铵溶液、$2mol \cdot L^{-1}$ 氢氧化钠溶液、奈斯勒试剂、固体硫粉、浓硝酸、$1mol \cdot L^{-1}$ 氯化钡溶液、铜粉、锌粉、$2mol \cdot L^{-1}$ 硝酸溶液、固体硝酸钾药品、$0.1mol \cdot L^{-1}$ 亚硝酸钠溶液、$1:1$ 的硫酸溶液、$0.1mol \cdot L^{-1}$ 碘化钾溶液、$2mol \cdot L^{-1}$ 盐酸溶液、$0.01mol \cdot L^{-1}$ 高锰酸钾溶液、$2mol \cdot L^{-1}$ 硫酸溶液、$0.01mol \cdot L^{-1}$ 亚硝酸钠溶液、$2mol \cdot L^{-1}$ 乙酸溶液、对氨基苯磺酸溶液、α-萘胺、固体硫酸亚铁药品、$0.1mol \cdot L^{-1}$ 硝酸钾溶液、浓硫酸、$0.1mol \cdot L^{-1}$ 磷酸钠溶液、$0.5mol \cdot L^{-1}$ 钼酸铵、$0.1mol \cdot L^{-1}$ 焦磷酸钠溶液、$0.1mol \cdot L^{-1}$ 硝酸银溶液、$0.1mol \cdot L^{-1}$ 磷酸氢二钠溶液、$0.1mol \cdot L^{-1}$ 磷酸二氢钠溶液、$2mol \cdot L^{-1}$ 氨水溶液、$0.1mol \cdot L^{-1}$ 氯化钙溶液。

四、实验步骤

（1）硝酸及硝酸盐性质

① 取一支洁净干燥的试管，向其中加入绿豆粒大小的硫粉，再加入 $0.5mL$ 浓硝酸。在酒精灯上加热煮沸 $1min$ 左右，冷却后，在其上清液中加一滴 $1mol \cdot L^{-1}$ 氯化钡溶液，观察现象，写出反应式。

② 取两支洁净干燥的试管，分别向其中加入绿豆粒大小的锌粉和铜粉，然后，再各加

入 5 滴浓硝酸，观察溶液和生成气体的现象，写出反应式。

③ 取一支洁净干燥的试管，向其中加入绿豆粒大小的锌粉和铜粉，再分别加入 5 滴 $2mol \cdot L^{-1}$ 硝酸溶液，观察现象，写出反应式。

④ 取上述实验②、③装有锌粉的试管溶液，检验是否存在铵根离子。

⑤ 取一支洁净干燥的试管，向其中加入绿豆粒大小的固体硝酸钾样品。用酒精灯加热使其熔化，然后，将一根火柴余烬投入试管中，观察现象，并解释。

通过实验得出，浓、稀硝酸与活泼和不活泼金属的反应规律是：浓硝酸与活泼和不活泼金属反应被还原为二氧化氮；稀硝酸与活泼和不活泼金属反应被还原为一氧化氮；极稀硝酸与活泼金属反应被还原为铵根离子。

（2）亚硝酸及亚硝酸盐性质

① 取一支洁净干燥的试管，向其中加入 5 滴 $0.1mol \cdot L^{-1}$ 亚硝酸钠溶液，加 2～3 滴 1∶1硫酸，观察试管中气相和液相的颜色变化，并解释。

② 取一支洁净干燥的试管，向其中加入 2 滴 $0.1mol \cdot L^{-1}$ 亚硝酸钠溶液，加 2～3 滴 $0.1mol \cdot L^{-1}$ 碘化钾溶液，观察现象。若再加入 3～4 滴 $2mol \cdot L^{-1}$ 盐酸溶液，又有何现象？解释之。

③ 取一支洁净干燥的试管，向其中加入 2 滴 $0.1mol \cdot L^{-1}$ 亚硝酸钠溶液，加 1～2 滴 $0.01mol \cdot L^{-1}$ 高锰酸钾溶液，有何现象？若再加入 3～4 滴 $2mol \cdot L^{-1}$ 硫酸溶液，又有何现象？解释之。

结论：通过实验得出，在酸性溶液中亚硝酸盐既有氧化性又有还原性。

（3）铵根离子的鉴定

① 在一个洁净干燥的表面皿内加入 5 滴 $0.1mol \cdot L^{-1}$ 氯化铵溶液和 5 滴 $2mol \cdot L^{-1}$ 氢氧化钠溶液。在一个较小的表面皿上贴一块湿润的红色石蕊试纸，将这两个表面皿一起放在水浴上加热，观察现象，写出反应式。

② 用同样方法，将自制的奈斯勒试剂的滤纸条代替红色石蕊试纸，进行相同的实验，观察现象，写出反应式。

③ 在洁净干燥的点滴板的＃1号井穴内加入 1 滴 $0.1mol \cdot L^{-1}$ 氯化铵溶液，再加入一滴奈斯勒试剂，观察现象，并写出反应式。

（4）硝酸根、亚硝酸根、磷酸根、焦磷酸根离子的鉴定

① 在洁净干燥的点滴板的＃2号井穴内加入 1 滴 $0.01mol \cdot L^{-1}$ 亚硝酸钠溶液，用一滴 $2mol \cdot L^{-1}$ 乙酸溶液酸化，再加入 1 滴对氨基苯磺酸和 1 滴 α-萘胺，观察现象，并写出反应方程式。

② 取一支洁净干燥的试管，向其中加入绿豆粒大的硫酸亚铁固体，用少量蒸馏水溶解后，再加入 6 滴 $0.1mol \cdot L^{-1}$ 硝酸钾溶液，摇匀后，将试管斜持，沿管壁慢慢加入约 1mL 浓硫酸。观察实验现象，并加以解释。

③ 取一支洁净干燥的试管，向其中加入 1 滴 $0.1mol \cdot L^{-1}$ 磷酸钠溶液，再加入 3 滴 $0.5mol \cdot L^{-1}$ 钼酸铵试剂，在水浴上加热，观察现象，写出离子反应方程式。

④ 取一支洁净干燥的试管，向其中加入 2 滴 $0.1mol \cdot L^{-1}$ 焦磷酸钠溶液，再加入 1 滴 $0.1mol \cdot L^{-1}$ 硝酸银溶液，然后，滴加 $2mol \cdot L^{-1}$ 乙酸溶液，观察实验现象。

总结上述 4 个实验如何鉴别硝酸根、亚硝酸根、磷酸根、焦磷酸根离子。

（5）磷酸盐的性质

① 取三支洁净干燥的试管，向其中分别加入 2 滴磷酸钠、磷酸氢二钠、磷酸二氢钠。用广泛 pH 试纸检验三种溶液的 pH 值。然后，向三只试管中各加 1 滴 $0.1mol \cdot L^{-1}$ 硝酸银溶液，观察有无沉淀生成？再次使用 pH 试纸检验加入完硝酸银的三种溶液有无变化？

比较磷酸、磷酸氢二钠、磷酸二氢钠三种形式盐溶液的 pH，结论填入表 2.12 中。

② 取三支洁净干燥的试管，向其中分别加入 3 滴 $0.1mol \cdot L^{-1}$ 氯化钙溶液，再分别加入 3 滴 $0.1mol \cdot L^{-1}$ 的磷酸钠、$0.1mol \cdot L^{-1}$ 的磷酸氢二钠、$0.1mol \cdot L^{-1}$ 的磷酸二氢钠溶液，观察三支试管中的现象。再分别向三支试管中加入少量 $2mol \cdot L^{-1}$ 氨水，观察沉淀的状态有无变化？再加入适量 $2mol \cdot L^{-1}$ 盐酸溶液后，又有何变化？比较磷酸三种钙盐的溶解性，并说明它们相互转化的条件，结论填入表 2.12 中。

表 2.12　实验数据记录

实验内容	磷酸溶液	磷酸氢二钠溶液	磷酸二氢钠溶液
pH 值			
加硝酸银后产物的状态、pH 值变化			
加氯化钙后产物的状态			
加氨水产物状态			
加盐酸产物状态			

五、注意事项

(1) 在进行棕色环实验时，硝酸根离子浓度过大时，可能产生黄色溶液或出现褐色沉淀。

(2) 进行棕色环实验时，需要排除溴离子和碘离子的干扰。

(3) 在使用浓硫酸、浓硝酸和 1:1 的硫酸时应注意防护。

六、实验思考

(1) 为什么在进行磷酸钠和钼酸铵的实验时，为什么需要加入过量的钼酸铵。

(2) 简述硝酸根、亚硝酸根、磷酸根、焦磷酸根离子的鉴定原理。

实验十七　铬、锰化合物的性质

一、实验目的

(1) 了解部分铬、锰化合物的制备原理。
(2) 了解铬、锰化合物的氧化还原等性质。

二、实验原理

铬是元素周期表中ⅥB族元素，原子的价电子层构型为 $3d^5 4s^1$，主要的价态有 +2、+3 和 +6 价。铬的单质是一种极硬的银白色金属，能溶于稀盐酸、稀硫酸，但是不能溶于王水和浓、稀硝酸（因为被氧化生成一层氧化膜而无法反应）。因为铬具有抗腐蚀性，因此，广泛应用于金属表面的保护镀层。

（1）铬的化合物　主要介绍几种＋3价和＋6价的铬的化合物的性质。

① 铬（Ⅲ）化合物的性质　氯化铬的稀溶液呈紫色，但是随着温度和离子浓度的改变，其颜色会发生变化。如果温度升高或者氯离子浓度增大，溶液会变成浅绿色（$[CrCl(H_2O)_5]^{2+}$）或暗绿色（$[CrCl_2(H_2O)_4]^+$）。

铬（Ⅲ）盐很容易发生水解，其反应方程式为：

$$[Cr(H_2O)_6]^{3+} + H_2O \Longrightarrow [Cr(OH)(H_2O)_5]^{2+} + H_3O^+ \tag{2.107}$$

铬（Ⅲ）盐在碱性溶液中，$[Cr(OH)_4]^-$ 具有较强的还原性，如：

$$2[Cr(OH)_4]^- + 3H_2O_2 + 2OH^- \Longrightarrow 2CrO_4^{2-} + 8H_2O \tag{2.108}$$

绿色的 $[Cr(OH)_4]^-$ 在碱性条件下可以被双氧水氧化为黄色的 CrO_4^{2-}。

向铬（Ⅲ）盐中加入碱可以得到铬的氢氧化物，习惯上以 $Cr(OH)_3$ 表示。氢氧化铬难溶于水，具有两性。其与酸和碱的反应为：

$$Cr(OH)_3 + 3H^+ \Longrightarrow Cr^{3+} + 3H_2O \tag{2.109}$$

$$Cr(OH)_3 + OH^- \Longrightarrow [Cr(OH)_4]^- \tag{2.110}$$

② 铬（Ⅵ）化合物的性质　＋6价的铬离子电子结构是 $3d^0 4s^0 4p^0$。虽然不存在 d-d 跃迁，但是因为铬和氧之间有较强的极化效应，所以，＋6价铬的化合物都显颜色。其中，铬酸根和重铬酸根存在下列平衡：

$$2CrO_4^{2-} + 2H^+ \Longrightarrow Cr_2O_7^{2-} + H_2O \tag{2.111}$$

在碱性溶液中，主要以显黄色的 CrO_4^{2-} 为主，而在酸性溶液中，则主要以显橙红色的 $Cr_2O_7^{2-}$ 为主。

（2）锰的化合物　锰的化合物主要存在＋2价、＋4价、＋6价和＋7价。其中，氧化值为＋2价的，如绿色的 MnO，其水合物为白色的 $Mn(OH)_2$，呈现碱性，在空气中不稳定，易被氧化成 $MnO(OH)$，再进一步被氧化成 $MnO(OH)_2$。氧化值为＋4价的，如棕色的 MnO_2，其水合物为棕黑色的 $MnO(OH)_2$，酸碱性呈现两性，氧化还原稳定性较好，但是，在强酸介质中有强氧化性，而在碱性介质中有还原性。＋7价的氧化物为 Mn_2O_7，为黑色油状液体，其水合物为紫红色的 $HMnO_4$，呈现强酸性，氧化还原稳定性较差，容易分解成 MnO_2 和氧气。

三、实验用品

试管、试管夹、离心试管、离心机、酒精灯、淀粉-碘化钾试纸、药勺。

$0.1mol \cdot L^{-1}$ 氯化铬溶液、$2mol \cdot L^{-1}$ 氢氧化钠溶液、$6mol \cdot L^{-1}$ 氢氧化钠溶液、$6mol \cdot L^{-1}$ 盐酸溶液、3％双氧水溶液、$0.1mol \cdot L^{-1}$ 重铬酸钾溶液、$0.1mol \cdot L^{-1}$ 亚硫酸钠溶液、浓盐酸、$1mol \cdot L^{-1}$ 硫酸溶液、乙醚、$6mol \cdot L^{-1}$ 硝酸溶液、$0.1mol \cdot L^{-1}$ 硫酸锰溶液、$0.01mol \cdot L^{-1}$ 高锰酸钾溶液、40％氢氧化钠溶液、二氧化锰固体药品、铋酸钠固体药品。

四、实验步骤

（1）氢氧化铬（Ⅲ）的制备　取两支洁净干燥的试管，分别向其中加入 2 滴 $0.1mol \cdot L^{-1}$ 氯化铬溶液，再分别滴加 $2mol \cdot L^{-1}$ 氢氧化钠溶液，观察现象，写出反应式。然后，向其中一支试管中继续滴加 $6mol \cdot L^{-1}$ 氢氧化钠溶液，另一支试管中加入 $6mol \cdot L^{-1}$ 盐酸溶液，观察现象，写出反应式。

通过上面的实验，我们可以得知氢氧化铬呈现怎样的酸碱性？

（2）铬的各种价态之间的转化

① 取一支洁净干燥的试管，向其中加入 2 滴 0.1mol·L^{-1}氯化铬溶液，然后加入过量的 6mol·L^{-1}氢氧化钠溶液，再加入 3％双氧水溶液，在酒精灯上微微加热，观察溶液颜色变化，写出反应式。

② 取一支洁净干燥的试管，向其中加入 2 滴 0.1mol·L^{-1}重铬酸钾溶液。然后，加入 2 滴 3mol·L^{-1}硫酸溶液，再加入 0.1mol·L^{-1}亚硫酸钠溶液，观察现象，写出反应式。

③ 取一支洁净干燥的试管，向其中加入 2 滴 0.1mol·L^{-1}重铬酸钾溶液，然后，滴加几滴浓盐酸溶液，观察现象。再用淀粉-碘化钾试纸检验试管中反应所产生的气体，记录试纸的变化情况，并写出相关的反应方程式。

④ 取一支洁净干燥的试管，向其中加入 2 滴 0.1mol·L^{-1}重铬酸钾溶液。然后，滴加几滴 2mol·L^{-1}氢氧化钠溶液，观察现象。再滴入几滴 1mol·L^{-1}硫酸溶液，观察现象，写出反应方程式。

⑤ 取一支洁净干燥的试管，向其中加入 2 滴 0.1mol·L^{-1}氯化铬溶液。然后，加入 6mol·L^{-1}氢氧化钠溶液至过量，再加入 3 滴 3％双氧水溶液，在酒精灯上加热。待试管冷却后，加入 0.5mL 乙醚，再慢慢滴入几滴 6mol·L^{-1}硝酸酸化，摇动试管，静置，观察实验现象，写出反应方程式。

（3）氢氧化锰（Ⅱ）的制备　取三支洁净干燥的试管，向其中各加入 5 滴 0.1mol·L^{-1}硫酸锰溶液和 3 滴 2mol·L^{-1}氢氧化钠溶液，观察现象。再向第一支试管迅速滴加 6mol·L^{-1}盐酸溶液；第二支试管迅速滴加 6mol·L^{-1}氢氧化钠溶液；第三支试管则不添加任何试剂，只在空气中振荡。观察现象，写出反应式。这个实验体现了氢氧化锰的哪些性质？

（4）锰的各种价态之间的转化

① 取一支洁净干燥的试管，向其中加入 2 滴 0.01mol·L^{-1}高锰酸钾溶液，再滴加 0.1mol·L^{-1}硫酸锰溶液，观察现象，写出反应方程式。

② 取一支洁净干燥的试管，向其中加入 2 滴 0.01mol·L^{-1}高锰酸钾溶液，再滴加 0.1mol·L^{-1}亚硫酸钠溶液，观察现象，写出反应方程式。

③ 取一支洁净干燥的试管，向其中加入 5 滴 0.01mol·L^{-1}高锰酸钾溶液。然后，加入 2 滴 40％氢氧化钠溶液，再加入绿豆粒大小的二氧化锰固体药品。将试管在酒精灯上加热，然后静置片刻，离心沉降。取上清液，加 5 滴 1mol·L^{-1}硫酸酸化，观察现象，写出反应方程式。

④ 取一支洁净干燥的试管，向其中加入 2 滴 0.01mol·L^{-1}的高锰酸钾溶液。然后，加入 1 滴 6mol·L^{-1}氢氧化钠溶液，再滴加 2 滴 0.1mol·L^{-1}亚硫酸钠溶液，振荡试管，观察现象，写出反应方程式。

⑤ 取一支洁净干燥的试管，向其中加入绿豆粒大小的固体二氧化锰药品。然后，加入 5 滴浓盐酸溶液，用酒精灯对试管进行加热，再用淀粉-碘化钾试纸检验反应所产生的气体，观察现象，写出反应方程式。

⑥ 取一支洁净干燥的试管，向其中加入 0.1mol·L^{-1}硫酸锰溶液。然后，加入 2 滴 6mol·L^{-1}硝酸溶液，再加入绿豆粒大小的固体铋酸钠药品，振荡试管，离心沉降后观察上

清液的颜色，写出反应方程式。

五、注意事项

（1）铬的化合物都有毒，其中+6价铬毒性较强，不仅刺激消化道和皮肤，还具有致癌的作用。因此，在实验的过程中一定要注意安全防护。

（2）在氢氧化锰制备的实验中，应首先将硫酸锰和氢氧化钠溶液煮沸 1min 左右，尽可能赶走溶解在其中的氧气，这样才能制得白色的氢氧化锰沉淀。

六、实验思考

（1）如何通过实验鉴定铬离子（Ⅲ）和锰离子（Ⅱ）？
（2）列表总结本实验所涉及的铬和锰的化合物的颜色。

实验十八　铁、钴、镍化合物的性质

一、实验目的

（1）了解简单的铁、钴、镍化合物的制备方法。
（2）了解铁、钴、镍化合物的氧化还原等性质，并了解这些性质的递变规律。
（3）掌握简单的铁、钴、镍配合物的生成和性质。

二、实验原理

铁、钴、镍是元素周期表中第一过渡系第Ⅷ族元素，原子的价电子层构型分别为 $3d^6 4s^2$、$3d^7 4s^2$、$3d^8 4s^2$。其中，铁主要的氧化数有+2、+3和+6价；钴的主要氧化数有+2、+3、+4价；镍的主要氧化数有+2、+4价。第Ⅷ族元素除了铁、钴、镍之外，还包括钌、铑、钯、锇、铱和铂。但是，铁、钴、镍与这六种元素的性质相差较大，所以，通常将铁、钴、镍三种元素称为铁系元素，而将其余的六种元素称为铂系元素。

（1）铁系元素的氢氧化物

① 氧化值为+2价的氢氧化物　$Fe(OH)_2$ 呈现白色，在空气中放置可以与氧气反应生成 $Fe(OH)_3$，与中强度的氧化剂和强氧化剂反应同样可以生成 $Fe(OH)_3$，其与氧气的反应为：

$$4Fe(OH)_2 + O_2 + 2H_2O =\!=\!= 4Fe(OH)_3 \tag{2.112}$$

$Co(OH)_2$ 呈现粉红色，在空气中放置可以与氧气缓慢反应生成 $CoO(OH)$，与中强度的氧化剂和强氧化剂反应同样可以生成 $CoO(OH)$，其与中强度氧化剂 H_2O_2 的反应为：

$$2Co(OH)_2 + H_2O_2 =\!=\!= 2CoO(OH)\downarrow + 2H_2O \tag{2.113}$$

$Ni(OH)_2$ 呈现绿色，在空气中放置与氧气不反应，与中强度的氧化剂也不反应，但是可以与强氧化剂反应生成 $NiO(OH)$，其与强氧化剂 Cl_2 的反应为：

$$2Ni(OH)_2 + Cl_2 + 2OH^- =\!=\!= 2NiO(OH)\downarrow + 2Cl^- + 2H_2O \tag{2.114}$$

通过上述的比较可以看出，还原性按着 $Fe(OH)_2$、$Co(OH)_2$、$Ni(OH)_2$ 的顺序依次递减。

② 氧化值为+3价的氢氧化物　$Fe(OH)_3$ 呈现红棕色，与 H_2SO_4 反应生成 Fe^{3+}，与

浓盐酸反应同样生成 Fe^{3+}，其在酸性条件下的反应为：

$$Fe(OH)_3 + 3H^+ \xlongequal{\quad} Fe^{3+} + 3H_2O \tag{2.115}$$

$CoO(OH)$ 呈现褐色，与 H_2SO_4 反应生成 Co^{2+} 和 O_2，与浓盐酸反应生成 $[CoCl_4]^{2-}$ 配离子和 Cl_2，其与 H_2SO_4 的反应为：

$$4CoO(OH) + 8H^+ \xlongequal{\quad} 4Co^{2+} + O_2\uparrow + 6H_2O \tag{2.116}$$

$NiO(OH)$ 呈现黑色，与 H_2SO_4 反应生成 Ni^{2+} 和 O_2，与浓盐酸反应生成 $[NiCl_4]^{2-}$ 配离子和 Cl_2，其与浓盐酸的反应为：

$$2NiO(OH) + 6H^+ + 10Cl^- \xlongequal{\quad} 2[NiCl_4]^{2-} + Cl_2\uparrow + 4H_2O \tag{2.117}$$

通过上述的比较可以看出，氧化性按着 $Fe(OH)_3$、$CoO(OH)$、$NiO(OH)$ 的顺序依次递增。

（2）铁、钴、镍的配合物　铁系元素是很好的配合物的形成体，可以生成多种配合物。Fe^{3+}、Fe^{2+} 容易形成配位数为 6 的配合物。Co^{3+}、Co^{2+}、Ni^{2+} 可以形成配位数为 +4 价和 +6 价的配位化合物。

铁、钴、镍能生成很多配合物，其中常见的有：$K_4[Fe(CN)_6]$、$K_3[Fe(CN)_6]$、$[Co(NH_3)_6]Cl_2$、$[Ni(NH_3)_4]SO_4$ 等。Co^{2+} 的配合物不稳定，易被氧化为 Co^{3+} 的配合物，而 Ni 的配合物则以 +2 价的为稳定。在 Fe^{3+} 溶液中加入 $K_4[Fe(CN)_6]$ 溶液，在 Fe^{2+} 溶液中加入 $K_3[Fe(CN)_6]$ 溶液，都能产生"铁蓝"沉淀，经结构研究证明，二者的组成与结构相同。

$$Fe^{3+} + [Fe(CN)_6]^{4-} + K^+ + H_2O \xlongequal{\quad} KFe[Fe(CN)_6]\cdot H_2O\downarrow \tag{2.118}$$

$$Fe^{2+} + [Fe(CN)_6]^{3-} + K^+ + H_2O \xlongequal{\quad} KFe[Fe(CN)_6]\cdot H_2O\downarrow \tag{2.119}$$

在 Co^{2+} 溶液中，加入饱和 $KCSN$ 溶液生成蓝色配合物 $[Co(SCN)_4]^{2-}$，这种配合物在水溶液中不稳定，易溶于有机溶剂中（如丙酮），能使蓝色更为显著。

Ni^{2+} 溶液与丁二酮肟在氨性溶液中作用，生成鲜红色螯合物沉淀。

三、实验用品

试管、试管夹、蓝色石蕊试纸、酒精灯、淀粉-碘化钾试纸、药勺。

$2mol\cdot L^{-1}$ 硫酸溶液、七水硫酸亚铁固体药品、$2mol\cdot L^{-1}$ 氢氧化钠溶液、$0.5mol\cdot L^{-1}$ 氯化钴溶液、$0.1mol\cdot L^{-1}$ 硫酸镍溶液、3% 淀粉溶液、$0.1mol\cdot L^{-1}$ 氯化铁溶液、溴水、浓盐酸、$0.1mol\cdot L^{-1}$ 高锰酸钾溶液、$0.1mol\cdot L^{-1}$ 碘化钾溶液、$0.1mol\cdot L^{-1}$ 六氰合亚铁（Ⅱ）酸钾溶液、$0.1mol\cdot L^{-1}$ 六氰合铁（Ⅲ）酸钾溶液、$6mol\cdot L^{-1}$ 氨水溶液、$1mol\cdot L^{-1}$ 氯化铵溶液、$0.1mol\cdot L^{-1}$ 氯化钴溶液、$0.5mol\cdot L^{-1}$ 硫酸镍溶液、$2mol\cdot L^{-1}$ 氨水溶液、$0.1mol\cdot L^{-1}$ 氯化铬溶液、$6mol\cdot L^{-1}$ 氢氧化钠、$6mol\cdot L^{-1}$ 盐酸、硫氰化钾固体药品、丙酮、1% 的丁二酮肟溶液、蒸馏水。

四、实验步骤

（1）氢氧化铬（Ⅲ）的制备　取两支洁净干燥的试管，分别向其中加入 2 滴 $0.1mol\cdot L^{-1}$ 氯化铬溶液，再分别滴加 $2mol\cdot L^{-1}$ 氢氧化钠溶液，观察现象，写出反应式。然后，向其中一支试管中继续滴加 $6mol\cdot L^{-1}$ 氢氧化钠溶液，另一支试管中加入 $6mol\cdot L^{-1}$ 盐酸溶液，观察现象，写出反应式。

（2）铁、钴、镍 +2 价氢氧化物的制备和性质

① 取一支洁净干燥的试管，向其中加入 2mL 蒸馏水，然后，加入 2 滴 2mol·L^{-1} 硫酸溶液酸化。使用酒精灯将试管中的溶液煮沸片刻，再加入绿豆粒大小的七水硫酸亚铁固体药品。另取一支洁净干燥的试管，向其中加入 2mol·L^{-1} 氢氧化钠溶液并煮沸，迅速将其加到入到第一支试管的溶液中，观察现象。将第一支试管中生成的沉淀分成三份：第一份，静置冷却一会，观察有何现象发生；第二份，加入几滴 2mol·L^{-1} 硫酸溶液，观察有何现象发生；第三份，加入几滴 2mol·L^{-1} 氢氧化钠溶液，观察有何现象发生。分别进行解释并写出反应方程式。

② 取一支洁净干燥的试管，向其中加入 2 滴 0.5mol·L^{-1} 氯化钴溶液，然后，滴加 2mol·L^{-1} 氢氧化钠溶液，观察现象。振荡试管或微热，再观察现象。将试管中生成的沉淀分成三份：第一份，在空气中静置片刻，观察有何现象发生；第二份，加入几滴 2mol·L^{-1} 硫酸溶液，观察有何现象发生；第三份，加入几滴 2mol·L^{-1} 氢氧化钠溶液，观察有何现象发生。分别进行解释并写出反应方程式。

③ 取一支洁净干燥的试管，向其中加入 2 滴 0.1mol·L^{-1} NiSO$_4$ 溶液，然后，滴加 2mol·L^{-1} 氢氧化钠溶液，观察现象。将试管中生成的沉淀分成三份：第一份，在空气中静置片刻，观察有何现象发生；第二份，加入几滴 2mol·L^{-1} 硫酸溶液，观察有何现象发生；第三份，加入几滴 2mol·L^{-1} 氢氧化钠溶液，观察有何现象发生。分别进行解释并写出反应方程式。

通过上述实验进行总结，并填入表 2.13 中。

表 2.13　铁、钴、镍＋2 价氢氧化物的性质

性质	Fe(OH)$_2$	Co(OH)$_2$	Ni(OH)$_2$
颜色			
在水中的溶解性			
酸碱性			
还原性			

（3）铁、钴、镍＋3 价氢氧化物的制备和性质

① 取一支洁净干燥的试管，向其中加入 2 滴 0.1mol·L^{-1} 氯化铁溶液和 2 滴 2mol·L^{-1} 氢氧化钠溶液，观察实验现象并写出反应方程式。

② 取一支洁净干燥的试管，向其中加入 2 滴 0.1mol·L^{-1} 氯化钴溶液，然后，加入 2 滴溴水，再滴加 2mol·L^{-1} 氢氧化钠溶液，观察实验现象并写出反应方程式。继续用酒精灯将溶液加热至沸腾，静置冷却后，弃去上层清液。用倾析法洗涤沉淀一次，弃去清液，在沉淀中加入 2 滴浓盐酸，并加热，用湿润的淀粉-碘化钾试纸检查产生的气体。观察现象，写出反应方程式。

③ 取一支洁净干燥的试管，向其中加入 2 滴 0.1mol·L^{-1} 硫酸镍溶液，然后，加入 2 滴溴水，再滴加 2mol·L^{-1} 氢氧化钠溶液，观察生成的沉淀的颜色和状态。继续用酒精灯将溶液加热至沸腾，静置冷却后，弃去上层清液。用倾析法洗涤沉淀一次，弃去清液，向沉淀中加入 2 滴浓盐酸，并加热，用湿润的淀粉-碘化钾试纸检查产生的气体。观察现象，写出反应方程式。

通过上述实验进行总结，并填入表 2.14 中。

表 2.14　铁、钴、镍＋3 价氢氧化物的性质

性质	$Fe(OH)_3$	$CoO(OH)$	$NiO(OH)$
颜色			
氧化性			

（4）铁（Ⅱ、Ⅲ）盐的性质

① 取一支洁净干燥的试管，向其中加入绿豆粒大小的七水硫酸亚铁固体药品，再加入 2mL 的蒸馏水将其溶解，用蓝色石蕊试纸检验溶液的酸碱性并记录。继续向其中加入 2 滴 $2mol \cdot L^{-1}$ 的硫酸进行酸化，再加入两滴 $0.1mol \cdot L^{-1}$ 的高锰酸钾溶液，观察现象，写出反应方程式。

② 取一支洁净干燥的试管，向其中加入 5 滴 $0.1mol \cdot L^{-1}$ 氯化铁溶液，用蓝色石蕊试纸检验溶液的酸碱性并记录。继续向其中加入 5 滴 $0.1mol \cdot L^{-1}$ 的碘化钾溶液和 2 滴 3％淀粉溶液，观察现象，写出反应方程式。

（5）铁、钴、镍的配合物的性质

① 取一支洁净干燥的试管，向其中加入 1 滴 $0.1mol \cdot L^{-1}$ 六氰合亚铁（Ⅱ）酸钾溶液，然后，滴加 3 滴 $2mol \cdot L^{-1}$ 氢氧化钠溶液，观察现象，写出反应方程式。

② 取一支洁净干燥的试管，向其中加入 1 滴 $0.1mol \cdot L^{-1}$ 氯化铁溶液，加 3 滴六氰合亚铁（Ⅱ）酸钾溶液，观察现象，写出反应方程式。

③ 取一支洁净干燥的试管，向其中加入 1 滴 $0.1mol \cdot L^{-1}$ 六氰合铁（Ⅲ）酸钾溶液，再滴加 3 滴 $2mol \cdot L^{-1}$ 氢氧化钠溶液，观察现象，写出反应方程式。

④ 取一支洁净干燥的试管，向其中加入绿豆粒大小的七水硫酸亚铁固体药品，再加入 2mL 蒸馏水使其溶解。然后，滴加 2 滴六氰合铁（Ⅲ）酸钾溶液，观察现象，写出反应方程式。

⑤ 取一支洁净干燥的试管，向其中加入 2 滴 $0.5mol \cdot L^{-1}$ 氯化钴溶液，然后，加入 2 滴 $1mol \cdot L^{-1}$ 氯化铵溶液和过量的 $6mol \cdot L^{-1}$ 氨水，静置片刻，观察溶液颜色，写出反应方程式。

⑥ 取一支洁净干燥的试管，向其中加入 5 滴 $0.1mol \cdot L^{-1}$ 氯化钴溶液，然后，加入少许硫氰化钾固体，再加 10 滴丙酮溶液。观察现象，写出反应方程式。

⑦ 取一支洁净干燥的试管，向其中加入 2 滴 $0.5mol \cdot L^{-1}$ 硫酸镍溶液，然后，加入 2 滴 $2mol \cdot L^{-1}$ 氨水溶液，再加 1 滴 $2mol \cdot L^{-1}$ 氨水溶液。观察现象，写出反应方程式。

⑧ 取一支洁净干燥的试管，向其中加入 2 滴 $0.1mol \cdot L^{-1}$ 硫酸镍溶液，然后，加入 2 滴 $1mol \cdot L^{-1}$ 氯化铵，再加 1 滴 1％的丁二酮肟溶液。观察现象，写出反应方程式。

五、注意事项

（1）在使用浓盐酸、溴水时应注意防护

（2）$[Co(NH_3)_6]^{2+}$ 溶液呈现浅黄色，容易在空气中被氧化而变成橙黄色。因此在实验时必须仔细观察，如果使用 $0.5mol \cdot L^{-1}$ 氯化钴溶液来制取，可能看不到浅黄色的 $[Co(NH_3)_6]^{2+}$，而直接变成橙黄色的 $[Co(NH_3)_6]^{3+}$。因此，应选取 $0.1mol \cdot L^{-1}$ 氯化钴溶液来制取，浅黄色现象将稍微明显些。

六、实验思考

（1）在制备 $Fe(OH)_2$ 的实验中，为什么要事先将氢氧化钠溶液和硫酸亚铁溶液进行煮沸处理？

（2）在使用六氰合亚铁（Ⅱ）酸钾和六氰合铁（Ⅲ）酸钾溶液鉴定 Fe^{3+} 和 Fe^{2+} 的实验中，如果加错试剂会发生怎样的现象？

实验十九　铜、银化合物的性质

一、实验目的

（1）了解部分铜、银化合物的制备方法和性质。
（2）了解部分铜、银配合物的制备方法和性质。
（3）掌握铜、银离子的鉴定方法。

二、实验原理

铜、银是元素周期表中ⅠB族元素，原子的价电子层构型为 $3d^{10}4s^1$、$4d^{10}5s^1$。铜的主要的氧化数为 $+1$ 价和 $+2$ 价。银的主要的氧化数为 $+1$ 价。它们的其他性质如表 2.15 所示。

表 2.15　铜、银单质的性质

性质	铜	银	性质	铜	银
元素符号	Cu	Ag	颜色	红	银白
原子序数	29	47	密度/(g·cm^{-3})	8.92	10.5
原子量	63.55	107.9	熔点/℃	1083	960.8
第一电离能/(kJ·mol^{-1})	746	731	沸点/℃	2596	2212
电负性	1.90	1.93			

铜、银都有以单质的状态存在的矿物。铜在自然界中分布广泛，在地壳中的含量居第 22 位。铜主要以化合物的形态存在于自然界中，如黄铜矿（$CuFeS_2$）、赤铜矿（Cu_2O）、黑铜矿（CuO）等。银则主要以游离态（与铜、汞等生成合金）或硫化物的形态存在于自然界中。

（1）铜、银的氢氧化物

① $+1$ 价铜、银的氢氧化物　通过在 CuCl 溶液中迅速加入氢氧化钠的方式，可以制备黄色的 CuOH，其反应式为：

$$Cu^+ + OH^- \rightleftharpoons CuOH \downarrow \tag{2.120}$$

生成的 CuOH 很不稳定，逐渐变为橙色并迅速转变为红色的 Cu_2O（可以在酸性溶液中歧化为 Cu 和 Cu^{2+}）。

通过在 $AgNO_3$ 溶液中迅速加入氢氧化钠的方式可以制备白色的 AgOH，其反应式为：

$$Ag^+ + OH^- \rightleftharpoons AgOH \downarrow \tag{2.121}$$

生成的 AgOH 很不稳定，立刻脱水变成棕黑色的 Ag_2O。

② +2 价铜的氢氧化物　通过在 $CuSO_4$ 溶液中加入氢氧化钠的方式，可以制备浅蓝色的 $Cu(OH)_2$，其反应式为：

$$Cu^{2+} + 2OH^- \Longrightarrow Cu(OH)_2 \downarrow \tag{2.122}$$

$Cu(OH)_2$ 呈现两性，溶于酸和过量的强碱，分别生成 Cu^{2+} 和 $[Cu(OH)_4]^{2+}$。它也可以溶于氨水，生成配合物：

$$Cu(OH)_2 + 4NH_3 \Longrightarrow [Cu(NH_3)_4]^{2+} + 2OH^- \tag{2.123}$$

（2）铜、银的氧化物的颜色　铜、银的氧化物主要有红色的 Cu_2O、黑色的 CuO、暗棕色的 Ag_2O。其中，Cu_2O 和 Ag_2O 呈现一定程度的碱性，而 CuO 则呈现两性。因为铜、银的氧化物（除了 Cu^{2+} 外）中，铜、银离子均为 18 电子构型，半径还比较小，因此铜、银离子与氧离子存在较强的离子极化作用，从而导致它们氧化物的化学键存在很强的共价键成分。致使固体化合物中能带间隙变小，当可见光照射这些固体化合物时，一部分光被吸收使化合物显色。

（3）铜、银的卤化物

① +1 价铜的卤化物　氧化数为 +1 价的铜的卤化物包括红色的 CuF、白色的 $CuCl$、白色或淡黄色的 $CuBr$ 和 CuI。其中，CuF 非常不稳定，极易歧化生成 CuF_2 和单质 Cu。氧化数为 +1 价铜的卤化物（除了 CuF 外）都是难溶化合物，且溶解度按着 $CuCl$、$CuBr$ 和 CuI 的顺序依次递减。其中，$CuCl$ 不溶于硫酸、稀硝酸，但是可以溶于氨水、浓盐酸和碱金属的氯化物溶液。$CuCl$ 在工业上有着广泛的用途，可以作为催化剂、脱硫剂、脱色剂等。

② +2 价铜的卤化物　氧化数为 +2 价的铜的卤化物包括白色的 CuF_2、棕色的 $CuCl_2$、黑色 $CuBr_2$（不存在 CuI_2）。它们都可以通过氧化铜和对应的氢卤酸来制备，如：

$$CuO + 2HBr \Longrightarrow CuBr_2 + H_2O \tag{2.124}$$

表 2.16 列举了 CuF_2、$CuCl_2$ 和 $CuBr_2$ 的溶解度、熔点的数据。其中 $CuCl_2$ 溶液浓度如果较大，可以形成黄色的 $[CuCl_4]^{2-}$，呈现黄色；而 $CuCl_2$ 的稀溶液呈浅蓝色是因为形成了 $[Cu(H_2O)_4]^{2+}$。$CuCl_2$ 可以用来制造玻璃、陶瓷用的颜料和催化剂等。

表 2.16　CuF_2、$CuCl_2$ 和 $CuBr_2$ 的溶解度、熔点

性质	CuF_2	$CuCl_2$	$CuBr_2$
熔点/℃	1223	771	分解
溶解度① /[g·100g^{-1}]	0.075 (298K)	72.7 (293K)	126.8 (293K)

① 以每 100g 水中物质质量记。

③ +1 价银的卤化物　氧化数为 +1 价的银的卤化物包括白色的 AgF、白色的 $AgCl$、淡黄色的 $AgBr$ 和黄色的 AgI。其中，AgF 易溶于水，而 $AgCl$、$AgBr$ 和 AgI 都微溶或者难溶于水。其溶解度按着 $AgCl$、$AgBr$、AgI 的顺序降低。因为离子极化作用等原因，它们的颜色也依次加深。

三、实验用品

试管、试管夹、离心试管、离心机、水浴锅、药勺、50mL 小烧杯、酒精灯。

$0.1mol·L^{-1}$ 硫酸铜溶液、$2mol·L^{-1}$ 氢氧化钠溶液、$6mol·L^{-1}$ 氢氧化钠溶液、$2mol·L^{-1}$ 硫酸溶液、$0.1mol·L^{-1}$ 硝酸银溶液、$2mol·L^{-1}$ 氨水溶液、$0.1mol·L^{-1}$ 氯化钠溶液、$0.1mol·L^{-1}$ 碘化钾溶液、饱和碘化钾溶液、饱和硫氰化钾溶液、$1mol·L^{-1}$ 氯化

铜溶液、浓盐酸、铜粉固体药品、0.1mol·L⁻¹溴化钾溶液、0.1mol·L⁻¹硫代硫酸钠溶液、2%甲醛溶液、0.1mol·L⁻¹六氰合亚铁（Ⅱ）酸钾溶液、2mol·L⁻¹盐酸溶液、6mol·L⁻¹氨水溶液、0.1mol·L⁻¹硝酸溶液、0.1mol·L⁻¹氯化铁溶液、0.1mol·L⁻¹氯化铬溶液。

四、实验步骤

（1）铜（Ⅱ）的氢氧化物的制备与性质

取两支洁净干燥的试管，分别向其中加入 5 滴 0.1mol·L⁻¹硫酸铜溶液和 5 滴 2mol·L⁻¹氢氧化钠溶液，观察生成沉淀的颜色和状态，写出反应方程式。向一支试管中加入 5 滴 2mol·L⁻¹硫酸溶液，向另一支试管中加入 5 滴 6mol·L⁻¹氢氧化钠溶液，观察两支试管中的沉淀是否溶解，并阐述铜的氢氧化物的酸碱性。

（2）银（Ⅰ）的氢氧化物的制备

取一支洁净干燥的试管，向其中加入 2 滴 0.1mol·L⁻¹硝酸银溶液，然后，滴加 2 滴 2mol·L⁻¹氢氧化钠溶液，观察生成沉淀的状态，写出反应方程式。

（3）铜（Ⅱ）和银（Ⅰ）的氨的配位化合物

① 取一支洁净干燥的离心试管，向其中加入 5 滴 0.1mol·L⁻¹硫酸铜溶液和 5 滴 2mol·L⁻¹氢氧化钠溶液，观察生成的沉淀的颜色和状态。然后，离心分离，弃去清液，再向离心试管的沉淀中加入过量的 2mol·L⁻¹氨水溶液，观察沉淀是否溶解，写出反应方程式。

② 取一支洁净干燥的离心试管，向其中加入 5 滴 0.1mol·L⁻¹硝酸银溶液和 5 滴 2mol·L⁻¹氢氧化钠溶液，观察生成的沉淀的颜色和状态。然后，离心分离，弃去清液，再向离心试管的沉淀中加入过量的 2mol·L⁻¹氨水溶液，观察沉淀是否溶解，写出反应方程式。

③ 取一支洁净干燥的离心试管，向其中加入 5 滴 0.1mol·L⁻¹硝酸银溶液和 5 滴 0.1mol·L⁻¹氯化钠溶液，观察生成的沉淀的颜色和状态。然后，离心分离，弃去清液，再向离心试管的沉淀中加入过量的 2mol·L⁻¹氨水溶液，观察沉淀是否溶解，写出反应方程式。

④ 取一支洁净干燥的离心试管，向其中加入 3 滴 0.1mol·L⁻¹硝酸银溶液和 3 滴 0.1mol·L⁻¹溴化钾溶液，观察生成的沉淀的颜色和状态。然后，离心分离，弃去清液，再向离心试管的沉淀中加入过量的 0.1mol·L⁻¹硫代硫酸钠溶液，观察沉淀是否溶解，写出反应方程式。

（4）铜的氧化还原性质

① 取两支洁净干燥的离心试管，分别向其中加入 5 滴 0.1mol·L⁻¹硫酸铜溶液。然后，再加入 10 滴 0.1mol·L⁻¹碘化钾溶液，离心沉降，分离上层清液和沉淀（注意观察上层清液和沉淀的颜色），再用水洗涤两支离心试管中的沉淀两次，离心分离，弃去清液。继续向第一支离心试管中加入饱和的碘化钾溶液至沉淀刚好溶解，然后，再向试管中加入蒸馏水稀释，观察现象，写出反应方程式。向另一支试管中加入饱和的硫氰化钾溶液至沉淀刚好溶解，然后，再向试管中加入蒸馏水稀释，观察现象，写出反应方程式。

② 取一支洁净干燥的离心试管，向其中加入 5 滴 1mol·L⁻¹氯化铜溶液。然后，加入 5 滴浓盐酸和少许铜粉固体，用酒精灯加热至沸腾，待溶液成泥黄色时停止加热。从试管中

取少量此溶液，加入盛有半杯蒸馏水的 50mL 小烧杯中，观察沉淀的颜色，写出反应方程式。

（5）银镜反应　取一支洁净干燥的试管，向其中加入 0.5mL 的 $0.1mol \cdot L^{-1}$ 硝酸银溶液，然后，逐滴加入 $2mol \cdot L^{-1}$ 氨水溶液至生成的沉淀再次溶解（完全溶解后再多加几滴氨水），再向试管中加入 5 滴 2% 甲醛溶液，将试管在水浴中加热几分钟。观察现象，写出反应方程式。

（6）铜（Ⅱ）和银（Ⅰ）的鉴定

① 取一支洁净干燥的试管，向其中加入 2 滴 $0.1mol \cdot L^{-1}$ 硫酸铜溶液。然后，加 1 滴 $0.1mol \cdot L^{-1}$ 六氰合亚铁（Ⅱ）酸钾溶液，观察现象，写出反应方程式。

② 取一支洁净干燥的离心试管，向其中加入 2 滴 $0.1mol \cdot L^{-1}$ 硝酸银溶液。然后，滴加 $2mol \cdot L^{-1}$ 盐酸溶液至沉淀完全。离心沉降，弃去上层清液。再用蒸馏水洗涤离心试管中的沉淀一次，离心分离，弃去清液，再向离心管的沉淀中加 $6mol \cdot L^{-1}$ 氨水溶液直至完全溶解。然后，加入 1 滴 $0.1mol \cdot L^{-1}$ 碘化钾溶液，观察再次生成的沉淀的颜色和状态，写出反应方程式。

（7）混合离子的分离与鉴定

① 取一支洁净干燥的试管，向其中加入 5 滴 $0.1mol \cdot L^{-1}$ 硫酸铜溶液和 5 滴 $0.1mol \cdot L^{-1}$ 硝酸溶液，振荡试管使其混合均匀。然后，自行设计方案将混合溶液中的银（Ⅰ）离子和铜（Ⅱ）离子分离，并分别加以鉴定。

[分离流程]

[相关反应方程式]

② 取一支洁净干燥的试管，向其中加入 5 滴 $0.1mol \cdot L^{-1}$ 氯化铁溶液、5 滴 $0.1mol \cdot L^{-1}$ 氯化铬溶液和 5 滴 $0.1mol \cdot L^{-1}$ 硫酸铜溶液，振荡试管使其混合均匀。然后，自行设计

方案将混合溶液中的铁（Ⅲ）离子、铬（Ⅲ）离子和铜（Ⅱ）离子分离，并分别加以鉴定。

[分离流程]

[相关反应方程式]

五、注意事项

（1）鉴定铜（Ⅱ）离子时，铁（Ⅲ）离子的存在能与六氰合亚铁（Ⅱ）酸钾溶液反应生成蓝色沉淀，并能干扰铜（Ⅱ）离子的鉴定。除去铁（Ⅲ）离子的方法：可加入氨水和氯化铵溶液，使铁（Ⅲ）离子生成氢氧化铁沉淀，而铜（Ⅱ）离子则与氨水形成可溶性的配位化合物，留在溶液中。

（2）使用浓盐酸时，注意做好防护措施。

六、实验思考

（1）将碘化钾加到硫酸铜溶液中，是否会得到碘化亚铜沉淀，是否可以溶于饱和的硫氰化钾溶液中？

（2）怎样分离鉴定铁（Ⅲ）离子、铬（Ⅲ）离子和铜（Ⅱ）离子的混合溶液？

第二部分　分析化学实验

第三章　分析化学实验的基础知识

第一节　分析化学实验课的任务和要求

分析化学是一门实践性很强的学科。分析化学实验课的任务是使学生加深对分析化学基本理论的理解，掌握分析化学实验的基本操作技能，养成严格、认真和实事求是的科学态度，提高观察、分析和解决问题的能力，为学习后续课程和将来从事实际工作打下必要的良好的基础。为了完成上述任务，提出以下要求。

一、做好预习工作

预习是为做好实验奠定必要的基础，所以，学生在实验之前，一定要在听课和复习的基础上，认真阅读有关实验教材，明确实验的目的、任务、有关原理、操作的主要步骤及注意事项，做到心中有数，并写好实验报告中的部分内容，以便实验时及时、准确地进行记录。

二、实验准备过程

（1）实验时应手脑并用。在进行每一步操作时，都要积极思考这一步操作的目的和作用，可能出现什么现象等，并认真细心观察，理论联系实际，不能只是"照方抓药"。

（2）每人都必须具备实验记录本和报告本，随时把必要的数据和现象都清楚地记录下来。

（3）应严格地遵守操作程序及应注意之处。在使用不熟悉其性能的仪器和试剂之前，应阅读有关书籍（或讲义）或请教指导教师和他人。不要随意进行实验，以免损坏仪器、浪费试剂、使实验失败，更重要的是预防意外事故发生。

（4）自觉遵守实验室规则，保持实验室整洁、安静，使实验台整洁、仪器安置有序，注意节约和安全。

三、实验完毕

对实验所得结果和数据，按实际情况及时进行整理、计算和分析，重视总结实验中的经验教训，认真写好实验报告，按时交给指导老师，及时洗涤、清理仪器，切断（或关闭）电源、水阀和气路。

在做记录和报告时，应注意以下几个问题。

（1）一个实验报告大体包含下列内容：实验名称、实验日期、实验目的、简要原理、实验主要步骤的简要描述、测量所得数据、各种观察与注解、技术和分析结果、问题和讨论。

其中前五项及记录表格应在实验预习时写好，其余内容则应在实验过程中以及实验结束时填写。

这几项内容的取舍、繁简，应视各个实验的具体需要而定，只要能符合实验报告的要求，能简化的应当简化，需保留的必须保留。

（2）记录和计算必须准确、简明（但必需的数据和现象应记全）、清楚，要使别人也容易看懂。

（3）记录的篇页都应编好，不要随意撕去。严禁在小片纸上记录实验数据和现象。

（4）记录和计算结果若有错误，应重写，不得涂改。每次实验结束时，应将所得数据交指导老师审阅签字，然后进行计算，绝对不允许私自凑数据。

（5）在记录或处理分析数据时，一切数字的准确度都应做到与分析的准确度相适应，即记录和计算到每一位可疑数字为止。如一般滴定分析的准确度是千分之一至千分之几的相对误差，所以记录或计算到第四位有效数字即可。

第二节　分析化学实验的基础知识要点

一、实验室注意事项

（1）遵守实验室各项制度

（2）经常保持实验室的整洁和安静，注意桌面和仪器的整洁。

（3）保持水槽清洁，切勿把固体物品投入水槽中。废纸和废屑应投入废桶内，废酸和废碱应小心倒入废液缸内，切勿倒入水槽，以免腐蚀下水道。

（4）爱护仪器，节约试剂、水和电等。

（5）避免浓酸、浓碱等腐蚀性试剂溅在皮肤、衣服或鞋袜上。用 HNO_3、HCl、$HClO_4$、H_2SO_4 等溶液时，操作应在通风橱中进行。通常应把浓酸加入水中，而不要把水加入浓酸中。

（6）汞盐、氰化物、As_2O_3、钡盐、重铬酸盐等试剂有毒，使用时要特别小心。氰化物与酸作用放出剧毒的 HCN！严禁在酸性介质中加入氰化物。

（7）使用 CCl_4、乙醚、苯、丙酮、三氯甲烷等有毒或易燃的有机溶剂时，要远离火源和热源，用过的试剂要倒入回收瓶中，不要倒入水槽中。

（8）试剂切勿入口。实验器皿切勿用作餐具。离开实验室时要仔细洗手，如曾使用过毒物，还应漱口。

（9）每个实验人员都必须知道实验室内电闸、水阀和煤气阀的位置，实验完毕离开实验室时，还应把这些阀、闸关闭。

二、分析用纯水

纯水是分析化学实验中最常用的纯净溶剂和洗涤剂。根据分析的任务和要求不同，对水的纯度要求也有所不同。一般的分析工作，采用蒸馏水或去离子水即可；超纯物质的分析，则需纯度较高的"超纯水"。在一般的分析实验中，离子选择电极法、络合滴定法和银量法用水的纯度较高。

纯水常用以下三种方法制备。

（1）蒸馏法　蒸馏法能除去水中的非挥发性杂质，但不能除去易溶于水的气体。同是蒸馏而得的纯水，由于蒸馏器的材料不同，所带的杂质也不同。通常使用玻璃、铜和石英等材料制成的蒸馏器。

（2）离子交换法　这是应用离子交换树脂分离出水中的杂质离子的方法。因此使用此法制得的水通常称为"去离子水"。此法的优点是容易制得大量纯度高的水而成本较低。

（3）电渗析法　这是在离子交换技术基础上发展起来的一种方法。它是在外电场的作用下，利用阴、阳离子交换膜对溶液中离子的选择性透过，而使杂质离子自水中分离出来的方法。

纯水中并不是绝对不含杂质，只是杂质的含量极微小而已。随制备方法和使用仪器的材料不同，其杂质的种类和含量也有所不同。用玻璃蒸馏器蒸馏所得的水含有较多的 Na^+、SiO_3^{2-} 等离子；用铜蒸馏器制得的水则含有较多的 Cu^{2+} 等；用离子交换法或电渗析法制备的水则含有微生物和某些有机物等。

纯水的质量可以通过检验来了解。检验的项目很多，现仅结合一般分析实验室的要求简单介绍主要的检查项目如下。

（1）电阻率　25℃时电阻率为 $(1.0 \sim 10) \times 10^6 \Omega \cdot cm$ 的水为纯水，$> 10 \times 10^6 \Omega \cdot cm$ 的水为超纯水。

（2）酸碱度　要求 pH 值为 6～7。取两支试管，各加被检查的水 10mL，一管加甲基橙指示剂 2 滴，不得显红色，另一管加 0.1% 溴麝草酚蓝（溴百里酚蓝）指示剂 5 滴，不得显蓝色。

在空气中放置较久的纯水，因溶解有 CO_2，pH 值可降至 5.6 左右。

（3）钙镁离子　取 10mL 被检查的水，加氨水-氯化铵缓冲溶液（pH≈10），调节溶液 pH 值至 10 左右，加入铬黑 T 指示剂 1 滴，不得显红色。

（4）氯离子　取 10mL 被检查的水，用 HNO_3 酸化，加 1% $AgNO_3$ 溶液 2 滴。摇匀后不得有浑浊现象。

分析用的纯水必须严格保持纯净，防止污染。聚乙烯容器是储存纯水的理想容器之一。

三、试剂的级别

化学试剂的规格是以其中所含杂质的多少来划分的，一般可分为四个等级，其规格和适用范围见表 3.1。此外，还有光谱纯试剂、基准试剂、色谱纯试剂。

表 3.1　试剂规格和适用范围

等级	名称	英文名称	符号	特点及适用范围	标签标志
一级品	优级纯（保证试剂）	guarante reagent	G. R.	纯度很高，适用于精密分析工作和科学研究工作	绿色
二级品	分析纯（分析试剂）	analytical reagent	A. R.	纯度仅次于一级品，适用于多数分析工作和科学研究工作	红色
三级品	化学纯	chemical pure	C. P.	纯度较二级品差些，适用于一般分析工作	蓝色

等级	名称	英文名称	符号	特点及适用范围	标签标志
四级品	实验试剂	laboratorial reagent	L. R.	纯度较低,适用于实验辅助试剂	棕色或其他颜色
	生物试剂	biological reagent	B. R. 或 C. R.		黄色或其他颜色

光谱纯试剂（符号 S. P.）的杂质含量用光谱分析法已测不出，或者其杂质的含量低于某一限度，这种试剂主要用作光谱分析中的标准物质。

基准试剂的纯度相当于或高于优级纯试剂。基准试剂用作滴定分析中的基准物是非常方便的，也可用于直接配制标准溶液。

在分析工作中，选用的试剂的纯度要与所用方法相当，实验用水、操作器皿等要与试剂的等级相适应。若试剂都选用 G. R. 级的，则不宜用普通的蒸馏水或去离子水，而应使用经两次蒸馏制得的重蒸馏水。所用器皿的质地也要求较高，使用过程中不应有物质溶解，以免影响测定的准确度。

选用试剂时，要注意节约原则，不要盲目追求纯度高，应根据具体要求取用。优级纯和分析纯试剂，虽然是市售剂中的纯品，但有时由于包装或取用不慎而混入杂质，或运输过程中可能发生变化，或储藏日久而变质，所以还应具体情况具体分析。对所用试剂的规格有所怀疑时应进行鉴定。在特殊情况下，市售的实际纯度不能满足要求时，分析者应自己动手精制。

四、取用试剂应注意事项

（1）取用试剂时应注意保持清洁。瓶塞不许任意放置，取用后应立即盖好，以防试剂被其他物质沾污而使试剂变质。

（2）固体试剂应用洁净干燥的小勺取用。取用强碱性试剂后的小勺应立即洗净，以免腐蚀。

（3）用吸管吸取试剂溶液时，决不能用未经洗净的同一吸管插入不同的试剂瓶中吸取试剂。

（4）所有盛装试剂的瓶上都应贴有明显的标签，写明试剂的名称、规格及配制日期。千万不能在试剂瓶中装入不是标签上所写的试剂。没有标签标明名称和规格的试剂，在未查明前不能随便使用。书写标签最好用绘图墨汁，以免日久褪色。

（5）在分析工作中，试剂的浓度及用量应严格按要求适当使用，过浓或过多，不仅造成浪费，而且还可能产生负反应，甚至得不到正确的结果。

五、试剂的保管

试剂的保管在实验室中也是一项十分重要的工作。有的试剂因保管不好而变质，这不仅是一种浪费，而且还会使分析工作失败，甚至会引起事故。一般的化学试剂应保存在通风良好、干净、干燥的地方，防止水分、灰尘和其他物质沾污。同时，根据试剂性质应有不同的保管方法。

（1）容易侵蚀玻璃而影响试剂纯度的，如氢氟酸、氟化物（氟化钾、氟化钠、氟化铵）、苛性碱（氢氧化钾、氢氧化钠）等，应保存在塑料瓶或涂有石蜡的玻璃瓶中。

（2）见光会逐渐分解的试剂，如过氧化氢（双氧水）、硝酸银、焦性没食子酸、高锰酸钾、草酸、铋酸钠等；与空气接触易逐渐被氧化的试剂，如氯化亚锡、硫酸亚铁、亚硫酸钠等；以及易挥发的试剂，如溴、氨水及乙醇等，应放在棕色瓶内，置冷暗处。

（3）吸水性强的试剂，如无水碳酸钠、苛性钠、过氧化钠等应严格密封（蜡封）。

（4）相互易作用的试剂，如挥发性的酸与氨，氧化剂与还原剂，应分开存放。易燃的试剂，如己醇、乙醚、苯、丙酮与易爆炸的试剂，如高氯酸、过氧化氢、硝基化合物，应分开储存在阴凉通风、不受阳光直接照射的地方。

（5）剧毒试剂，如氰化钾、氰化钠、氢氟酸、二氯化汞、三氧化二砷（砒霜）等，应特别妥善保管，经一定手续取用，以免发生事故。

第三节 定量分析中的常用仪器

一、常用玻璃仪器

定量分析常用仪器中相当大的一部分属玻璃制品。玻璃仪器按玻璃性能可分为可加热的（如各类烧杯、烧瓶、试管等）和不宜加热的（如试剂瓶、量筒、容量瓶等）；按用途可分为容器类（如烧杯、试剂瓶等）、量器类（如吸管、容量瓶等）和特殊用途类（如干燥器、漏斗等），这些常用仪器如图 3.1 所示。在无机化学中已比较熟悉的仪器，此处不作叙述，量器则另外介绍。

二、玻璃器皿的洗涤

分析实验中常用的洁净剂是肥皂、肥皂液（特制商品）、洗洁精、洗衣粉、去污粉及各种洗涤液和有机溶剂等。

一般的器皿，如烧杯、锥形瓶、试剂瓶、表面皿等，可用刷子蘸取去污粉、洗衣粉、肥皂液等直接刷洗其内外表面。滴定管、容量瓶和吸管等量器，为了避免容器内壁受机械磨损而影响容积测量的准确度，一般不用刷子刷洗。如果其内壁有油脂性污物，用自来水不能洗去时，则选用合适的洗涤剂淌洗，必要时把洗涤剂先加热，并浸泡一段时间。铬酸洗液，因其具有很强的氧化能力而对玻璃的腐蚀作用又极小，过去使用得很广泛，但考虑到六价铬对人体有害，在可能情况下，不要多用。必须使用时，注意不要让它溅到身上（它会"烧"破衣服和腐蚀皮肤）。最好在容器内壁干燥的情况下将洗液倒入（因经水稀释后去污能力降低），用过的洗液仍倒回原瓶中。淌洗过的器皿，第一次用时用少量自来水冲洗，此少量水应倒在废液缸中，以免腐蚀水槽和下水道。

滴定管等量器，不宜用强碱性的洗涤剂洗涤，以免玻璃受腐蚀而影响容积的准确性。

洗干净的玻璃仪器，其内壁应该不挂水珠，此点对滴定管特别重要。用纯水冲洗仪器时采用顺壁冲洗的方法，每次少量用水，多次冲洗，并不断摇荡，既能清洗得好、快，又能节约用水。

称量瓶、容量瓶、碘量瓶、干燥器等具有磨口塞、盖的器皿，在洗涤时应注意各自的配套，切勿"张冠李戴"，以免破坏磨口处的严密性。

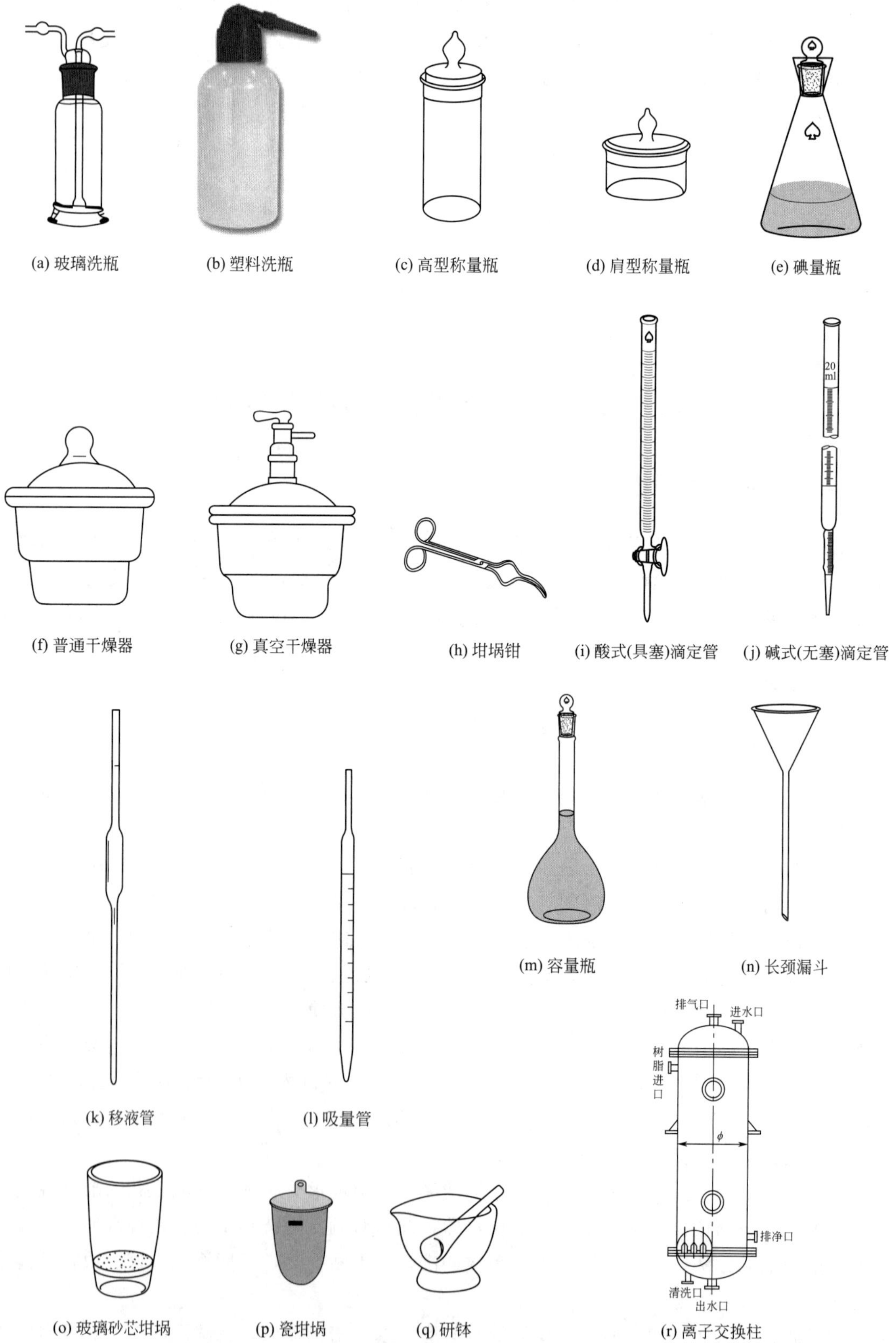

(a) 玻璃洗瓶　　(b) 塑料洗瓶　　(c) 高型称量瓶　　(d) 肩型称量瓶　　(e) 碘量瓶

(f) 普通干燥器　　(g) 真空干燥器　　(h) 坩埚钳　　(i) 酸式(具塞)滴定管　　(j) 碱式(无塞)滴定管

(k) 移液管　　(l) 吸量管　　(m) 容量瓶　　(n) 长颈漏斗

(o) 玻璃砂芯坩埚　　(p) 瓷坩埚　　(q) 研钵

排气口　进水口
树脂进口
φ
排净口
清洗口
出水口
(r) 离子交换柱

图 3.1　定量分析中的常用仪器

三、玻璃量器及其使用

定量分析中常用的玻璃量器（简称量器）有滴定管、吸管、容量瓶（简称量瓶）、量筒和量杯等。

量器按准确度和流出时间分成 A、A2、B 三种等级。A 级的准确度比 B 级一般高一倍。A2 级的准确度介于 A、B 之间，但流出时间与 A 级相同。量器的级别标识，过去曾用"一等""二等""Ⅰ""Ⅱ""＜1＞""＜2＞"等表示，无上述字样符号的量器，则表示无级别的，如量筒、量杯等。

（1）滴定管及其使用　滴定管是滴定时用来准确测量流出的操作溶液体积的量器。常量分析最常用的是容积为 50mL 和 25mL 的滴定管，其最小刻度是 0.1mL，最小刻度可估计到 0.01mL，因此读数可达小数点后第二位，一般读数的误差为 ±0.02mL。另外，还有容积为 10mL、5mL、2mL 和 1mL 的微量滴定管。滴定管一般分为两种：一种是具塞滴定管，常称酸式滴定管；另一种是无塞滴定管，常称碱式滴定管。酸式滴定管用来装酸性及氧化性溶液，但不适于装碱性溶液，因为碱性溶液能腐蚀玻璃，时间长一些，旋塞便不能转动。碱式滴定管的下端连接一橡皮管或乳胶管，管内装有玻璃珠，以控制溶液的流出，橡皮管或乳胶管下面接一尖嘴玻璃管。碱式滴定管用来装碱性及无氧化性溶液，凡是能与橡皮起反应的溶液，如高锰酸钾、碘和硝酸银等溶液，都不能装入碱式滴定管，滴定管除无色的外，还有棕色的，用以装见光分解的溶液，如 $AgNO_3$、$KMnO_4$ 等溶液。

酸式滴定管简称酸管，酸管是滴定分析中经常使用的一种滴定管。除了强碱溶液外，其他溶液作为滴定液时一般均采用酸管。

① 使用前，首先检查旋塞与旋塞套是否配合紧密。如不密合，将会出现漏液现象，则不宜使用。其次，应进行充分的清洗。根据沾污的程度，可采用下列方法。

a. 用自来水冲洗。

b. 用滴定管刷蘸合成洗涤剂刷洗，但铁丝部分不得碰到管壁（如用泡沫塑料刷代替毛刷更好）。

c. 用前法不能洗净时，可用铬酸洗液洗，加入 5～10mL 铬酸洗液，边转动边将滴定管放平，并将滴定管口对着洗液口，以防洗液洒出。洗净后将一部分洗液从管口放回原瓶，最后打开旋塞，将剩余的洗液从出口管放回原瓶，必要时可加满洗液进行浸泡。

d. 可根据具体情况采用针对性洗涤液进行清洗，如管内壁有残存的二氧化锰时，可应用亚铁盐溶液或过氧化氢加酸溶液进行清洗。

用各种洗涤剂清洗后，都必须用自来水充分洗净，并将管外壁擦干，以便观察内壁是否挂水珠。

② 为了使旋塞转动灵活并克服漏液现象，需将旋塞涂油（如凡士林油等），操作方法如下。

a. 取下旋塞小头处的小橡皮圈，再取出旋塞。

b. 用吸水纸将旋塞和旋塞套擦干，并注意勿使滴定管壁上的水再次进入旋塞套。

c. 用手指将油脂涂抹在旋塞的大头上，另用纸卷或火柴将油脂涂抹在旋塞套的小口内侧。也可用手指均匀地涂一薄层油脂于旋塞两头（图 3.2）。油脂涂得太少，旋塞转动不灵活，且易漏液；涂得太多，旋塞孔容易被堵塞。不论采用哪种方法，都不要将油脂涂在旋塞孔上、下两侧，以免旋转时堵塞旋塞空。

d. 将旋塞插入旋塞套中。插时，旋塞孔应与滴定管平行，径直插入旋塞套，不要转动旋塞，这样可以避免将油脂挤到旋塞孔中去。然后，向同一方向旋转旋塞柄，直到旋塞和旋塞套上的油脂层全部透明为止，套上小橡皮圈。

经上述处理后，旋塞应转动灵活，油脂层没有纹络。

③ 用自来水充满滴定管，将其放在滴定管架上静置约 2min，观察有无水滴漏下。然后将旋塞旋转 180°，再如前检查，如果漏水，应该重新涂油。

若出口管尖被油脂堵塞，可将它插入热水中温热片刻，然后打开旋塞，使管内的水突然流下，将软化的油脂冲出。油脂排出后即可关闭旋塞。

管内的自来水从管口倒出，出口管内的水从旋塞下端放出。注意，从管口将水倒出时，务必不要打开旋塞，否则旋塞上的油脂会冲入滴定管，使内壁重新被沾污。然后用蒸馏水洗三次，第一次用 10mL 左右，第二及第三次各 5mL 左右。洗涤时，双手持滴定管身两端无刻度处，边转动边倾斜滴定管，使水布满全管并轻轻振荡。然后直立，打开旋塞将水放掉，同时冲洗出口管。也可将大部分水从管口倒出，再将其余的水从出口管放出。每次放掉水时应尽量不使水残留在管内。最后，将管的外壁擦干。

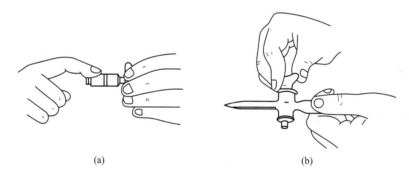

(a)   (b)

图 3.2 滴定管的涂油操作

④ 使用碱式滴定管（简称碱管）前应检查乳胶管和玻璃管是否完好。若乳胶管已老化，玻璃球过大（不易操作）或过小（漏水），应予更换。

碱管的洗涤方法与酸管相同。在需要用洗液洗涤时，可除去乳胶管，用塑料乳头堵塞碱管下口进行洗涤。如必须用洗液浸泡，则将碱管倒夹在滴定管架上，管口插入洗液瓶中，乳胶管处连接抽气泵，用手捏玻璃球处的乳胶管，吸取洗液，直到充满全管，然后放手，任其浸泡。浸泡完毕后，轻轻捏乳胶管，将洗液缓慢放出。也可更换一根装有玻璃球的乳胶管，将玻璃球往上捏，使其紧贴在碱管的下端，这样便可直接倒入洗液浸泡。

在用自来水冲洗或用蒸馏水清洗碱管时，应特别注意玻璃球正下方死角处的清洗。为此，在捏乳胶管时应不断改变方位，使玻璃球的四周都洗到。

⑤ 装入操作溶液前，应将试剂瓶中的溶液摇匀，使凝结在瓶内壁上的水珠混入溶液，这在天气比较热、室温变化较大时更为必要。混匀后将操作溶液直接倒入滴定管中，不得用其他容器（如烧杯、漏斗等）来转移。此时，左手前三指持滴定管上部无刻度处，并可稍微倾斜，右手拿住细口瓶往滴定管中倒溶液。小瓶可以手握瓶身（瓶签向手心），大瓶则仍放在桌上，手拿瓶颈使瓶慢慢倾斜，让溶液慢慢沿滴定管内壁流下。

用摇匀的操作溶液将滴定管洗三次（第一次约 10mL，大部分溶液可由上口放出，第二及第三次各约 5mL，可以从出口管放出，洗法同前）。应特别注意的是，一定要使操作溶液洗遍全部内壁，并使溶液接触管壁 1～2min，以便与原来残留的溶液混合均匀。每次都要打开旋塞冲洗出口管，并尽量放出残留液。对于碱管，仍应注意玻璃球下方的洗涤。最后，关好旋塞，将操作溶液倒入，直到充满至 0 刻度线以上为止。

注意检查滴定管的出口管是否充满溶液，酸管出口管及旋塞透明，容易检查（有时旋塞孔中暗藏着气泡，需要从出口管放出溶液时才能看见），碱管则需对光检查乳胶管内及出口管内是否有气泡或有未充满的地方。为使溶液充满出管口，在使用酸管时，右手拿滴定管上部无刻度处，并使滴定管倾斜 30°，然后直立，打开旋塞使溶液冲出（下面用烧杯承接溶液），这时出口管中应不再留有气泡。若气泡仍未能排出，可重复操作。如仍不能使溶液充满，可能是出口管未洗净，必须重洗。在使用碱管时，装满溶液后，应将其垂直地夹在滴定管架上，左手拇指和食指拿住玻璃球所在部位并使乳胶管向上弯曲，出口管斜向上，然后在玻璃球部位往一旁轻轻捏橡皮管，使溶液从管口喷出（图 3.3）（下面用烧杯承接溶液），再一边捏乳胶管，一边把乳胶管放直，注意应在乳胶管放直后，再松开拇指和食指，否则出口管仍会有气泡。最后，将滴定管的外壁擦干。

⑥ 滴定管读数时应遵循下列原则：

a. 装满或放出溶液后，必须等 1～2min，使附着在内壁上的溶液流下来，再进行读数，如果放出溶液的速度较慢（例如，滴定到最后阶段，每次只加半滴溶液时），等 0.5～1min 即可读数。每次读数前要检查一下管壁是否挂水珠，管尖是否有气泡。

b. 读数时，应该用手拿滴定管上部无刻度处，并使滴定管保持垂直。

c. 对于无色或浅色溶液，应读取弯月面下缘最低点。读数时，视线在弯月面下缘最低点处，且与液面呈水平（图 3.4）；溶液颜色太深时，可读取液面两侧的最高点，此时，视线应与该点呈水平。注意初读数与终读数应采用同一标准。

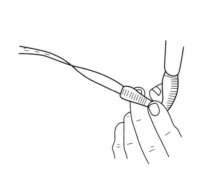

图 3.3 碱式滴定管的排气操作

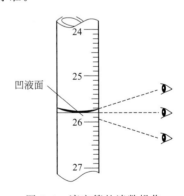

图 3.4 滴定管的读数操作

凹液面

d. 必须读到小数点后第二位，即要求估读到 0.01mL。注意：估计读数时，应该考虑到刻度线本身的宽度。

e. 为了便于读数，可在滴定管后衬一黑白两色的读数卡。读数时，将读数卡衬在滴定管背后，使黑色部分上缘在弯月面下约 1mm，弯月面的反射层即全部成为黑色。读此黑色弯月面下缘的最低点。但对深色溶液且必须读两侧最高点时，可以用白色卡片作为背景。

f. 若为乳白板蓝线衬背滴定管，应当取蓝线上下尖端相对点的位置读数。

g. 读取初读数前，应将管尖悬挂着的溶液除去。滴定至终点时应立即关闭旋塞，并注意不要使滴定管中溶液有稍微流出，否则终读数便包括流出的半滴溶液。因此，在读取终读数前，应注意检查出口管尖是否悬有溶液，如有，则此次读数不能取用。

⑦ 滴定管的操作方法　进行滴定时，应将滴定管垂直地夹在滴定管架上。如使用的是酸管，左手无名指和小指向手心弯曲，轻轻地贴着出口管，用其余三指控制旋塞转动（图3.5）。

但应注意不要向外拉旋塞，以免拉出旋塞造成漏液；也不要过分往里扣，以免造成旋塞转动困难，不能操作自如。

如使用的是碱管，左手无名指及小指夹住出口管，拇指与食指在玻璃球所在部位往一旁（左右均可）捏乳胶管，使溶液从玻璃球旁空隙处流出（图3.6）。注意：a. 不要用力捏玻璃球，也不能使玻璃球上下移动；b. 不要捏到玻璃球下部的乳胶管；c. 停止加液时，应先松开拇指和食指，再松开无名指与小指。

图3.5　酸式滴定管的操作　　　　　　　　图3.6　碱式滴定管的操作

无论使用哪种滴定管，都必须掌握三种加液方法：a. 逐滴连续加；b. 只加一滴；c. 使液滴悬而未落，即加半滴。

⑧ 操作滴定方法　滴定操作一般在锥形瓶中进行，滴定时，用右手前三指拿住瓶颈，使瓶底离瓷板约2～3cm。同时调节滴定管的高度，使滴定管的下端深入瓶口约1cm。左手按前述方法滴加溶液，右手运用腕力摇动锥形瓶，边滴加边摇动（图3.5、图3.6）。

滴定操作中应注意以下几点：

a. 摇瓶时，应使溶液向同一方向做圆周运动（左、右旋均可），但勿使瓶口接触滴定管，溶液也不得溅出。

b. 滴定时，左手不能离开旋塞而任其自流。

c. 注意观察液滴落点周围溶液颜色的变化。

d. 开始时，应边摇边滴，滴定速度可稍快，但不要使溶液流成"水线"。接近终点时，应改为加一滴，摇几下，最后，每加半滴，即摇动锥形瓶，直至溶液出现明显的颜色变化。加半滴溶液的方法如下：微微转动旋塞，使溶液悬挂在出口管嘴上，形成半滴，用锥形瓶内壁将其沾落，再用洗瓶以少量蒸馏水吹洗瓶壁。

用碱管滴加半滴溶液时，应先松开拇指与食指，将悬挂的半滴溶液沾在锥形瓶内壁上，再放开无名指与小指。这样可以避免出口管尖出现气泡。

e. 每次滴定最好都从0刻度线开始（或从0附近的某一固定刻线开始），这样可减小误差。在烧杯中进行滴定时，将烧杯放在白瓷板上，调节滴定管的高度，使滴定管下端伸入烧杯内 1cm 左右。滴定管下端应在烧杯中心的左后方处，但不要靠壁过近。右手持搅拌棒在右前方搅拌溶液。在左手滴加溶液的同时，搅拌棒应做圆周搅动，但不得接触烧杯壁和底。

当加半滴溶液时，用搅拌棒下端承接悬挂的半滴溶液，放入溶液中搅拌时应注意搅拌棒只能接触液滴，不要接触滴定管尖，其他注意点同上。

滴定结束后，滴定管内剩余的溶液应弃去，不得将其倒回原瓶，以免沾污整瓶操作溶液。随即洗净滴定管，并用蒸馏水充满全管备用。

（2）吸管及其使用　吸管一般用于准确量取小体积的液体。吸管的种类较多，无分度吸管通称移液管，它的中腰膨大，上下两端细长，上端刻有环形标线，膨大部分标有它的容积和标定时的温度。将溶液吸入管内，使液面与标线相切，再放出，则放出的溶液体积就等于管上标示的容积。常用移液管的容积有 5mL、10mL、25mL 和 50mL 等多种。由于读数部分管径小，其准确性较高。

分度吸管又叫吸量管，可以准确量取所需要的刻度范围内某一体积的溶液，但其准确度差一些。将溶液吸入，读取与液面相切的刻度（一般在零），然后将溶液放出至适合刻度，两刻度之差即为放出溶液的体积。

吸管在使用前应按下法洗到内壁不挂水珠：将吸管插入洗液中，用洗耳球将洗液慢慢吸至管容积 1/3 处，用食指按住管口，把管横过来涮洗，然后将洗液放回原瓶。如果内壁严重污染，则应把吸管放入盛有洗液的大量筒或高型玻璃缸中，浸泡 15min 到数小时，取出后用自来水及纯水冲洗，用纸擦去管外壁的水。

移取溶液前，先用少量该溶液将吸管内壁洗 2～3 次，以保证转移的溶液浓度不变，然后把管口插入溶液中（在移液过程中，注意保持管口在液面之下），用洗耳球把溶液吸至稍高于刻度处，迅速用食指按住管口。取出吸管，使管尖端靠着储瓶口，用拇指和中指轻轻转动吸管，并减轻食指的压力，让溶液慢慢流出，同时平视刻度，当溶液弯月面下缘与刻度相切时，立即按紧食指。然后使准备接受溶液的容器倾斜成 45°，管尖靠着容器内壁，放开食指

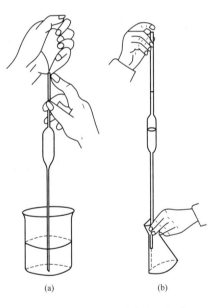

图 3.7　移液管转移溶液的操作

（图 3.7），让溶液自由流出。待溶液全部流出后，按规定再等 15s 或 30s，取出吸管。在使用非吹出式的吸管或无分度吸管时，切勿把残留在管尖的溶液吹出。吸管用毕，应洗净，放在吸管架上。

（3）容量瓶及其使用　容量瓶是一种细颈梨形的平底瓶，具磨口玻璃塞或塑料塞，瓶颈上刻有标线。瓶上标有它的容积和标定时的温度。大多数容量瓶只有一条标线，当液体充满至标线时，瓶内所装液体的体积和瓶上标示的容积相同，但也有刻有两条标线的，上面一条表示量出的容积。量入式符号为 In（或 E），量出式的符号为 Ex（或 A）。常用的容量瓶有 50mL、100mL、250mL、500mL、1000mL 等多种规格的。容量瓶主要是用来把精密称量的物质准确地配成一定容积的溶液，或将准确容积的浓溶液稀释成准确容积的稀溶液，该过

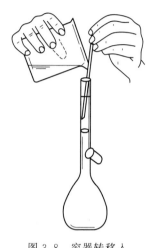

图 3.8　容器转移入
容量瓶的操作

程通常称为"定容"。

　　容量瓶使用前也要清洗，洗涤原则和方法同前。如果要由固体配制准确浓度的溶液，通常将固体准确称量后放入烧杯中，加少量纯水（或适当溶剂）使它溶解，然后定量地转移到容量瓶中。转移时，玻璃棒下端要靠住瓶颈内壁，使溶液沿瓶壁流下（图 3.8）。溶液流尽后，将烧杯轻轻顺玻璃棒上提，使附在玻璃棒、烧杯嘴之间的液滴回到烧杯中。再用洗瓶挤出的水流冲洗烧杯数次，每次将洗涤液完全转移到容量瓶中，然后用纯水稀释。当水加至容积的 2/3 时，旋摇容量瓶，使溶液混合（注意不能倒转容量瓶）。在加水至接近标线时，可以用滴管逐滴加水，至弯月面最低点恰好与标线相切。盖紧瓶塞，一手食指压住瓶塞，另一手的拇、中、食三个指头托住瓶底，倒转容量瓶，使瓶内的气泡上升到顶部，摇动数次，再倒过来，如此反复倒转摇动数次，使瓶内溶液充分混合均匀。为了使容量瓶倒转时溶液不致渗出，瓶塞与瓶必须配套。

　　不宜在容量瓶中长期存放溶液。如溶液需使用较长时间，应将它转移至试剂瓶中，该试剂瓶应预先经过干燥或用少量该溶液淌洗 2～3 次。

　　由于温度对量器的容积有影响，所以使用时要注意溶液的温度、室温及量器本身的温度。

　　（4）量器的校准　目前我国生产的量器，其准确度可以满足一般分析工作的要求，不需校准，但是在要求较高的分析工作中则必须对所用量器进行校准。A 级、A2 级量器和 0.5mL 以下 B 级吸管采用衡量法校准。衡量法的原理是称量量器中所容纳或放出的水的质量，根据水的密度计算出该量器在 20℃时的容积。由质量换算成容积时，必须考虑三个因素：①水的密度随温度而变化；②温度对玻璃量器胀缩的影响；③在空气中称量时，空气浮力的影响。把上述三项因素考虑在内，可以得到一个总校准值，由总校准值得出表 3.2 的数据。应用表 3.2 的数据来校准量器的容积是很方便的。

表 3.2　1L 纯水在不同温度下的质量表

温度/℃	1L 水的质量/g	温度/℃	1L 水的质量/g	温度/℃	1L 水的质量/g
0	998.24	14	998.04	28	995.44
1	998.32	15	997.93	29	995.18
2	998.39	16	997.80	30	994.91
3	998.44	17	997.66	31	994.68
4	998.48	18	997.51	32	994.34
5	998.50	19	997.35	33	994.05
6	998.51	20	997.18	34	993.75
7	998.50	21	997.00	35	993.44
8	998.48	22	996.80	36	993.12
9	998.44	23	998.60	37	992.80
10	998.39	24	996.38	38	992.46
11	998.32	25	996.17	39	992.12
12	998.23	26	995.93	40	991.77
13	998.14	27	995.69		

量器进行容量校准时应注意以下几点：

a. 被检量器必须用热的铬酸洗液、发烟硫酸或盐酸等充分清洗，当水面下降（或上升）时与器壁接触处形成弯月面，水面上部器壁不应存在挂水滴等沾污现象；

b. 严格按照容量器皿使用方法读取体积读数；

c. 水和被检器的温度尽可能接近室温，温度测量精确至 0.1℃；

d. 校准滴定管时，充水至最高标线以上约 5mm 处，等待 30s，然后在 10s 内将液面准确地调至被检分度线上；

e. 校准移液管时，水自标线至口端不流时再等待 15s，此时管口还保留一定的残留液；

f. 校准完全流出式吸量管时同上；

g. 校准不完全流出式吸量管时，水自最高标线流至最低标线上约 5mm 处，等待 15s，然后调至最低标线。

B 级量器的校准采用容量比较法，即将被检量器的容量与准确的容器进行比较。

各种量器校准的具体方法详见有关的检定规程。

第四章 实验部分

实验一 酸碱标准溶液的配制和浓度的比较

一、实验目的

（1）练习滴定操作，初步掌握准确确定终点的方法。

（2）练习酸碱标准溶液的配制和浓度的比较。

（3）熟悉甲基橙和酚酞指示剂的使用和滴定终点的变化，初步掌握酸碱指示剂的选择方法。

二、实验原理

浓盐酸易挥发，固体 NaOH 容易吸收空气中水分和 CO_2，因此不能直接配制准确浓度的 HCl 和 NaOH 标准溶液，只能先配制近似浓度的溶液，然后用基准物质标定其准确浓度。也可用一已知准确浓度的标准溶液滴定该溶液，再根据它们的体积比求得该溶液的浓度。

酸碱指示剂都具有一定的变色范围。$0.2mol \cdot L^{-1}$ NaOH 和 HCl 溶液的滴定（强碱与强酸的滴定），其突跃范围为 pH＝4～10，应当选用在此范围内变色的指示剂，例如甲基橙或酚酞等。

三、实验用品

移液管、酸式和碱式滴定管、锥形瓶、烧杯、量筒。

1＋1 盐酸（$6mol \cdot L^{-1}$）、固体 NaOH、甲基橙指示剂、酚酞指示剂。

四、实验步骤

1. 溶液配制

（1）$0.1mol \cdot L^{-1}$ HCl 溶液配制　用洁净量筒量取约 5mL $6mol \cdot L^{-1}$ HCl 溶液，倒入装有约 100mL 水的 500mL 试剂瓶中，加水稀释至 300mL，盖上玻璃塞，摇匀。

（2）$0.1mol \cdot L^{-1}$ NaOH 溶液配制　称取固体 NaOH 1.2g，置于 250mL 烧杯中，马上

加入蒸馏水使之溶解，稍冷却后转入试剂瓶中，加水稀释至 300mL，用橡皮塞塞好瓶口，充分摇匀。

固体 NaOH 极易吸收空气中的水分和 CO_2，所以称量必须迅速。

2. 氢氧化钠溶液与盐酸溶液的浓度的比较

（1）用 $0.1mol \cdot L^{-1}$ NaOH 溶液润洗碱式滴定管 2～3 次，每次用 5～10mL 溶液润洗。然后将滴定剂倒入碱式滴定管中，滴定管液面调节至 0 刻度。

（2）用 $0.1mol \cdot L^{-1}$ HCl 溶液润洗酸式滴定管 2～3 次，每次用 5～10mL 溶液润洗，然后将盐酸溶液倒入滴定管中，调节液面到 0 刻度。

（3）由碱管中放出 NaOH 溶液约 20mL 于锥形瓶中，放出时以每分钟约 10mL 的速度，即每秒滴入 3～4 滴溶液，加入 1 滴甲基橙指示剂，用 $0.1mol \cdot L^{-1}$ HCl 溶液滴定至黄色转变为橙色。记下读数。平行滴定三份，记录数据。计算体积比 V_{NaOH}/V_{HCl}，要求相对偏差在 0.1% 以内，取其平均值。

（4）由酸管中放出 HCl 溶液约 20mL 于锥形瓶中，放出时以每分钟约 10mL 的速度，即每秒滴入 3～4 滴溶液，加 2 滴酚酞指示剂，用 $0.2mol \cdot L^{-1}$ NaOH 溶液滴定溶液呈微红色，此红色保持 30s 不褪色即为终点。记录数据，计算体积比 V_{NaOH}/V_{HCl}，要求相对偏差在 0.1% 以内，取其平均值。

注意：以酚酞为指示剂，用 NaOH 溶液滴定 HCl 溶液，终点由无色变微红色，其他步骤同上。

五、实验记录及数据处理

见实验报告示例。

实验报告示例

在预习时要在实验记录本上写好实验报告（一）（二），画好表格和做好必要的计算。实验过程中把数据记录在表中，实验后完成计算及讨论（一般实验均要求这样）。

实验一　酸碱标准溶液的配制和浓度的比较

（一）日期：　　年　月　日

（二）方法摘要：

1. 配制 500mL $0.2mol \cdot L^{-1}$ HCl 溶液。

2. 配制 500mL $0.2mol \cdot L^{-1}$ NaOH 溶液。

3. 以甲基橙、酚酞为指示剂进行 HCl 溶液与 NaOH 溶液的浓度比较滴定，反复练习。

4. 计算 NaOH 溶液与 HCl 溶液的体积比。

（三）记录和计算：

记录项目 ＼ 序次	I	II	III
NaOH 终读数	mL	mL	mL
NaOH 初读数	mL	mL	mL
V_{NaOH}			
HCl 终读数	mL	mL	mL
HCl 初读数	mL	mL	mL
V_{HCl}			
V_{NaOH}/V_{HCl}			

记录项目 ＼ 序次	I	II	III
$\overline{V}_{NaOH}/\overline{V}_{HCl}$			
个别测定的绝对偏差			
相对平均偏差			

1. 0.2mol·L^{-1} NaOH 溶液与 0.2mol·L^{-1} HCl 溶液的配制

（1＋1） HCl 溶液体积＝　　　　　　　　　　　　⎫
　　　　　　　　　　　　　　　　　　　　　　　 ⎬ 列出算式并算出答案
固体 NaOH 的质量＝　　　　　　　　　　　　　　⎭

2. NaOH 溶液与 HCl 溶液浓度的比较：

（1） 以甲基橙为指示剂；

（2） 以酚酞为指示剂（格式同上）。

（四） 讨论

重点：滴定分析常用仪器的洗涤和正确使用方法。

难点：滴定分析常用仪器的洗涤和正确使用方法；甲基橙、酚酞指示剂滴定终点的确定。

对于本实验的实验原理，同学在无机化学及分析化学中都有接触，同学应该明确用 HCl 滴定 NaOH 时采用甲基橙作为指示剂，而用 NaOH 滴定 HCl 溶液时使用酚酞的真正原因何在，最后，通过反复练习滴定操作来掌握滴定管、移液管的正确使用方法。

六、实验思考

（1） 滴定管在装入标准溶液前为什么要用此溶液淌洗内壁 2～3 次？用于滴定的锥形瓶或烧杯是否需要干燥？是否需要用标准溶液淌洗？为什么？

（2） 为什么不能用直接配制法配制 NaOH 标准溶液？

（3） 配制 HCl 溶液及 NaOH 溶液所用的水的体积，是否需要准确量度？为什么？

（4） 装 NaOH 溶液的瓶或滴定管，不宜用玻璃塞，为什么？

（5） 用 HCl 溶液滴定 NaOH 标准溶液时是否可以用酚酞作指示剂？

（6） 在每次滴定完成后，为什么要将标准溶液加至滴定管零点或近零点，然后进行第二次滴定？

（7） 在 HCl 溶液与 NaOH 溶液浓度比较的滴定中，以甲基橙和酚酞作指示剂，所得的溶液体积比是否一致？为什么？

实验二　NaOH 标准溶液的标定和乙酸总酸度的测定

一、实验目的

（1） 学习 NaOH 标准溶液的标定方法。

（2） 进一步练习滴定操作。

(3) 了解强碱滴定弱酸过程中 pH 值变化、等当点以及指示剂的选择。

(4) 进一步掌握移液管和滴定管的使用方法和滴定操作技术。

二、实验原理

标定碱溶液所用的基准物质有多种，本实验中介绍一种常用的。

本实验用酸性基准物邻苯二甲酸氢钾（$KHC_8H_4O_4$），以酚酞为指示剂标定 NaOH 标准溶液的浓度。邻苯二甲酸氢钾的结构式为：

其中只有一个可电离的 H^+，标定时的反应式为：

$$KHC_8H_4O_4 + NaOH \Longrightarrow KNaC_8H_4O_4 + H_2O$$

邻苯二甲酸氢钾作为基准物的基点的优点是：①易于获得纯品；②易于干燥，不吸湿；③摩尔质量大，可相对降低称量误差。

乙酸的电离常数 $K_a = 1.8 \times 10^{-5}$。用 NaOH 标准溶液滴定乙酸，其反应式是：

$$NaOH + CH_3COOH \Longrightarrow CH_3COONa + H_2O$$

滴定等当点的 pH 值为 8.7。$0.1 mol \cdot L^{-1}$ NaOH 溶液滴定 $0.1 mol \cdot L^{-1}$ CH_3COOH 溶液的 pH 值突跃范围为 7.7～9.7。通常选用酚酞（8.2～10.0）为指示剂，终点由无色到呈微红色。由于 CO_2 能使酚酞的红色褪去，故应滴定至摇匀后溶液红色在半分钟内不褪色为止。

滴定时，不仅 HAc 与 NaOH 作用，HAc 中可能存在的其他各种形式的酸也与 NaOH 反应，故滴定所得为总酸度，以 CH_3COOH 的含量表示（本实验中以 CH_3COOH 表示，单位为 $g \cdot L^{-1}$）。

三、实验用品

移液管、碱式滴定管、锥形瓶、称量瓶、烧杯、量筒。

$0.2 mol \cdot L^{-1}$ NaOH 标准溶液（按实验一配制）、邻苯二甲酸氢钾（A.R.）、酚酞指示剂、乙酸试样。

四、实验步骤

(1) $0.2 mol \cdot L^{-1}$ NaOH 标准溶液的配制　称取固体 NaOH 2.4g，置于 250mL 烧杯中，马上加入蒸馏水使之溶解，稍冷却后转入试剂瓶中，加水稀释至 300mL，用橡皮塞塞好瓶口，充分摇匀。

(2) $0.2 mol \cdot L^{-1}$ NaOH 标准溶液浓度的标定　用差减法准确称取 0.7～0.9g 已烘干的邻苯二甲酸氢钾三份，分别放入三个已编号的 250mL 锥形瓶中，加 50mL 水溶解（可稍加热以促进溶解），加入 2 滴酚酞指示剂，用 NaOH 溶液滴定至溶液呈微红色（30s 内不褪色），即为终点，记录 V_{NaOH}，计算 c_{NaOH} 和标定结果的相对偏差。

(3) 乙酸含量的测定　准确移取乙酸试样 10.00mL 于 100mL 容量瓶中，稀释至刻度，摇匀。用移液管移取 10.00mL 溶液于 250mL 锥形瓶中，加 2 滴酚酞指示剂，以 $0.2 mol \cdot L^{-1}$ NaOH 溶液滴定至微红色（30s 内不褪色），即为终点，记录 V_{NaOH}，平行滴定三份，计算乙酸含量（单位为 $g \cdot L^{-1}$）。

五、实验记录及数据处理

（1）NaOH 标准溶液浓度的标定见表 4.1。

表 4.1 NaOH 标准溶液浓度的标定

项目 　　　　　次序	I	II	III
称量瓶＋$KHC_8H_4O_4$ 质量(前)/g			
称量瓶＋$KHC_8H_4O_4$ 质量(后)/g			
$KHC_8H_4O_4$ 的质量/g			
NaOH 终读数/mL			
NaOH 初读数/mL			
V_{NaOH}/mL			
c_{NaOH}/(g·L^{-1})			
$\bar{c}_{NaOH}$/(g·L^{-1})			
个别测定的绝对偏差			
相对平均偏差			

$$c = \frac{m}{V_{NaOH} \times 0.2042} = \qquad （式中，m 为基准物质量）$$

（2）HAc 含量的测定见表 4.2。

表 4.2 HAc 含量的测定

项目 　　　　　序次	I	II	III
NaOH 终读数/mL			
NaOH 初读数/mL			
V_{NaOH}			
$\bar{V}_{NaOH}$			
HAc 含量/(g·L^{-1})			
HAc 平均含量/(g·L^{-1})			
个别测定的绝对偏差			
相对平均偏差			

$$HAc(g·L^{-1}) = \frac{c_{NaOH} V_{NaOH}}{10.00 \times \frac{10.00}{100}} \times 60.05$$

重点：氢氧化钠溶液的配制和标定方法；递减称量法称取基准试样的实验操作。

难点：氢氧化钠溶液的配制和标定方法；滴定管的使用和滴定操作技术。

六、实验思考

（1）溶解基准物 $KHC_8H_4O_4$ 用水的体积的量度，是否需要准确？为什么？

（2）用于标定的锥形瓶，其内壁是否要预先干燥？为什么？

（3）用邻苯二甲酸氢钾为基准物质标定 0.2mol·L^{-1} NaOH 溶液时，基准物质称取量如何计算？

（4）用邻苯二甲酸氢钾标定 NaOH 溶液时，为什么用酚酞而不用甲基橙作指示剂？

（5）如基准物 $KHC_8H_4O_4$ 中含有少量 $H_2C_8H_4O_4$，对 NaOH 溶液标定结果有什么

影响？

（6）Na_2CO_3 能否用作基准物来标定 NaOH 溶液？

（7）如果 NaOH 标准溶液在保存过程中吸收了空气中的 CO_2，用该标准溶液滴定盐酸，以甲基橙作为指示剂，用 NaOH 溶液原来的浓度进行计算时会不会引起误差？若用酚酞作指示剂进行滴定，又怎样？

（8）$KHC_8H_4O_4$ 是否可用作为标定 HCl 溶液的基准物？

（9）测定 HAc 时能否用甲基橙和甲基橙红作指示剂？

实验三　HCl 标准溶液的标定和碱石灰总碱度的测定

一、实验目的

（1）学习标定 HCl 标准溶液的方法。

（2）学习碱石灰中总碱度测定的原理和方法。

（3）学习酸碱滴定法选择指示剂的原则。

（4）学习用容量瓶把固体试样制备成试液的方法。

二、实验原理

标定 HCl 溶液常用分析纯无水碳酸钠作为基准物质，标定时常以甲基橙为指示剂。碱石灰为不纯的碳酸钠，由于制备的方法不同，其中所含的杂质也不同。因此在用酸滴定时，除其中的主要成分 Na_2CO_3 被中和外，其他的碱性杂质（如 NaOH 或 $NaHCO_3$ 等）也被中和。因此这个测定的结果是碱的总量，通常以 Na_2O 的含量来表示。

Na_2CO_3 与 HCl 溶液的反应如下：

$$Na_2CO_3 + HCl = NaHCO_3 + NaCl$$
$$NaHCO_3 + HCl = NaCl + H_2O + CO_2\uparrow$$

由反应式可以看出，1mol Na_2CO_3 可与 2mol 的 HCl 完全反应。反应达计量点时，pH = 3.7，滴定突跃范围为 pH = 3.5~5.0，可选用甲基橙（变色范围 3.1~4.4）作指示剂。

根据 Na_2CO_3 的质量和所用溶液的体积，可计算出 HCl 溶液的准确浓度。

$$c_{HCl} = \frac{2W_{Na_2CO_3}}{V_{HCl}M_{Na_2CO_3}} \times 1000$$

式中，$M_{Na_2CO_3}$ 为 Na_2CO_3 的摩尔质量，$g \cdot mol^{-1}$；V_{HCl} 为消耗的 HCl 体积，mL；$W_{Na_2CO_3}$ 为称量的 Na_2CO_3 的质量，g；c_{HCl} 为 HCl 的准确浓度，$mol \cdot L^{-1}$。

三、实验用品

酸式滴定管、移液管、锥形瓶、洗瓶、称量瓶、量筒、容量瓶、洗瓶、烧杯、试剂瓶、分析天平、铁架台、滴定管夹、玻璃棒。

无水 Na_2CO_3、甲基橙指示剂、1:1 HCl（$6mol \cdot L^{-1}$）溶液、碱石灰试样、$6mol \cdot L^{-1}$ HCl 溶液。

四、实验步骤

（1）$0.2mol \cdot L^{-1}$ HCl 溶液的配制　用洁净量筒量取约 10mL $6mol \cdot L^{-1}$ HCl 溶液，

倒入装有约 100mL 水的 300mL 试剂瓶中，加水稀释至 300mL，盖上玻璃塞，摇匀。

（2）0.2mol·L^{-1} HCl 标准溶液浓度的标定　用差减法准确称取 0.1500～0.2000g 无水碳酸钠三份（称样时，称量瓶要带盖），分别放在 250mL 锥形瓶内，加水 30mL 溶解，加甲基橙指示剂 1～2 滴，然后用盐酸溶液滴定至溶液由黄色变为橙色，即为终点，由碳酸钠的质量及实际消耗的盐酸体积，计算 HCl 溶液的浓度和测定结果的相对偏差。

（3）碱石灰中总碱度的测定　准确称取碱石灰试样（1.8～2.3g）一份于 100mL 小烧杯中，用适量蒸馏水溶解（必要时，可稍加热以促进溶解），冷却后定量地转移至 250mL 容量瓶中，并以洗瓶吹洗烧杯的内壁和玻璃棒数次，每次的洗涤溶液应全部注入容量瓶中。最后用蒸馏水稀释至刻度，摇匀。用移液管移取试液 25mL 于锥形瓶中，加 20mL 水，加 1 滴甲基橙指示剂，用 0.2mol·L^{-1} 的 HCl 标准溶液滴定至恰变为橙色，即为终点。记录滴定所消耗的 HCl 溶液的体积，平行做 3 次。计算试样中 Na$_2$O 或 Na$_2$CO$_3$ 的含量，即为总碱度，测定各次的相对偏差应在 ±0.5% 内。

五、实验记录及数据处理

$$\mathrm{Na_2O}(\%) = \frac{c_{\mathrm{HCl}} V_{\mathrm{HCl}} \times 61.98}{m(\text{碱灰}) \times \dfrac{25}{250} \times 2000} \times 100\%$$

式中，c_{HCl} 为标定 HCl 浓度；V_{HCl} 为消耗掉 HCl 的体积。

（1）0.2mol·L^{-1} HCl 溶液的标定见表 4.3。

表 4.3　0.2mol·L^{-1} HCl 溶液的标定

次数 项目	Ⅰ	Ⅱ	Ⅲ
称量瓶＋无水 Na$_2$CO$_3$ 质量(前)/g			
称量瓶＋无水 Na$_2$CO$_3$ 质量(后)/g			
$W_{\text{无水碳酸钠}}$/g			
V_{HCl}/mL			
c_{HCl}/(mol·L^{-1})			
$\bar{c}_{\mathrm{HCl}}$/(mol·L^{-1})			
绝对偏差			
平均相对偏差			

（2）碱石灰中总碱度的测定见表 4.4。

表 4.4　碱石灰中总碱度的测定

次数 项目	Ⅰ	Ⅱ	Ⅲ
$W_{\text{试样}}$/g			
V_{HCl}/mL			
Na$_2$O/%			
Na$_2$O 含量平均值/%			
绝对偏差			
平均相对偏差			

六、实验思考

（1）用 Na_2CO_3 为基准物质标定 $0.2mol \cdot L^{-1}$ HCl 溶液时，基准物称取量如何计算？

（2）用 Na_2CO_3 为基准物质标定 $0.2mol \cdot L^{-1}$ HCl 溶液时，为什么不用酚酞作指示剂？

（3）碱石灰的主要成分是什么？含有哪些主要杂质？为什么说用 HCl 溶液滴定碱石灰时得到的是"总碱量"？

（4）"总碱量"的测定应选用何种指示剂？终点如何控制？为什么？

（5）此处称取碱石灰试样，要求称取至小数点后第几位？为什么？

（6）本实验中为什么要把试样溶解成250mL后再吸取 25.00mL 进行滴定？为什么不直接称取 0.15～0.20g 试样进行滴定？

（7）若以 Na_2CO_3 形式表示总碱量，其结果计算公式是什么？

（8）假设某碱石灰试样含100%的 Na_2CO_3，以 Na_2O 表示的总碱量为多少？

实验四　混合碱的分析（双指示剂法）

一、实验目的

（1）进一步熟练滴定操作和滴定终点的判断。
（2）掌握盐酸标准溶液的配制和标定方法。
（3）掌握定量转移操作的基本要点。
（4）掌握混合碱分析的测定原理、方法和计算。

二、实验原理

混合碱是 Na_2CO_3 与 NaOH 或 Na_2CO_3 与 $NaHCO_3$ 的混合物，可采用双指示剂法进行分析，测定各组分的含量。

在混合碱的试液中加入酚酞指示剂，用 HCl 标准溶液滴定至溶液呈微红色。此时试液中所含 NaOH 完全被中和，Na_2CO_3 也被滴定成 $NaHCO_3$，反应如下：

$$NaOH + HCl \Longrightarrow NaCl + H_2O$$
$$Na_2CO_3 + HCl \Longrightarrow NaCl + NaHCO_3$$

设滴定体积为 V_1（mL），加入甲基橙指示剂，继续用 HCl 标准溶液滴定至溶液由黄色变为橙色即为终点。此时 $NaHCO_3$ 被中和成 H_2CO_3，反应为：

$$NaHCO_3 + HCl \Longrightarrow NaCl + H_2O + CO_2 \uparrow$$

设此时消耗 HCl 标准溶液的体积为 V_2（mL）。根据 V_1 和 V_2 可以判断出混合碱的组成。设试液的体积为 V（mL），当 $V_1 > V_2$ 时，试液为 NaOH 和 Na_2CO_3 的混合物，NaOH 和 Na_2CO_3 的含量（以质量浓度表示，单位为 $g \cdot L^{-1}$）可由下式计算：

$$w_{NaOH} = \frac{(V_1 - V_2)c_{HCl}M_{NaOH}}{V}$$

$$w_{Na_2CO_3} = \frac{2V_2 c_{HCl}M_{Na_2CO_3}}{2V}$$

当 $V_1 < V_2$ 时，试液为 Na_2CO_3 和 $NaHCO_3$ 的混合物，NaOH 和 Na_2CO_3 的含量（以质量浓度表示，单位为 $g \cdot L^{-1}$）可由下式计算：

$$w_{Na_2CO_3} = \frac{2V_1 c_{HCl} M_{Na_2CO_3}}{2V}$$

$$w_{NaHCO_3} = \frac{(V_2 - V_1) c_{HCl} M_{NaHCO_3}}{V}$$

三、实验用品

容量瓶、移液管、酸式滴定管、锥形瓶、称量瓶、烧杯、量筒。

$6mol \cdot L^{-1}$ HCl 溶液、无水 Na_2CO_3、$0.1mol \cdot L^{-1}$ HCl 溶液、甲基橙（$1g \cdot L^{-1}$ 水溶液）、酚酞（$2g \cdot L^{-1}$ 乙醇溶液）、$0.2mol \cdot L^{-1}$ HCl 溶液。

四、实验步骤

（1）$0.2mol \cdot L^{-1}$ HCl 溶液的配制 用洁净量筒量取约 10mL $6mol \cdot L^{-1}$ HCl 溶液，倒入装有约 100mL 水的 500mL 试剂瓶中，加水稀释至 300mL，盖上玻璃塞，摇匀。

（2）$0.2mol \cdot L^{-1}$ HCl 溶液浓度的标定 在分析天平上准确称取三份无水 Na_2CO_3 0.1500~0.200g 于锥形瓶中，加 30mL 水溶解后，加 5 滴甲基橙，然后用待标定的 $0.1mol \cdot L^{-1}$ HCl 滴定至溶液由淡黄色变为橙红色即为终点，记下消耗 HCl 溶液的体积。

（3）混合碱的测定 准确称取试样约 2g 于烧杯中，加少量水使其溶解后，定量转移到 250mL 的容量瓶中，加水稀释至刻度线，摇匀。用 25mL 的移液管移取 25mL 上述溶液于锥形瓶中，加 2~3 滴酚酞，以 $0.2mol \cdot L^{-1}$ HCl 标准溶液滴定至红色变为微红色为第一终点，记下 HCl 标准溶液体积 V_1，再加入 2 滴甲基橙，继续用 HCl 标准溶液滴定至溶液由黄色恰变为橙色，为第二终点，记下 HCl 标准溶液体积 V_2。平行测定三次，根据 V_1、V_2 的大小判断混合物的组成，计算各组分的含量。

五、实验记录及数据处理

（1）$0.2mol \cdot L^{-1}$ HCl 溶液浓度的标定见表 4.5。

表 4.5 HCl 溶液浓度的标定

项目	I	II	III
称量瓶＋无水 Na_2CO_3 质量(前)/g			
称量瓶＋无水 Na_2CO_3 质量(后)/g			
$W_{无水碳酸钠}$/g			
消耗 HCl 的体积/mL			
c_{HCl}			
c_{HCl} 的平均值			
相对平均偏差			

（2）混合碱的测定见表 4.6。

表 4.6　混合碱的测定

HCl 标准溶液浓度/$(\text{mol} \cdot \text{L}^{-1})$			
混合碱体积/mL	25.00	25.00	25.00
滴定初始读数/mL			
第一终点读数/mL			
第二终点读数/mL			
V_1/mL			
V_2/mL			
$w_{\text{Na}_2\text{CO}_3}$			
w_{NaHCO_3}			
平均 $w_{\text{Na}_2\text{CO}_3}$			
平均 w_{NaHCO_3}			

六、注意事项

（1）混合碱系 NaOH 和 Na_2CO_3 组成时，酚酞指示剂可适当多加几滴，否则常因滴定不完全使 NaOH 的测定结果偏低，Na_2CO_3 的测定结果偏高。

（2）最好用 $NaHCO_3$ 的酚酞溶液（浓度相当）作对照。在达到第一终点前，不要因为滴定速度过快，造成溶液中 HCl 局部过浓，引起 CO_2 的损失，带来较大的误差，滴定速度也不能太慢，摇动要均匀。

（3）近终点时，一定要充分摇动，以防形成 CO_2 的过饱和溶液而使终点提前到达。

实验五　EDTA 溶液的配制与标定及水的硬度测定

一、实验目的

（1）学习 EDTA 标准溶液的配制和标定方法。

（2）掌握络合滴定的原理，了解络合滴定的特点。

（3）熟悉钙指示剂或二甲酚橙指示剂的使用。

（4）了解水的硬度的测定意义和常用的硬度表示方法。

（5）掌握 EDTA 法测定水的硬度的原理和方法。

（6）掌握铬黑 T 和钙指示剂的应用，了解金属指示剂的特点。

二、实验原理

EDTA（乙二胺四乙酸）溶解度为 $0.4\text{g} \cdot \text{L}^{-1}$，配位滴定中通常使用的配位剂是乙二胺四乙酸的二钠盐（$Na_2H_2Y \cdot 2H_2O$），溶解度为 $120\text{g} \cdot \text{L}^{-1}$，最大可配制 $0.3\text{mol} \cdot \text{L}^{-1}$ 的溶液。其水溶液的 pH 值为 4.8 左右，若 pH 值偏低，应该用 NaOH 溶液中和到 pH=5 左右，以免溶液配制后有乙二胺四乙酸析出。EDTA 常因吸附约 0.3% 的水分和其中含有少量杂质而不能直接用作标准溶液。通常先把 EDTA 配成所需要的大概浓度，然后用基准物质标定。

EDTA 能与大部分金属离子形成 1:1 的稳定配合物，因此可以用含有这些金属离子的基准物，在一定酸度下，选择适当的指示剂来标定 EDTA 的浓度。用于标定 EDTA 的基准物质有含量不低于 99.95% 的某些金属，如 Cu、Zn、Ni、Pb 等以及它们的金属氧化物；或某些盐类，如 $ZnSO_4$、$MgSO_4 \cdot 7H_2O$、$CaCO_3$ 等。在选用纯金属作为标准物质时，应注意金属表面氧化膜的存在会带来滴定时的误差，届时应将氧化膜用细砂纸擦去，或用稀酸把氧化膜溶掉，先用蒸馏水，再用乙醚或丙酮冲洗，于 105℃ 的烘箱中烘干，冷却后再称量。

水的硬度主要由于水中含有钙盐和镁盐，其他金属离子（如铁、铝、锰、锌等离子）也形成硬度，但一般含量甚少，测定工业用水总硬度时可忽略不计。测定水的硬度常采用配位滴定法，用乙二胺四乙酸二钠盐（EDTA）溶液滴定水中 Ca、Mg 总量，然后换算为相应的硬度单位。按国际标准方法测定水的总硬度：在 pH=10 的 NH_3-NH_4Cl 缓冲溶液中（为什么？），以铬黑 T（EBT）为指示剂，用 EDTA 标准溶液滴定至溶液由酒红色变为纯蓝色即为终点。滴定过程反应如下。

滴定前：
$$EBT + Mg^{2+} \longrightarrow \underset{\text{（紫红色）}}{\text{Mg-EBT}}$$
$$\text{（蓝色）}$$

滴定时：
$$EDTA + Ca^{2+} \longrightarrow \underset{\text{（无色）}}{\text{Ca-EDTA}}$$

$$EDTA + Mg^{2+} \longrightarrow \underset{\text{（无色）}}{\text{Mg-EDTA}}$$

终点时：
$$EDTA + \underset{\text{（紫红色）}}{\text{Mg-EBT}} =\!=\!= \text{Mg-EDTA} + \underset{\text{（蓝色）}}{\text{EBT}}$$

到达计量点时，呈现指示剂的纯蓝色。

若水样中存在 Fe^{3+}、Al^{3+} 等微量杂质时，可用三乙醇胺进行掩蔽；Cu^{2+}、Pb^{2+}、Zn^{2+} 等重金属离子可用 Na_2S 或 KCN 掩蔽。

一般含有钙、镁盐类的水叫硬水（硬水和软水尚无明显的界限，硬度小于 5°～6° 的，一般可称为软水）。硬度有暂时硬度和永久硬度之分。

暂时硬度——水中含有钙、镁的酸式碳酸盐，遇热即成碳酸盐沉淀而失去其硬度。其反应如下：

$$Ca(HCO_3)_2 \xrightarrow{\triangle} CaCO_3（完全沉淀） + H_2O + CO_2 \uparrow$$

$$Mg(HCO_3)_2 \xrightarrow{\triangle} MgCO_3（不完全沉淀） + H_2O + CO_2 \uparrow$$

$$MgCO_3 + H_2O =\!=\!= Mg(OH)_2 \downarrow + CO_2 \uparrow$$

永久硬度——水中含有钙、镁的硫酸盐、氯化物、硝酸盐，在加热时亦不沉淀（但在锅炉运用温度下，溶解度低的可析出而成为锅垢）。

暂时硬度和永久硬度的总和称为"总硬度"。由镁离子形成的硬度称为"镁硬"，由钙离子形成的硬度称为"钙硬"。

水中钙、镁离子含量，可用 EDTA 法测定。钙硬度测定原理与以 $CaCO_3$ 为基准物标定 EDTA 标准溶液浓度相同。总硬度则以铬黑 T 为指示剂，控制溶液的酸度为 pH≈10，以 EDTA 标准溶液滴定。由 EDTA 溶液的浓度和用量，可算出水的总硬度，由总硬度减去钙硬即为镁硬。

水的硬度的表示方法有多种，随各国的习惯不同而有所不同。有将水中的盐类都折算成 $CaCO_3$ 而以 $CaCO_3$ 的量作为硬度标准的，也有将盐类合算成 CaO 而以 CaO 的量来表示的。本书采用我国目前的表示方法，以度（°）计。1 硬度单位表示十万分之水中含 1 份 CaO。

$$硬度(°) = \frac{c_{EDTA} V_{EDTA} \dfrac{M_{CaO}}{1000}}{V_{H_2O}} \times 10^5$$

式中　c_{EDTA}——EDTA 标准溶液的浓度，mol·L^{-1}；

V_{EDTA}——滴定时用去的 EDTA 标准溶液的体积，若此量为滴定总硬度时所耗用的，
则所得硬度为总硬度；若此量为滴定钙硬时所耗用的，则所得硬度为钙
硬，mL；

V_{H_2O}——水样体积，mL；

M_{CaO}——CaO 的摩尔质量，g·mol^{-1}。

若要测定钙硬度，可控制 pH 值介于 12～13 之间，选用钙指示剂进行测定。镁硬度可
由总硬度减去钙硬度求出。

三、实验用品

台秤、分析天平、酸式滴定管、锥形瓶、移液管（25mL）、容量瓶（250mL）、烧杯、
试剂瓶、量筒（100mL）、表面皿。

EDTA(s)(A.R.)、CaCO$_3$(s)(A.R.)、HCl 溶液（1+1）、镁溶液（溶解 1g MgSO$_4$·
7H$_2$O 于水中，稀释至 200mL）、10% NaOH 溶液、NH$_3$-NH$_4$Cl 缓冲溶液（pH＝10）、铬
黑 T 指示剂（0.05%）、钙指示剂（s，与 NaCl 粉末 1∶100 混均）水样。

四、实验步骤

（1）0.02mol·L^{-1} EDTA 溶液的配制　称取 1.9g EDTA（s）于 200～300mL 烧杯中，
加水，温热溶解，冷却后稀释至 250mL，如浑浊，应过滤。移入试剂瓶中，摇匀，长期放
置时应储于聚乙烯瓶中。

（2）以 CaCO$_3$ 为基准物标定 EDTA 溶液　准确称取 CaCO$_3$ 基准物 0.3500～0.4000g，
置于 100mL 烧杯中，用少量水先润湿，盖上表面皿，慢慢滴加 1∶1 HCl 3～4mL，待其溶
解后，用少量水洗表面皿及烧杯内壁，洗涤液一同转入 250mL 容量瓶中，用水稀释至刻度，
摇匀。

移取 25.00mL Ca^{2+} 溶液于 250mL 锥形瓶中，加入约 25mL 水、2mL 镁溶液、5mL
10% NaOH 溶液及约 10mg（绿豆大小）钙指示剂，摇匀后，用 0.02mol·L^{-1} EDTA 溶液
滴定至溶液由紫红色变为蓝绿色，即为终点。平行标定三次，计算 EDTA 溶液的准确浓度。

（3）水硬度的测定

① 总硬度的测定　取水样 100mL 于 250mL 锥形瓶中，加入 5mL NH$_3$-NH$_4$Cl 缓冲溶
液、2～3 滴铬黑 T（EBT）指示剂，再摇匀，此时溶液呈酒红色，用 0.02mol·L^{-1} EDTA
标准溶液滴定至溶液由酒红色变为纯蓝色，即为终点。注意接近终点时应慢滴多摇。平行测
定三次，计算水的总硬度，以度（°）和 mmol·L^{-1} 两种方法表示分析结果。

② 钙硬的测定　取水样 100mL 于 250mL 锥形瓶中，加入 4mL 10% NaOH 溶液，摇
匀，再加入 0.01g 钙指示剂，摇匀后溶液呈淡红色，用 0.02mol·L^{-1} EDTA 标准溶液滴定
至纯蓝色即为终点，计算钙硬度。

③ 镁硬的测定　由总硬度减去钙硬度即可求出镁硬度。

五、实验记录及数据处理

（1）以 $CaCO_3$ 为基准物标定 EDTA 溶液见表 4.7。

表 4.7 以 $CaCO_3$ 为基准物标定 EDTA 溶液

称量瓶＋药品质量（前）/g			
称量瓶＋药品质量（后）/g			
W_{CaCO_3}			
初读数/mL			
终读数/mL			
V/mL			
c_{EDTA}/(mol·L^{-1})			
$\bar{c}_{EDTA}$/(mol·L^{-1})			

（2）水硬度的测定见表 4.8。

表 4.8 水硬度的测定

初读数/mL			
终读数/mL			
V/mL			
总硬度			
总硬度的平均值			

（3）钙硬度的测定见表 4.9。

表 4.9 钙硬测定

初读数/mL			
终读数/mL			
V/mL			
钙硬			
钙硬的平均值			
镁硬＝总硬度－钙硬			

六、实验思考

（1）为什么通常使用乙二胺四乙酸二钠盐配制 EDTA 标准溶液，而不用乙二胺四乙酸？

（2）以 HCl 溶液溶解 $CaCO_3$ 基准物时，操作中应注意些什么？

（3）以 $CaCO_3$ 为基准物标定 EDTA 标准溶液时，加入镁溶液的目的是什么？

（4）以 $CaCO_3$ 为基准物，以钙指示剂为指示剂标定 EDTA 标准溶液时，应控制溶液的酸度为多少？为什么？如何控制？配位滴定中为什么要加入缓冲溶液？

（5）以 ZnO 为基准物，以二甲酚橙为指示剂标定 EDTA 标准溶液的原理是什么？溶液 pH 值应控制在什么范围？若溶液为强酸性，应如何调节？

（6）络合滴定与酸碱滴定相比，有哪些不同点？操作中应注意哪些问题？

（7）如果 EDTA 溶液在长期储存中因侵蚀玻璃而含有少量 CaY^{2-}、MgY^{2-}，则在

pH＝10的氨性溶液中，用 Mg^{2+} 标定和在 pH＝4～5的酸性介质中用 Zn^{2+} 标定，所得结果是否一致？为什么？

（8）如果对硬度测定中的数据要求保留两位有效数字，应如何量取 100mL 水样？

（9）用 EDTA 法怎样测出水的总硬度？用什么指示剂？产生什么反应？终点变色如何？试液的 pH 值应控制在什么范围？如何控制？测定钙硬又如何？

（10）如何得到镁硬？

（11）用 EDTA 法测定水的硬度时，哪些离子的存在有干扰？如何消除？

（12）当水样中 Mg^{2+} 含量低时，以铬黑 T 作指示剂测定水中 Ca^{2+}、Mg^{2+} 总量，终点不明晰，因此常在水样中先加少量 MgY^{2-} 络合物，再用 EDTA 滴定，终点就敏锐。这样做对测定结果有无影响？说明其原因。

实验六　铅、铋混合液中铅、铋含量的连续测定

一、实验目的

（1）掌握借助控制溶液的酸度来进行多种金属离子连续滴定的络合滴定方法和原理。
（2）熟悉二甲酚橙指示剂的应用。

二、实验原理

用 ZnO 作基准物可以用二甲酚橙作指示剂，在六亚甲基四胺缓冲溶液（pH＝5～6）中进行标定，其反应如下：

$$滴定前：Zn^{2+} ＋In ＝＝ ZnIn$$
$$（亮黄色）\qquad （紫红色）$$

式中，In 为二甲酚橙指示剂。

滴定开始至终点前：　　　$Zn^{2+} ＋Y^{4-} ＝＝ ZnY^{2-} ＋In$

终点时：　　　$ZnIn ＋Y^{4-} ＝＝ ZnY^{2-} ＋In$
（紫红色）　　　　　　（亮蓝色）

所以，终点时溶液从紫红色变为亮黄色。

用 ZnO 作基准物也可用铬黑 T（EBT）作指示剂，以 $NH_3 \cdot H_2O$-NH_4Cl 作缓冲剂，在 pH＝10 条件下进行标定。两种方法所得结果稍有差异。通常选用的标定条件应尽可能与被测物的测定条件相近，以减小误差。

Bi^{3+}、Pb^{2+} 均能与 EDTA 形成稳定的络合物，其稳定性又有相当大的差别，$\lg K$ 分别为 27.94 和 18.04。由于两者相差很大，故利用酸效应，控制不同的酸度，进行分别滴定。在 pH≈1 时滴定 Bi^{3+}，在 pH≈5～6 时滴定 Pb^{2+}。

在 Bi^{3+}-Pb^{2+} 混合溶液中，首先调节溶液的 pH≈1，以二甲酚橙为指示剂，Bi^{3+} 与指示剂形成紫红色络合物（Pb^{2+} 在此条件下不会与二甲酚橙形成有色络合物），用 EDTA 标准液滴定 Bi^{3+}，当溶液由紫红色恰变为黄色，即为滴定 Bi^{3+} 的终点。

在滴定 Bi^{3+} 后的溶液中，加入六亚甲基四胺溶液，调节溶液的 pH≈5～6，此时 Pb^{2+} 与二甲酚橙形成紫红色络合物，溶液再次呈现紫红色，然后用 EDTA 标准液继续滴定，当溶液由紫红色恰变为亮黄色时，即为滴定 Pb^{2+} 的终点。

三、实验用品

容量瓶、移液管、酸式滴定管、锥形瓶、称量瓶、烧杯、量筒。

$0.02\text{mol} \cdot \text{L}^{-1}$ EDTA 标准溶液、0.2% 二甲酚橙指示剂、20% 六亚甲基四胺溶液（学生自配）、ZnO（基准用）、$0.1\text{mol} \cdot \text{L}^{-1}$ HNO_3 溶液、$0.5\text{mol} \cdot \text{L}^{-1}$ NaOH 溶液、$(1+1)$ HCl 溶液、精密 pH（$0.5 \sim 5$）试纸。

四、实验步骤

（1）$0.02\text{mol} \cdot \text{L}^{-1}$ EDTA 溶液的配制　称取 1.9g EDTA 二钠盐于 $200 \sim 300\text{mL}$ 烧杯中，加水，温热溶解，冷却后稀释至 250mL，如浑浊，应过滤。移入试剂瓶中，摇匀，长期放置时应储于聚乙烯瓶中。

（2）20% 六亚甲基四胺的配制　称取 15g 六亚甲基四胺于烧杯中，加入 60mL 水，溶解，备用。

（3）以 ZnO 为基准物标定 EDTA 溶液　准确称取 ZnO $0.3000 \sim 0.3500$g 于 100mL 烧杯中，用少量水润湿。然后逐滴加 $(1+1)$ HCl 溶液，边加边搅至完全溶解为止。然后，定量转移 Zn^{2+} 溶液于 250mL 容量瓶中，用水稀释至刻度，摇匀。

用移液管吸取 25.00mL Zn^{2+} 标准溶液于锥形瓶中，加约 30mL 水，加 $2 \sim 3$ 滴二甲酚橙指示剂，加 8mL 20% 六亚甲基四胺溶液，用 EDTA 滴定，当溶液紫红色恰好转变为亮黄色时即为终点。平行滴定 3 次，取平均值，计算 EDTA 的准确浓度。

（4）Bi^{3+}-Pb^{2+} 混合液的测定　用移液管移取 25.00mL Bi^{3+}-Pb^{2+} 溶液 3 份于 250mL 锥形瓶中，加 2 滴二甲酚橙指示剂，用 EDTA 标准液滴定，当溶液由紫红色变为棕红色，再加一滴，突变为亮黄色，即为 Bi^{3+} 的终点（在离终点 $1 \sim 2\text{mL}$ 前可以滴得快一些，近终点时则应慢一些，每加 1 滴，摇晃并观察是否变色）。根据消耗的 EDTA 体积，计算混合液中 Bi^{3+} 的含量（单位为 $\text{g} \cdot \text{L}^{-1}$）。

在滴定 Bi^{3+} 后的溶液中，滴加 $4 \sim 6$ 滴二甲酚橙指示剂，加入 8mL 20% 六亚甲基四胺溶液，用 EDTA 标准液滴定，当溶液由紫红色恰变为亮黄色，即为终点。根据滴定结果，计算混合液中 Pb^{2+} 的含量（单位为 $\text{g} \cdot \text{L}^{-1}$）。

五、实验记录及数据处理

$$Bi^{3+}(\text{g} \cdot \text{L}^{-1}) = \frac{cV_1 \times 208.98}{V(25\text{mL})} \qquad Pb^{2+}(\text{g} \cdot \text{L}^{-1}) = \frac{c(V_2 - V_1) \times 207.20}{V(25\text{mL})}$$

（1）以 ZnO 为基准物标定 EDTA 溶液见表 4.10。

表 4.10　以 ZnO 为基准物标定 EDTA 溶液

称量瓶＋药品质量(前)/g			
称量瓶＋药品质量(后)/g			
W_{ZnO}			
初读数/mL			
终读数/mL			
V/mL			
c_{EDTA}/(mol $\cdot$ L^{-1})			
$\overline{c}_{EDTA}$/(mol $\cdot$ L^{-1})			

（2）Bi^{3+}-Pb^{2+} 混合液的测定见表 4.11。

表 4.11 Bi^{3+}-Pb^{2+} 混合液的测定

EDTA 标准溶液浓度/(mol·L^{-1})			
滴定初始读数/mL			
第一终点读数/mL			
第二终点读数/mL			
V_1/mL			
V_2/mL			
c_{Bi}/(g·L^{-1})			
c_{Bi}(平均)/(g·L^{-1})			
c_{Pb}/(g·L^{-1})			
c_{Pb}(平均)/(g·L^{-1})			

六、实验思考

（1）本实验能否先在 pH≈5.0～6.0 的溶液中滴定 Pb^{2+} 的含量，然后调节 pH≈1.0 时，再滴定 Bi^{3+} 的含量？

（2）试述连续滴定 Bi^{3+}、Pb^{2+} 全过程试液颜色变化的情况及原因。

（3）用金属锌标定 EDTA 溶液，以二甲酚橙作指示剂和以铬黑 T 作指示剂时，滴定条件有何不同？为什么？

（4）以金属锌为基准物，用二甲酚橙为指示剂标定 EDTA 的浓度时，溶液的酸度应控制在何 pH 值范围？实验中加 20%（CH_2）$_6N_4$ 至溶液呈稳定紫红色后再过量 3mL 是何作用？

实验七   高锰酸钾标准溶液的配制和标定以及过氧化氢含量测定

一、实验目的

（1）熟悉 $KMnO_4$ 与 $Na_2C_2O_4$ 的反应条件，正确判断滴定的计量点。

（2）了解 $KMnO_4$ 标准溶液的配制和标定方法。

（3）学会用高锰酸钾法测定双氧水中 H_2O_2 的含量。

二、实验原理

标定 $KMnO_4$ 溶液常用分析纯 $Na_2C_2O_4$，在酸性溶液中反应如下式：

$$2MnO_4^- + 5C_2O_4^{2-} + 16H^+ \!\!=\!\!= 2Mn^{2+} + 8H_2O + 10CO_2$$

达计量点时，关系为：$\dfrac{1}{2}n(KMnO_4) = \dfrac{1}{5}n(Na_2C_2O_4)$

此标定反应要在 H_2SO_4 酸性溶液预热至 75～85℃ 和有 Mn^{2+} 催化的条件下进行。滴定开始时，反应很慢，$KMnO_4$ 溶液必须逐滴加入，如果滴加过快，$KMnO_4$ 在热溶液中能部分分解而造成误差。

$$4KMnO_4 + 6H_2SO_4 \Longrightarrow 2K_2SO_4 + 4MnSO_4 + 6H_2O + 5O_2\uparrow$$

在滴定过程中，溶液中逐渐有 Mn^{2+} 生成，使反应速率加快，所以滴定速度可稍加快一些，以每秒 2～3 滴为宜。由于 $KMnO_4$ 溶液本身具有颜色，滴定时溶液中有稍微过量的 MnO_4^- 即显粉红色，故不需另加指示剂。

双氧水是医药上常用的消毒剂。市售双氧水含 H_2O_2 2.5％～3.5％（$g \cdot mL^{-1}$）。在酸性溶液中 H_2O_2 很容易被 $KMnO_4$ 氧化，反应式如下：

$$2MnO_4^- + 5H_2O_2 + 6H^+ \Longrightarrow 2Mn^{2+} + 8H_2O + 5O_2$$

达计量点时：$\dfrac{1}{2}n(KMnO_4) = \dfrac{1}{5}n(H_2O_2)$

三、实验用品

滴定管、容量瓶、移液管、锥形瓶、分析天平、量筒、烧杯、洗瓶、电炉、滴定管夹、铁架台、玻璃棒。

$3mol \cdot L^{-1}$ H_2SO_4、固体 $Na_2C_2O_4$（分析纯）、药用双氧水待测液、$KMnO_4$ 溶液（约 $0.004mol \cdot L^{-1}$）。

四、实验步骤

（1）称量与配制　称取 0.8g（计算为 0.79g）$KMnO_4$，溶于适量的水中（尽量不加热）。

（2）标定　精密称取三份干燥的分析纯 $Na_2C_2O_4$ 0.1300～0.1500g（用差减称量法，准确至 0.001g）于 50mL 锥形瓶中，加 10～20mL H_2O 使之溶解，再加 10mL $3mol \cdot L^{-1}$ H_2SO_4 溶液，摇匀。加热溶液至有蒸汽冒出（约 75～85℃），但不要煮沸。

将待标定的 $KMnO_4$ 溶液装入酸式滴定管中，趁热对 $Na_2C_2O_4$ 溶液进行滴定。小心滴加 $KMnO_4$ 溶液，充分振摇，等第一滴紫红色褪去时再加第二滴。此后滴定速度控制在每秒 2～3 滴为宜。接近终点时，紫红色褪去很慢，应减慢速度，同时充分摇匀，直至最后半滴或一滴 $KMnO_4$ 溶液滴入摇匀后，保持 30s 不褪色，可认为已达到终点，再重复标定 3 次。

按下式计算 $KMnO_4$ 溶液的物质的量浓度：

$$c_{KMnO_4} = \frac{W_{Na_2C_2O_4}}{V_{KMnO_4} \times \dfrac{5}{2} M_{Na_2C_2O_4}} \times 1000$$

式中，$M_{Na_2C_2O_4}$ 为 $Na_2C_2O_4$ 的摩尔质量，$g \cdot mol^{-1}$；$W_{Na_2C_2O_4}$ 为称取的 $Na_2C_2O_4$ 质量，g；V_{KMnO_4} 为消耗 $KMnO_4$ 溶液的体积，mL；c_{kMnO_4} 为 $KMnO_4$ 的浓度，$mol \cdot L^{-1}$。

（3）双氧水中 H_2O_2 含量的测定　用 1mL 移液管吸取双氧水 1.00mL 于盛有 20～30mL 水和 15mL $3mol \cdot L^{-1}$ H_2SO_4 的锥形瓶中，用 $KMnO_4$ 标准溶液滴定至溶液显粉红色，经过 30s 不褪色，即达终点。再重复测定三份，用下式计算药用双氧水中 H_2O_2 的含量。

$$c_{H_2O_2} = \frac{5 c_{KMnO_4} V_{KMnO_4} \times \dfrac{M_{H_2O_2}}{1000}}{2 V_{H_2O_2}} \times 100\%$$

式中，$M_{H_2O_2}$ 为 H_2O_2 的摩尔质量，$mol \cdot L^{-1}$；c_{KMnO_4} 为 $KMnO_4$ 标准溶液的准确浓度，$mol \cdot L^{-1}$；V_{KMnO_4} 为消耗 $KMnO_4$ 溶液的体积，mL；$V_{H_2O_2}$ 为吸取双氧水的体积，mL。

五、实验记录及数据处理

（1）$KMnO_4$ 溶液的标定见表 4.12。

表 4.12　$KMnO_4$ 溶液的标定

项目	Ⅰ	Ⅱ	Ⅲ
称量瓶＋$Na_2C_2O_4$ 质量（前）/g			
称量瓶＋$Na_2C_2O_4$ 质量（后）/g			
$W_{Na_2C_2O_4}$/g			
消耗 $KMnO_4$ 的体积/mL			
c_{KMnO_4}			
c_{KMnO_4} 的平均值			
相对平均偏差			

（2）H_2O_2 含量的测定见表 4.13。

表 4.13　H_2O_2 含量的测定

$KMnO_4$ 标准溶液浓度/(mol・L^{-1})			
混合液体积/mL			
滴定初始读数/mL			
第一终点读数/mL			
V/mL			
$c_{H_2O_2}$/(g・L^{-1})			
平均 $c_{H_2O_2}$/(g・L^{-1})			
绝对偏差			
相对平均偏差			

六、注意事项

（1）温度太高，溶液中的 $H_2C_2O_4$ 容易分解（$Na_2C_2O_4$ 遇酸生成 $H_2C_2O_4$）。

$$H_2C_2O_4 \Longrightarrow CO_2 \uparrow + CO \uparrow + H_2O$$

（2）$KMnO_4$ 滴定的终点是不太稳定的，由于空气中含有还原性气体及尘埃等杂质，落入溶液中能使 $KMnO_4$ 慢慢分解，而使粉红色消失，所以经过 30s 不褪色，即可认为已达终点。

（3）用乙酰苯胺或其他有机物作稳定剂的 H_2O_2，用此法的分析结果不很准确，采用碘量法或铈量法测定较合适。

七、实验思考

（1）在 $KMnO_4$ 法中，如果 H_2SO_4 用量不足，对结果有何影响？

（2）用 $KMnO_4$ 滴定双氧水时，溶液是否可以加热？

实验八　注射液中葡萄糖含量的测定

一、实验目的

（1）掌握 $Na_2S_2O_3$ 标准溶液的配制方法和注意事项。

（2）学习使用碘量瓶和正确判断淀粉指示剂指示的终点。

（3）了解间接碘量法的过程、原理，并掌握用基准物 $K_2Cr_2O_7$ 标定 $Na_2S_2O_3$ 溶液浓度的方法。

（4）掌握碘量法测定葡萄糖含量的原理和方法。

二、实验原理

硫代硫酸钠标准溶液通常用 $Na_2S_2O_3 \cdot 5H_2O$ 配制，由于 $Na_2S_2O_3$ 遇酸即迅速分解产生 S，配制时若水中含 CO_2 较多，则 pH 值偏低，容易使配制的 $Na_2S_2O_3$ 变浑浊。另外水中若有微生物也能够慢慢分解 $Na_2S_2O_3$。因此，配制 $Na_2S_2O_3$ 通常用新煮沸放冷的蒸馏水，并先在水中加入少量 Na_2CO_3，然后再把 $Na_2S_2O_3$ 溶于其中。

标定 $Na_2S_2O_3$ 溶液的基准物质有 $KBrO_3$、KIO_3、$K_2Cr_2O_7$ 等，以 $K_2Cr_2O_7$ 最常用。标定时采用置换滴定法，使 $K_2Cr_2O_7$ 先与过量 KI 作用，再用欲标定浓度的 $Na_2S_2O_3$ 溶液滴定析出的 I_2。

第一步反应为：

$$Cr_2O_7^{2-} + 14H^+ + 6I^- \Longleftrightarrow 3I_2 + 2Cr^{3+} + 7H_2O$$

在酸度较低时此反应完成较慢，若酸度太高又有使 KI 被空气氧化成 I_2 的危险，因此必须注意酸度的控制并避光放置 10min，此反应才能定量完成。

第二步反应为：

$$2S_2O_3^{2-} + I_2 \Longleftrightarrow S_4O_6^{2-} + 2I^-$$

第一步反应析出的 I_2 用 $Na_2S_2O_3$ 溶液滴定，以淀粉作指示剂。淀粉溶液在有 I^- 存在时能与 I_2 分子形成蓝色可溶性吸附化合物，使溶液呈蓝色。达到终点时，溶液中的 I_2 全部与 $Na_2S_2O_3$ 作用，则蓝色消失。但开始 I_2 太多，被淀粉吸附得过牢，就不易被完全夺出，并且也难以观察终点，因此必须在滴定至近终点时方可加入淀粉溶液。

$Na_2S_2O_3$ 与 I_2 的反应只能在中性或弱酸性溶液中进行，因为在碱性溶液中会发生下面的副反应：

$$S_2O_3^{2-} + 4I_2 + 10OH^- \Longleftrightarrow 2SO_4^{2-} + 8I^- + 5H_2O$$

而在酸性溶液中 $Na_2S_2O_3$ 又易分解：

$$S_2O_3^{2-} + 2H^+ \Longleftrightarrow S\downarrow + SO_2\uparrow + H_2O$$

所以进行滴定以前溶液应加以稀释，一为降低酸度，二为使终点时溶液中的 Cr^{3+} 不致颜色太深，影响终点观察。另外 KI 浓度不可过大，否则 I_2 与淀粉所显颜色偏红紫，也不利于观察终点。

碘与 NaOH 作用可生成次碘酸钠（NaIO），次碘酸钠能定量地将葡萄糖（$C_6H_{12}O_6$）氧化成葡萄糖酸（$C_6H_{12}O_7$）。在酸性条件下未与葡萄糖作用的次碘酸钠可转变成单质碘（I_2）析出，因此，只要用硫代硫酸钠标准溶液滴定析出的碘，便可以计算出葡萄糖的含量，其反应如下。

（1）I_2 与 NaOH 作用：

$$I_2 + 2NaOH \!=\!=\! NaI + NaIO + H_2O$$

（2）$C_6H_{12}O_6$ 与 NaIO 的作用：

$$C_6H_{12}O_6 + NaIO \!=\!=\! C_6H_{12}O_7 + NaI$$

（3）总反应：

$$I_2 + C_6H_{12}O_6 + 2NaOH \!=\!=\! C_6H_{12}O_7 + 2NaI + H_2O$$

（4）与 $C_6H_{12}O_6$ 作用完后，剩下的 NaIO 在碱性条件下发生歧化反应：

$$3NaIO \!=\!=\! NaIO_3 + 2NaI$$

（5）歧化产物在酸性条件下进一步作用生成 I_2：

$$NaIO_3 + 5NaI + 6HCl \!=\!=\! 3I_2 + 6NaCl + 3H_2O$$

（6）析出的 I_2 可用标准 $Na_2S_2O_3$ 溶液滴定：

$$I_2 + 2Na_2S_2O_3 \!=\!=\! Na_2S_4O_6 + 2NaI$$

由以上反应式可以看出，葡萄糖与 I_2 的反应比例为 1∶1。本法适用于葡萄糖注射液中葡萄糖含量的测定。

三、实验用品

容量瓶、移液管、酸式和碱式滴定管、碘量瓶、天平、烧杯。

HCl 溶液（$4mol \cdot L^{-1}$）、NaOH 溶液（$0.2mol \cdot L^{-1}$）、$Na_2S_2O_3$ 标准溶液（$0.025mol \cdot L^{-1}$）、I_2 标准溶液（$0.01mol \cdot L^{-1}$）、淀粉溶液（0.5%）、葡萄糖注射液（5%）、HCl 溶液（1+1）。

四、实验步骤

1. $0.025mol \cdot L^{-1}$ $Na_2S_2O_3$ 标准溶液的配制和标定

（1）$Na_2S_2O_3$ 溶液的配制　在 300mL 含有 0.02g Na_2CO_3 的新煮沸放冷的蒸馏水中加入 $Na_2S_2O_3 \cdot 5H_2O$ 1.8～2g，使完全溶解，放置 2 周后再标定。

（2）$Na_2S_2O_3$ 溶液的标定

① 用固定重量称量法称取在 120℃ 干燥至恒重的基准物 $K_2Cr_2O_7$ 0.19～0.24g 于小烧杯中，加水使溶解，定量转移到 250mL 容量瓶中，加水至标线，混匀，备用。

② 用移液管量取 25.00mL $K_2Cr_2O_7$ 溶液于碘量瓶中，加 KI 2g、蒸馏水 15mL、HCl 溶液（$4mol \cdot L^{-1}$）5mL，密塞，摇匀，封水，在暗处放置 10min。

③ 加蒸馏水 30mL 稀释，用 $Na_2S_2O_3$ 溶液滴定至近终点（浅黄色），加淀粉溶液 2mL，继续滴定至蓝色消失而显亮绿色，即达终点。

④ 重复标定 2 次，相对偏差不能超过 0.2%。为防止反应产物 I_2 的挥发损失，平行实验的碘化钾试剂不要在同一时间加入，应当做一份加一份。

2. 注射液中葡萄糖含量的测定

准确移取 5％葡萄糖注射液 5.00mL 并定容于 100mL 容量瓶中，准确移取 10.00mL 葡萄糖溶液于碘量瓶中，准确移入 10.00mL I_2 标准溶液。摇动中慢慢滴加 0.2mol·L^{-1} NaOH，直至溶液呈淡黄色（加 NaOH 的速度不能太快，否则生成的 NaIO 来不及氧化葡萄糖而歧化，使测定结果偏低）。将碘量瓶用水封口，放置 10～15min，加（1＋1）HCl 1mL 使溶液呈酸性（溶液变为酸性时，由于 I_2 的析出而使溶液成红棕色），并立即用 $Na_2S_2O_3$ 溶液滴定，至浅黄色时加入 2mL 淀粉溶液，继续滴定至蓝色刚好消失，即为终点，记下滴定体积。平行滴定 3 次，同时做空白实验。

五、实验思考

碘量法的主要误差有哪些？如何避免？

实验九　分析方案的设计实验
——工业氧化锌含量的测定

一、实验目的

（1）学习分析实验方案的设计方法。
（2）掌握把分析化学理论课的知识运用到实际实验中的方法。
（3）进一步加深对实验课的理解。

二、实验原理

样品：ZnO 含量＞90％，含有少量的 Na^+、Fe^{3+}、Al^{3+}、Ca^{2+} 等杂质，杂质总量＜1％。
$lgK_{ZnY}＝16.5$；$lgK_{NaY}＝1.66$；$lgK_{FeY}＝25.1$；$lgK_{AlY}＝16.3$；$lgK_{CaY}＝10.69$。

三、实验要求

（1）学生要按要求写出实验方案设计报告，提前交给指导教师。
（2）实验原理要写详细，根据所给条件设计实验的具体测定条件，要写出哪种离子有干扰，怎样消除？哪种离子没有干扰，可以在什么 pH 值条件下进行滴定？用到什么试剂？具体的操作步骤，结果的计算公式。
（3）要求学生按实验方法进行设计，不得抄袭别人，设计方法要求正确、合理，概念清楚，要有计算过程。
（4）可在 pH≈5 和 pH≈10 两种条件下进行测定，要用不同的指示剂、掩蔽剂、缓冲溶液。
（5）结果用 g·L^{-1} 表示。

实验十　硫代硫酸钠标准溶液的配制和标定

一、实验目的

（1）掌握 $Na_2S_2O_3$ 溶液的配制方法和保存条件，配制 0.05mol·L^{-1} $Na_2S_2O_3$ 溶液。

（2）了解标定 $Na_2S_2O_3$ 溶液的原理和方法。

（3）掌握直接碘量法和间接碘量法的测定过程。

二、实验原理

硫代硫酸钠（$Na_2S_2O_3 \cdot 5H_2O$）一般都含有少量杂质，如 S、Na_2SO_3、Na_2SO_4、Na_2CO_3 及 NaCl 等，同时还容易风化和潮解，因此不能直接配制准确浓度的溶液。

$Na_2S_2O_3$ 溶液易受空气和微生物等的作用而分解。

（1）溶解 CO_2 的作用　　$Na_2S_2O_3$ 在中性或碱性溶液中较稳定，当 pH<4.6 时即不稳定。溶液中含有 CO_2 时，它会促进 $Na_2S_2O_3$ 分解：

$$Na_2S_2O_3 + H_2CO_3 \Longrightarrow NaHSO_3 + NaHCO_3 + S\downarrow$$

此分解作用一般发生在溶液配成后的最初 10 天内。分解后一分子 $Na_2S_2O_3$ 变成了一分子 $NaHSO_3$，一分子 $Na_2S_2O_3$ 只能和一个碘量子作用，而一分子 $NaHSO_3$ 却能和二个碘量子作用，因此从反应能力看溶液的浓度增加了。以后由于空气的氧化作用，浓度又慢慢减小。在 pH 9~10 时硫代硫酸盐溶液最为稳定，所以在 $Na_2S_2O_3$ 溶液中加入少量 Na_2CO_3。

（2）空气的氧化作用　　$2Na_2S_2O_3 + O_2 \Longrightarrow 2Na_2SO_4 + 2S\downarrow$

（3）微生物的作用　　这是使 $Na_2S_2O_3$ 分解的主要原因。为了避免微生物的分解作用，可加入少量的 HgI_2（$10mg \cdot L^{-1}$）。

为了减少溶解在水中的 CO_2 和杀死水中微生物，应用新煮沸后冷却的蒸馏水配制溶液并加入少量 Na_2CO_3（浓度约为 0.02%），以防止 $Na_2S_2O_3$ 分解。

日光能促进 $Na_2S_2O_3$ 分解，所以 $Na_2S_2O_3$ 溶液应储存于棕色瓶中，放置于暗处，经 8~14d 再标定。长期使用的溶液，应定期标定。若保存得好，可每两个月标定一次。

通常用 $K_2Cr_2O_7$ 作基准标定 $Na_2S_2O_3$ 溶液的浓度。$K_2Cr_2O_7$ 先与 KI 反应析出 I_2：

$$Cr_2O_7^{2-} + 14H^+ + 6I^- \Longrightarrow 3I_2 + 2Cr^{3+} + 7H_2O$$

析出的 I_2 再用标准 $Na_2S_2O_3$ 溶液滴定：

$$2S_2O_3^{2-} + I_2 \Longrightarrow S_4O_6^{2-} + 2I^-$$

这个标定方法是直接碘量法的应用。

三、实验用品

容量瓶、移液管、酸式滴定管、托盘天平、烧杯、碘量瓶等。

$Na_2S_2O_3 \cdot 5H_2O$（固）、1% 淀粉溶液、$K_2Cr_2O_7$（A. R. 或基准试剂）、10% KI 溶液、$6mol \cdot L^{-1}$ HCl 溶液、$1mol \cdot L^{-1}$ NaOH 溶液、$0.5mol \cdot L^{-1}$ H_2SO_4 溶液、1% 酚酞溶液。

四、实验步骤

（1）$0.05mol \cdot L^{-1}$ $Na_2S_2O_3$ 溶液的配制　　称取 7g $Na_2S_2O_3$ 于 500mL 烧杯中，加入 300mL 新煮沸已冷却的蒸馏水，待完全溶解后，用新煮沸的已冷却的蒸馏水稀释至 500mL，储于棕色瓶中，在暗处放置 7~14d 后标定。

（2）$0.05mol \cdot L^{-1}$ $Na_2S_2O_3$ 溶液浓度的标定　　准确称量已烘干的 $K_2Cr_2O_7$（A. R.，其质量相当于 15~25mL $0.05mol \cdot L^{-1}$ $Na_2S_2O_3$ 溶液）于 250mL 碘量瓶中，加入 10~20mL 水使之溶解，再加入 10mL 10% KI 溶液（或 2g 固体 KI）和 $6mol \cdot L^{-1}$ HCl 溶液 5mL，混匀后用瓶塞盖好，放在暗处 5min。然后用 50mL 水稀释，用 $0.05mol \cdot L^{-1}$

Na$_2$S$_2$O$_3$ 溶液滴定至溶液呈浅黄绿色。加入 1% 淀粉溶液 1mL，继续滴定至蓝色变绿色，即为终点。根据 K$_2$Cr$_2$O$_7$ 的质量及消耗的 Na$_2$S$_2$O$_3$ 溶液体积，计算 Na$_2$S$_2$O$_3$ 溶液的浓度。

五、注意事项

(1) 如果 Na$_2$S$_2$O$_3$ 溶液浓度较稀，标定用的 K$_2$Cr$_2$O$_7$ 称取较小量时，可采用大样的方法，即称取 10 倍量的 K$_2$Cr$_2$O$_7$ 溶于水后，配成 250mL 溶液，再吸取 25mL 进行标定。

(2) K$_2$Cr$_2$O$_7$ 与 KI 的反应不是立刻完成的，在稀溶液中反应更慢，因此应等反应完成后再加水稀释。在上述条件下，大约经 5min 反应即可完成。

(3) 生成的 Cr^{3+} 显蓝绿色，妨碍终点观察。滴定前预先稀释，可使 Cr^{3+} 浓度降低，蓝绿色变浅，终点时溶液由蓝变绿，容易观察。同时稀释也使溶液的酸度降低，适于用 Na$_2$S$_2$O$_3$ 滴定 I$_2$。

(4) 淀粉指示剂若加入过早，则大量的 I$_2$ 与淀粉结合成蓝色物质，这一部分 I$_2$ 不容易与 Na$_2$S$_2$O$_3$ 反应，因而使滴定发生误差。

(5) 滴定完成的溶液放置久后会变蓝。如果不是很快变蓝（经过 5～10min），那就是空气氧化所致。如果很快而且又不断变蓝，说明 K$_2$Cr$_2$O$_7$ 和 KI 的作用在滴定前进行得不完全，溶液稀释得太早。遇此情况，实验应重做。

六、实验思考

(1) 用 K$_2$Cr$_2$O$_7$ 作基准物标定 Na$_2$S$_2$O$_3$ 溶液时，为什么要加入过量的 KI 和 HCl 溶液？为什么放置一定时间后才加水稀释？如果：①加 KI 溶液而不加 HCl 溶液；②加酸后不放置暗处；③不放置或少放置一定时间即加水溶解，会产生什么影响？

(2) 淀粉指示剂的用量为什么要多达 1mL（1%）？和其他滴定方法一样，只加几滴行不行？

(3) 如果 Na$_2$S$_2$O$_3$ 标准溶液是用来分析的，为什么可用纯铜作基准物标定 Na$_2$S$_2$O$_3$ 溶液的浓度？

实验十一　氯化物中氯含量的测定（莫尔法）

一、实验目的

(1) 学习 AgNO$_3$ 标准溶液的配制和标定方法。

(2) 掌握沉淀滴定法中以 K$_2$CrO$_4$ 为指示剂测定氯离子的方法和原理。

二、实验原理

某些可溶性氯化物中氯含量的测定常采用莫尔法。此方法是在中性或弱碱性溶液中，以 K$_2$CrO$_4$ 为指示剂，用 AgNO$_3$ 标准溶液进行滴定。由于 AgCl 的溶解度比 Ag$_2$CrO$_4$ 的小，因此溶液中首先析出 AgCl 沉淀，当 AgCl 定量沉淀后，过量的 AgNO$_3$ 溶液即与 CrO$_4^{2-}$ 生成砖红色沉淀 AgCrO$_4$，指示终点的到达。反应式如下：

$$Ag^+ + Cl^- === AgCl(白色) \qquad K_{sp} = 1.8 \times 10^{-10}$$
$$2Ag^+ + CrO_4^{2-} === Ag_2CrO_4（砖红色） \qquad K_{sp} = 2.0 \times 10^{-12}$$

滴定必须在中性或弱碱性溶液中进行，最适宜的 pH 值范围为 $6.5 \sim 10.5$（如有 NH_4^+ 存在，pH 值应保持在 $6.5 \sim 7.2$ 之间）。酸度过高不产生 Ag_2CrO_4 沉淀，过低则形成 Ag_2O 沉淀。指示剂的用量不当对滴定终点的准确判断有影响，一般用量以 $5 \times 10^{-3} mol \cdot L^{-1}$ 为宜。凡是能与 Ag^+ 生成难溶化合物或络合物的阴离子都干扰测定，如 PO_4^{3-}、AsO_4^{3-}、SO_3^{2-}、S^{2-}、CO_3^{2-} 及 $C_2O_4^{2-}$ 等离子，其中 S^{2-} 可生成 H_2S，经加热煮沸而除去，SO_3^{2-} 可经氧化成 SO_4^{2-} 而不发生干扰。大量 Cu^{2+}、Ni^{2+}、Co^{2+} 等有色离子将影响终点观察。凡是能与 CrO_4^{2-} 生成难溶化合物的阳离子也干扰测定，如 Ba^{2+}、Pb^{2+} 与 CrO_4^{2-} 分别生成 $BaCrO_4$ 和 $PbCrO_4$ 沉淀，但 Ba^{2+} 的干扰可借加入过量 Na_2SO_4 而消除。Al^{3+}、Fe^{3+}、Bi^{3+}、Zr^{4+} 等高价金属离子，在中性或弱碱性溶液中易水解产生沉淀，也不应存在。若存在，可改用佛尔哈德法测定氯含量。

三、实验用品

容量瓶、移液管、酸式滴定管、锥形瓶、称量瓶、烧杯、量筒。
$AgNO_3$（C.P. 或 A.R.）、NaCl（基准试剂）、5% K_2CrO_4。

四、实验步骤

(1) $0.05mol \cdot L^{-1}$ $AgNO_3$ 溶液的配制　在台秤上称取配制 300mL $0.05mol \cdot L^{-1}$ $AgNO_3$ 溶液所需固体 $AgNO_3$，溶于 300mL 不含 Cl^- 的水中，将溶液转入棕色细口瓶中，置暗处保存，以减缓因见光而分解的作用。

(2) $0.05mol \cdot L^{-1}$ $AgNO_3$ 溶液的标定　准确称取所需 NaCl 基准试剂（准确称量到小数点后第几位？）置于烧杯中，用水溶解，转入 250mL 容量瓶中，加水稀释到刻度，摇匀。准确移取 25.00mL NaCl 标准溶液（也可以直接称取一定量 NaCl 基准试剂）于锥形瓶中，加 25mL 水、1mL 5% K_2CrO_4 溶液，在不断摇动下用 $AgNO_3$ 溶液滴定，至白色沉淀中出现砖红色，即为终点。根据 NaCl 标准溶液的浓度和滴定所消耗的 $AgNO_3$ 标准溶液体积，计算 $AgNO_3$ 标准溶液的浓度。

(3) 试样分析　准确称取一定量氯化物试样于烧杯中，加水溶解后，转入 250mL 容量瓶中，加水稀释至刻度，摇匀。准确移取 25mL 氯化物试液于 250mL 锥形瓶中，加入 25mL 水、1mL 5% K_2CrO_4 溶液，在不断摇动下，用 $AgNO_3$ 标准溶液滴定，至白色沉淀中呈现出砖红色即为终点。

五、实验思考

(1) $AgNO_3$ 溶液应装在酸式滴定管还是碱式滴定管中？为什么？

(2) 滴定中 K_2CrO_4 指示剂的量是否要控制？为什么？

(3) 滴定中试液的酸度宜控制在什么范围？为什么？怎样调节？有 NH_4^+ 存在时，在酸度控制上为什么要有所不同？

(4) 滴定过程中为什么要充分摇动溶液？

(5) 试将沉淀滴定法指示剂的用量与酸碱指示剂、氧化还原指示剂及金属指示剂的用量作用比较，并说明其差别的原因。

实验十二　二水合氯化钡中钡含量的测定

一、实验目的

（1）了解测定 $BaCl_2 \cdot 2H_2O$ 中 Ba 含量的原理及方法。

（2）掌握晶形沉淀的制备、过滤、洗涤、灼烧及恒重等基本操作技术。

（3）教学重点及难点：重量分析法的基本操作技能。

二、实验原理

硫酸钡重量分析法是测定可溶性盐中硫含量或钡含量的经典方法。测定可溶性盐中钡含量时，首先称取一定量的样品溶解，加稀酸酸化，加热至沸，在不断搅动下，慢慢加入稀、热的 $BaCl_2$ 溶液。SO_4^{2-} 与 Ba^{2+} 反应生成 $BaSO_4$ 晶形沉淀，沉淀经陈化、过滤、洗涤、烘干、炭化、灰化、灼烧后，以 $BaSO_4$ 形式称重，可求出可溶性盐中 Ba^{2+} 的含量。

$BaSO_4$ 溶解度很小，组成相当稳定。在过量的沉淀剂存在时，$BaSO_4$ 几乎不溶解。为了防止生成 $BaCO_3$、$BaHPO_4$ 沉淀及 $Ba(OH)_2$ 共沉淀，需在酸性溶液中进行沉淀。同时，适当提高酸度，增加 $BaSO_4$ 在沉淀过程中的溶解度，以降低其相对过饱和度，有利于获得较好的晶形沉淀。通常在 $0.05mol \cdot L^{-1}$ HCl 溶液中进行沉淀。另外样品中应不含有酸不能溶解物质、易于被吸附的离子（如 Fe^{3+}、NO_3^- 等离子）和 Pb^{2+}、Sr^{2+}，若含有它们，需要预先处理样品。沉淀经陈化、过滤、洗涤、炭化、灰化、灼烧后，以 $BaSO_4$ 形式称量，根据 $BaSO_4$ 的质量求出 Ba 含量。本实验测定二水合氯化钡中的钡含量，以 Ba^{2+} 的质量分数表示：

$$w_{Ba^{2+}} = \frac{W_{BaSO_4} M_{Ba^{2+}}}{w_{样品} M_{BaSO_4}} \times 100$$

三、实验用品

分析天平、瓷坩埚、坩埚钳、定量滤纸、干燥器、常用玻璃仪器若干。

HCl（$2.0mol \cdot L^{-1}$）、HNO_3（$6.0mol \cdot L^{-1}$）、$BaCl_2$（10%）、$AgNO_3$（$0.1mol \cdot L^{-1}$）、去离子水。

四、实验步骤

（1）空坩埚的恒重　将洁净的坩埚放在 $800 \sim 850℃$ 马弗炉中灼烧。第一次烧 40min，取出，在干燥器中冷却到室温，称量。然后再放入其中灼烧 20min，取出，冷却后再称量。这样重复几次，直到两次称量质量之差不超过 0.3mg，就认为坩埚已经恒重。

（2）样品称量　在分析天平上用减量法准确称取 $0.2 \sim 0.3g$（精确 0.1mg）试样一份于 250mL 洁净的烧杯中，加入 25mL 去离子水溶解，再加入 5mL $2.0mol \cdot L^{-1}$ HCl 溶液，稀释至约 200mL。加热至接近沸腾。

（3）沉淀的制备　取 $5 \sim 6mL$ 10% $BaCl_2$ 溶液，加入去离子水稀释 1 倍，加热至近沸。然后在不断搅拌下，逐滴加入 $BaCl_2$ 热溶液于试样热溶液中，加完后，静置，待上层溶液澄清后，用 $BaCl_2$ 溶液检查沉淀是否完全。沉淀完全后，盖上表面皿（不要把玻璃棒拿出），放置过夜陈化。也可以将沉淀放在水浴或沙浴上，保温 40min，陈化。

（4）沉淀的过滤、洗涤和灼烧　用慢速定量滤纸倾泻法过滤，用热的去离子水洗涤沉淀至无 Cl^-（检查方法为：用表面皿随机接取洗液约 1mL，滴加 1 滴硝酸和 1 滴 $AgNO_3$ 溶液，若产生白色浑浊，则 Cl^- 未洗完，继续洗涤；若无白色浑浊，则表示 Cl^- 洗涤完全）。用滤纸将沉淀包起来，放入恒重的坩埚中，经烘干、炭化、灰化后，在 $800 \sim 850℃$ 的马弗炉中烧至恒重，计算样品中 Ba^{2+} 的含量。

五、实验记录及数据处理

实验数据记录在表 4.14 中。

表 4.14　实验数据记录表

实验项目 ＼ 编号	I	II	III
倾出前(称量瓶＋试样)质量/g			
倾出后(称量瓶＋试样)质量/g			
取出试样的质量 W/g			
($BaSO_4$＋坩埚)质量/g	① ②		① ②
坩埚质量/g	① ②		① ②
滤纸灰分质量/g			
$BaSO_4$ 质量/g			
钡含量			
钡含量平均值			

六、注意事项

（1）掌握重量分析的一般步骤及重量分析的基本操作。

（2）理解晶形沉淀条件（稀、热、慢、搅、陈）在重量分析中的作用。

（3）沉淀的定量和纯净是影响实验结果的关键因素。因此，沉淀是否定量检验及沉淀的洗涤操作最关键。

一般步骤：试样溶解→沉淀→陈化→过滤和洗涤→烘干→炭化→灰化→灼烧至恒重→计算结果。

（4）此次实验需 6h，学生实验时间要进行调整，合理安排。

（5）$BaCl_2$ 溶液有毒，润洗液及剩余试液不可直接排放，应集中回收。

（6）沉淀应完全转移至滤纸上。

七、实验思考

（1）为什么要在稀、热 HCl 溶液中且不断搅拌下逐滴加入沉淀剂沉淀 $BaSO_4$？HCl 加入太多有何影响？

（2）为什么要在热溶液中沉淀 $BaSO_4$，但要在冷却后过滤？晶形沉淀为何要陈化？

（3）什么叫"倾泻法"过滤？洗涤沉淀时，为什么用到的洗涤液或水都要少量、多次？

（4）什么叫灼烧至恒重？

实验十三　工业苯酚纯度的测定

一、实验目的

（1）了解和掌握以溴酸钾法与碘量法配合使用来间接测定苯酚的原理和方法。
（2）学会直接配制精确浓度溴酸钾标准溶液的方法，掌握碘量瓶的使用方法。
（3）了解"空白试验"的意义和作用，学会"空白试验"的方法和应用。

二、实验原理

工业苯酚一般含有杂质，可用滴定分析法测定苯酚的准确含量。苯酚的测定是基于苯酚与 Br_2 作用生成稳定的三溴苯酚：

由于上述反应进行较慢，而且 Br_2 极易挥发，因此不能用 Br_2 直接滴定苯酚，而应用过量 Br_2 与苯酚进行溴代反应。由于 Br_2 浓度不稳定，一般使用 $KBrO_3$ 标准溶液在酸性介质中反应，以产生相当量的游离 Br_2：

$$BrO_3^- + 5Br^- + 6H^+ = 3Br_2 + 3H_2O$$

溴代反应完毕后，过量的 Br_2 再用还原剂标准溶液滴定。但是一般常用的还原性滴定剂 $Na_2S_2O_3$ 易被 Br_2、Cl_2 等较强氧化剂非定量地氧化为 SO_4^{2-}，因而不能用 $Na_2S_2O_3$ 直接滴定 Br_2（而且 Br_2 易挥发损失）。因此过量的 Br_2 应与过量的 KI 作用，置换出 I_2。

$$Br_2 + 2KI = I_2 + 2KBr$$

析出的 I_2 再用 $Na_2S_2O_3$ 标准溶液滴定：

$$I_2 + 2Na_2S_2O_3 = 2NaI + Na_2S_4O_6$$

在这个测定中，$Na_2S_2O_3$ 溶液的浓度是在与测定苯酚相同条件下进行标定的。这样可以减小由于 Br_2 的挥发损失等因素而引起的误差。

由上述反应可以看出，被测物苯酚与滴定剂 $Na_2S_2O_3$ 间存在如下的关系：

$$\geqslant 3Br_2 \geqslant 3I_2 \geqslant 6Na_2SO_4$$

从而可容易地由加入的 Br_2 的量（相当于"空白试验"消耗的 $Na_2S_2O_3$ 的量）和剩余的 Br_2 的量（相当于滴定试样所消耗的 $Na_2S_2O_3$ 的量），计算出试样中苯酚的含量。

三、实验用品

容量瓶、移液管、酸式滴定管、锥形瓶、称量瓶、烧杯、量筒。
碘量瓶（250mL 或 500mL）3 只。
工业苯酚试样、$KBrO_3$（A. R. 或基准试剂）、KBr、$6mol \cdot L^{-1}$ HCl 溶液、10% KI 溶

液、1%淀粉溶液、10% NaOH 溶液、0.05mol·L^{-1} Na$_2$S$_2$O$_3$ 标准溶液。

四、实验步骤

（1）0.017mol·L^{-1} KBrO$_3$-KBr 标准溶液的配制　KBrO$_3$ 很容易从水溶液中再结晶而提纯，可直接配制精确浓度的标准溶液。若 KBrO$_3$ 试剂纯度不够，则可用 Na$_2$S$_2$O$_3$ 标准溶液标定 KBrO$_3$ 溶液的浓度。

称取干燥过的试剂 KBrO$_3$（A.R.）2.7840g，置于 100mL 烧杯中，加入 14g KBr，用少量水溶解后，转入 1L 容量瓶中，用水冲洗烧杯数次，洗涤液一并转入容量瓶中，再用水稀释至刻度，混匀，此溶液浓度即为 0.01667mol·L^{-1}.

（2）苯酚含量的测定　准确吸取苯酚试样 10mL 于 250mL 碘量瓶中，再吸取 10mL KBrO$_3$-KBr 标准溶液加入碘量瓶中，并加入 10mL 6mol·L^{-1} HCl 溶液，迅速加塞振摇 1～2min，再静置 5～10min。此时生成白色三溴苯酚沉淀和 Br$_2$。加入 10% KI 溶液 10mL，摇匀，静置 5～10min。用少量水冲洗瓶塞及瓶颈上附着物，再加水 25mL，最后用 0.05mol·L^{-1} Na$_2$S$_2$O$_3$ 标准溶液滴定至溶液呈淡黄色。加 1mL 1%淀粉溶液，继续滴定至蓝色消失，即为终点。记下消耗的 Na$_2$S$_2$O$_3$ 标准溶液体积，并同时做空白试验。根据试验结果计算苯酚含量（以 g·L^{-1} 计）。

五、注意事项

（1）KBrO$_3$-KBr 溶液遇酸即迅速产生游离 Br$_2$，Br$_2$ 容易挥发，因此加 HCl 溶液时，应将瓶塞盖上（不要盖严），让 HCl 溶液沿瓶塞流入，随即盖紧，并加水封住瓶口，以免 Br$_2$ 挥发损失。

（2）在放置过程中，应不时加以摇匀。

（3）加 KI 溶液时，不要打开瓶塞，只能稍松开瓶塞，使 KI 溶液沿瓶塞流入，以免 Br$_2$ 挥发损失。

当苯酚与 Br$_2$ 反应生成三溴苯酚时，还发生下述反应：

但不影响分析结果，当酸性溶液中加入 KI 时，溴化三溴苯酚即转变为三溴苯酚：

$$C_6H_2Br_3OBr+2I^-+2H^+ \rightleftharpoons C_6H_2Br_3OH+HBr+I_2$$

故在加入 KI 溶液后，应静置 5～10min，以保证 C$_6$H$_2$Br$_3$OBr 的分解。

（4）三溴苯酚沉淀容易包裹 I$_2$，故在近终点时，应剧烈摇动。终点时消耗的 Na$_2$S$_2$O$_3$ 的体积以 5～10mL 为宜。

（5）空白试验即准确吸取 10mL KBrO$_3$-KBr 标准溶液于 250mL 碘量瓶中，加入 25mL 水及 6～10mL 6mol·L^{-1} HCl 溶液，迅速加塞振摇 1～2min，静置 5min，以下操作与测定苯酚相同。

六、实验思考

（1）溴酸钾法与碘量法配合使用测定苯酚的原理是什么？各步反应式如何？

（2）为什么叫"空白试验"？它的作用是什么？由空白试验的结果怎样计算 $Na_2S_2O_3$ 标准溶液的浓度？这与通常使用基准物直接标定溶液的浓度有何异同？有何优点？

（3）为什么测定苯酚要在碘量瓶中进行？若用锥形瓶代替碘量瓶会产生什么影响？

（4）为什么加入 HCl 和 KI 溶液时，都不能把瓶塞打开，而只能松开瓶塞，沿瓶塞迅速加入，随即塞紧瓶塞？

（5）苯酚含量如何计算？

实验十四　醇系物的分析

一、实验目的

（1）掌握色谱分析基本操作和醇系物的分析。
（2）学习峰高乘保留值的归一化法计算各组分的含量。

二、实验原理

醇系物系指甲醇、乙醇、正丙醇和正丁醇等，其中常含有水分。

用 GDX-103 作固定相，用热导池作检测器，在适当条件下，可使各组分完全分离。所得的水分、甲醇、乙醇及正丙醇的色谱峰都是狭窄的，而正丁醇的则稍宽。此种峰的宽窄相对较大，对小峰半峰宽的测量易引入较大误差，可以采用峰高保留时间的归一化法计算醇系物各组分含量。

使用热导池检测器，以氢作载气，因氢热导率高，灵敏度较高，进样量少。用氮作载体，其热导率较低，桥电池也受到限制，灵敏度较低，必须增大进样量，因而分析周期也增长。

三、实验用品

气相色谱仪、氢气钢瓶（或氮气钢瓶）、GDX-103。

四、实验步骤

（1）色谱柱的准备：将内径 4mm、长 2m 的不锈钢色谱柱洗净，烘干，按照装柱方法将固定相装入色谱柱。装好后安装在色谱仪上，在 200℃下老化几个小时。

（2）操作条件

① 检测器：热导；桥电流 200mA（氢作载气），130mA（氮作载气）；衰减 1/1；检测温度 135℃。

② 柱温：125℃。

③ 汽化室温度：50～100mL·min^{-1}。

④ 进样量：0.5μL（氢作载气），2～3μL（氮作载气）。

⑤ 纸速：300mm·h^{-1}。

（3）操作步骤：参考热导池检测器操作步骤（见仪器使用说明书），进样后按下按钮，记录每个组分的保留时间。

醇系物色谱图见图 4.1。气相色谱仪的使用方法见附录 17。

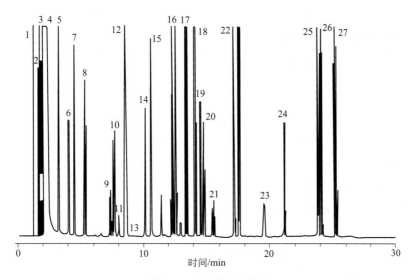

图 4.1　醇系物色谱图

1—水；2—甲醇；3—乙醇；4—丙醇；5—丁醇

五、实验记录及数据处理

取下色谱图，量出每一组分的峰高，用峰高乘保留值的归一化法计算出各组分的含量。热导池检测器，氢作载气，各组分的质量校正因子值见表 4.15。

表 4.15　各组分的质量校正因子值

化合物	F_1
水	0.55
甲醇	0.58
乙醇	0.64
正丙醇	0.72
正丁醇	0.78

六、实验思考

（1）含水的醇系物为什么用色谱分离较好？

（2）为什么用氢作载气比用氮气时灵敏度高？为什么用氮作载气时桥电流要降低些？试比较用两种载气的优缺点。

（3）为什么本实验用峰高乘保留值的定量方法？要具备什么条件才能应用这种定量方法？其依据是什么？

实验十五　苯系物的分析

一、实验目的

（1）掌握色谱分析基本操作和苯系物的分析。

（2）掌握保留值的测定及保留值进行定性的方法。

（3）了解如何应用色谱图计算分离度。

（4）学习色谱校正因子的测定。

（5）学习峰面积的测量及用归一化法计算各组分的含量。

二、实验原理

苯系物系苯、甲苯、乙苯、二甲苯（包括对位、间位和邻位异构体）乃至异丙苯、三甲苯等，在工业二甲苯中常存在这些组分，需用色谱方法进行分析。

使用有机皂土作固定液，能使间位和对位二甲苯分开，但不能使乙苯和对二甲苯分开，因此使用有机皂土配入适当量邻苯二甲酸二壬酯作固定液即能将各组分分开。

在固定色谱条件（色谱柱、柱温、载气流速）下，某一组分的流出时间不受其他组分的影响。有纯粹样品时，直接对照保留时间（记录纸速固定时，对照峰的位置）即可确定试样的化学组成。由于在同一柱上不同的组分可能有相同的保留时间，所以在鉴定时往往要用到两种以上不同极性固定液配成的柱子。

有关保留值测定的计算公式如下：

调整保留时间：$t'_R = t_R - t_0$

保留体积：$V^0_R = F_0 t_R$

调整保留体积：$V_R = F_0(t_R - t_0)$

相对保留值：$r_{12} = \dfrac{t'_{R_1}}{t'_{R_2}} = \dfrac{V'_{R_1}}{V'_{R_2}} \times \dfrac{V_{g(1)}}{V_{g(2)}}$（以苯为基准）

分离度是从色谱判断相邻两组分（或称物质对）在色谱柱中总分离效能的指标，用 R 表示，其定义为相邻两峰保留时间之差与两峰基线宽度之和的一半的比值：

$$R = \frac{t_{R_2} - t_{R_1}}{\frac{1}{2}(W_{b_1} + W_{b_2})}$$

检测器产生信号 E（一般以 mV 计）的大小与进入检测器的某组分的量（单位为 mg 或 mL）或浓度 c（单位为 mg·mL^{-1} 或 mL·mL^{-1}）成正比：

$$E = Sc \quad \text{或} \quad S = \frac{E}{c}$$

S 称为检测器对此组分的响应值（也叫灵敏度）。

在一定操作条件下，进样量（m_i）与响应信号（峰面积 A_i）成正比：

$$m_i = f_i A_i \quad \text{或} \quad f_i = \frac{m_i}{A_i}$$

式中，f_i 为绝对质量校正因子，它是响应值 S 的倒数。其物理意义是：相当于单位峰面积的某组分的质量。在定量分析中都是用相对校正因子（f'_i），即某物质的绝对校正因子与一标准物质的绝对校正因子的比值：

$$F_i = \frac{f_i}{f_s} = \frac{A_s m_i}{A_i m_s}$$

热导池检测器常用的标准物质是苯，氢火焰离子化检测器常用的标准物质是正庚烷。各物质的校正因子一般可从文献中查到，查不到时需要自己标定。

三、实验用品

气相色谱仪、10mL 注射器、1μL 注射器、天平、烧杯、蒸发皿、干燥器。

载气钢瓶：用热导池检测器时只需 H_2，用氢火焰离子检测器时需 N_2、H_2 和空气（也可用空气压缩机）。

101 担体（60～80 目）、苯（纯或分析纯）、甲苯（分析纯）、有机皂土-34、邻苯二甲酸二壬酯。

四、实验步骤

1. 色谱柱的准备

固定相配比：有机皂土-34∶邻苯二甲酸二壬酯∶101 担体＝3∶2.5∶100。

称取 101 担体约 40g，另用二个小烧杯分别称取有机皂土-34 约 1.2g 和邻苯二甲酸二壬酯约 1.0g。先加少量苯于有机皂土中，用玻璃棒调成糊状至无结块为止，另用少量苯溶解邻苯二甲酸二壬酯。然后将两者混合，搅拌均匀，再用苯稀释至体积稍大于担体体积。然后将此溶液转入配有回流冷凝器的烧瓶中，将称好的担体加入，安上回流冷凝器，在水浴上于 78℃回流加热 2h，取去冷凝器，将固定相倾入大蒸发皿中，在通风橱中使大量的苯蒸发，然后在 60℃烘 6h，置干燥器中冷却，用 60～80 目筛筛过，保存在干燥器中备用。

装柱及老化：取长 2m、内径 4mm 的不锈钢色谱柱管，洗净，烘干。将固定相装入色谱柱。装好后将柱安装入色谱仪。照老化方法通入载气（30～40mL·min^{-1}）于 95℃老化 8h。然后接好检测器，检查是否漏气。再照热导池检测器（或氢火焰离子化检测器）操作方法进行分析。

2. 苯系物的分析

操作条件见表 4.16。

表 4.16　操作条件

项目	热导池检测器	氢火焰离子化检测器
柱温	60℃	90℃
检测器	110℃	100℃
汽化室	90℃	90℃
载气流速	H_2 50mL·min^{-1}	N_2：25mL·min^{-1} 燃气 H_2：40mL·min^{-1} 空气：400mL·min^{-1}
桥电流	130mA	
纸速	600mm·h^{-1}	600mm·h^{-1}
进样量	1μL	0.5～1μL

操作步骤：参考仪器操作方法，开动仪器，待基线走直后迅速进样。从进样起即开始计时，记下每一组分的保留时间。

五、实验记录及数据处理

室温＝　　　　　　大气压＝　　　　　　柱温＝

皂沫流速计量得流速 $F_{皂}$ ＝　　　　　　　柱后流速 F_0 ＝

(1) 计算各组分的保留值见表 4.17。

表 4.17　各组分的保留值

组分 保留值	空气	苯	甲苯	乙苯	对二甲苯	间二甲苯	邻二甲苯
保留时间 t_R							
调整保留时间 t'_R							
V_R^0							
V'_R							
R_{12}							

(2) 用归一化法计算各组分含量　取下色谱图,用卡规和米尺量出每一组分峰高和半峰宽,计算出峰面积,再用归一化法计算出各组分含量。用不同检测器时各组分的质量校正因子见表 4.18。

表 4.18　苯系物的校正因子

项目	f'_i(热导)	f'_i(氢焰)
苯	0.78	0.89
甲苯	0.79	0.94
乙苯	0.82	0.97
对二甲苯	0.81	1.00
间二甲苯	0.81	0.96
邻二甲苯	0.84	0.98

(3) 分离度的测定　在色谱图上画出整个谱的基线,量出任何相邻两峰(如乙苯与对二甲苯)的基线宽度和两个保留时间差(由保留时间差与纸速可以算出两峰顶的距离),计算相邻两组分的分离度。

(4) 校正因子的测定　准确称量被测组分甲苯和标准物质,在与苯系物分析相同的条件下进样分析(注意使进样量在线性范围内)。测量各峰的面积,计算相对质量校正因子。

六、实验思考

(1) 苯系物中主要有哪些组分?为什么说用色谱方法分离最好?

(2) 如何测定柱后流速?

(3) 保留值在色谱定性、定量分析中有什么意义?

(4) 分离度的意义是什么?如何从测得相邻两组分的分离度判断其分离情况?

(5) 试由本实验中的数据计算:①理论塔板数;②理论塔板高度。

第三部分　仪器分析实验

第五章　仪器分析实验的基本知识

第一节　仪器分析实验的基本要求

一、仪器分析实验的教学目的

仪器分析实验是仪器分析课的重要内容。它是学生在教师指导下，以分析仪器为工具，亲自动手获得所需物质化学组成和结构等信息的教学实践活动。通过仪器分析实验，使学生加深对有关仪器分析方法基本原理的理解，掌握仪器分析实验的基本知识和技能；学会正确使用分析仪器；合理地选择实验条件；正确处理数据和表达实验结果；培养严谨求实的科学态度；提高敢于科技创新和独立工作的能力。

二、仪器分析实验的基本要求

（1）仪器分析实验所使用的仪器一般都比较昂贵，同一实验室不可能购置多套同类仪器，仪器分析实验通常采用大循环方式组织教学。因此，学生在实验前必须做好预习工作，仔细阅读仪器分析实验教材，了解分析方法和分析仪器工作的基本原理，熟悉仪器主要部件的功能、操作程序和注意事项。

（2）学会正确使用仪器。要在教师指导下熟悉和使用仪器，勤学好问，未经教师允许不得随意开动或关闭仪器，更不得随意旋转仪器按钮、改变仪器工作参数等。详细了解仪器的性能，防止损坏仪器或发生安全事故。应始终保持实验室的整洁和安静。

（3）在实验过程中，要认真地学习有关分析方法的基本要求。要细心观察实验现象和仔细记录实验条件和分析测试的原始数据；学会选择最佳实验条件；积极思考、勤于动手，培养良好的实验习惯和科学作风。

（4）爱护实验室的仪器设备。实验中如发现仪器工作不正常，应及时报告教师处理。每次实验结束，应将所用仪器复原，清洗好使用过的器皿，整理好实验室。

（5）认真写好实验报告。实验报告应简明扼要，图表清晰。实验报告的内容包括实验名称、完成日期、实验目的、方法原理、仪器名称及型号、主要仪器的工作参数、主要实验步骤、实验数据或图谱、实验中出现的现象、实验数据处理和结果处理、问题讨论等。认真写好实验报告是提高实验教学质量的一个重要环节。

三、仪器分析实验的操作规则

（1）认真预习实验前应准备一本预习报告本，认真预习，并做好预习报告。报告内容包括：实验目的、实验原理、操作步骤、主要的仪器和药品以及实验中的注意事项等。预习报告应简明扼要，预习时，针对实验原理部分，应结合理论知识相关内容，广泛查阅参考资料，真正做到实践与理论融会贯通；针对操作步骤中初次接触的操作技术，应认真查阅实验教材中相关的操作方法，了解这些操作的规范要求，保证实验中操作的规范化，注重基本操作的规范化培养。

（2）预习是做好实验的前提和保证，预习工作可以归纳为看、查、写。

看——认真阅读实验教材、有关参考书及参考文献，做到：①明确实验目的，掌握实验原理及相关计算公式；熟悉实验内容、主要操作步骤及数据的处理方法；提出注意事项，合理安排实验时间，使实验有序、高效地进行。②预习（或复习）仪器的基本操作和使用。

查——查阅手册和有关资料，并列出实验中出现的化合物的性能和物理常数。

写——在看和查的基础上认真写好预习报告。

（3）爱护仪器要爱护仪器设备，对初次接触的仪器（尤其是大型分析仪器），应在了解其基本原理的基础上，仔细阅读仪器的操作规程，认真听从教师的指导。未经允许不可私自开启设备，以防损坏仪器。

（4）注意安全。严格遵守实验室安全规则，熟悉并掌握常见事故的处理方法。保持室内整洁，保证实验台面干净、整齐。火柴梗、废纸等杂物丢入垃圾筐，要节约使用水、电等。

（5）遵守纪律。严格遵守实验纪律，不缺席，不早退，有事要请假，并跟教师约好时间，另行补做。每次实验应提前 10min 进实验室。保持室内安静，不要大声喧哗，不要到处乱走，禁止在实验室嬉闹。

（6）严谨实验

① 认真听取实验前的课堂讲解，积极回答教师提出的问题。进一步明确实验原理、操作要点、注意事项，仔细观察教师的操作示范，保证基本操作规范化。

② 按拟定的实验步骤操作，既要大胆又要细心，仔细观察实验现象，认真测定数据。每个测定指标至少要做 3 个平行样。

③ 观察到的现象和数据要如实记录在预习报告本上，做到边实验、边思考、边记录。不得用铅笔记录，原始数据不得涂改或用橡皮擦拭，如有记错可在原数据上划一横杠，再在旁边写上正确值。

④ 实验中要勤于思考，仔细分析。如发现实验现象或测定数据与理论不符，应尊重实验事实，并认真分析和检查原因，也可以做对照实验、空白实验或自行设计实验来核对。

⑤ 实验结束后，应立即把所用的玻璃仪器洗净，仪器复原，填好使用记录，清理好实验台面。将预习报告本交给教师检查，确定实验数据合格后，方可离开实验室。

⑥ 值日生应认真打扫实验室，关好水、电、门、窗后方可离开实验室。实验操作规则是保证良好的工作环境和工作秩序，防止意外事故发生的准则，人人都要遵守。要在实验中有意识地培养自己的动手能力、独立解决问题的能力以及良好的工作作风。

第二节　实验报告和实验数据处理

一、评价分析方法和分析结果的基本指标

一个好的分析方法应该具有良好的检测能力，易获得可靠的测定结果，有广泛的适用性。此外，操作方法应尽可能简便。检测能力用检出限表征，测定结果的可靠性用准确度和精密度表示，适用性用标准曲线的线性范围和抗干扰能力来衡量。一个好的分析结果应是随机误差小，又没有系统误差。做完实验仅是完成实验的一半，更重要的是进行数据整理和结果分析，把感性认识提高到理性认识，要求做到以下几个方面。

（1）认真、独立完成实验报告。对实验数据进行处理（包括计算、作图），得出分析测定结果。

（2）将平行样的测定值之间或测定值与理论值之间进行比较，分析误差。

（3）对实验中出现的问题进行讨论，提出自己的见解，对实验提出改进方案。报告应包括：

① 实验题目、完成日期、姓名、合作者；

② 实验目的、简要原理、所用仪器、试剂及主要实验步骤；

③ 实验数据及计算结果，实验的讨论；

④ 解答实验思考题；

⑤ 原始实验数据记录。

报告中所列的实验数据和结论，应组织得有条理，合乎逻辑，还应表达得简明正确，并附上应有的图表。

二、实验数据及分析结果的表达

① 列表法　列表法表达数据，具有直观、简明的特点。实验的原始数据一般均以此方法记录。列表需标明表名。表名应简明，但又要完整地表达表中数据的含义。此外，还应说明获得数据的有关条件。表格的纵列一般为实验号，而横列为测量因素。记录数据应符合有效数字的规定，并使数字的小数点对齐，便于数据的比较分析。

② 图解法　图解法可以使测量数据间的关系表达得更为直观。在许多测量仪器中使用记录仪记录获得测量图形，利用图形可以直接或间接地求得分析结果。

第三节　玻璃仪器的洗涤和
分析实验室的安全规则

一、仪器分析实验室的安全规则

在仪器分析化学实验中，经常使用有腐蚀性的，易燃、易爆的或有毒的化学试剂，大量使用易损的玻璃仪器和某些精密分析仪器，实验过程中也不可避免用到电、水等。为确保实验的正常进行和人身及设备安全，必须严格遵守实验室的安全规则。

（1）实验室内严禁饮食、吸烟，一切化学药品禁止入口，实验完毕需洗手；水、电用后应立即关闭；离开实验室时，应仔细检查水、电、门、窗是否均已关好。

（2）了解实验室消防器材的正确使用方法及放置的确切位置，一旦发生意外，能有针对性地扑救。实验过程中，门、窗及通风设备要打开。

（3）使用电气设备时，应特别细心，切不可用潮湿的手去开启电闸和电器开关。凡是漏电的仪器不可使用，以免触电。

（4）使用精密分析仪器时，应严格遵守操作规程，仪器使用完毕后，将仪器各部分复原，并关闭电源，拔去插头。

（5）浓酸浓碱具有腐蚀性，尤其是浓 H_2SO_4 配制稀溶液时，应将浓酸缓缓注入水中、而不得将水注入酸中，以防止浓酸溅在皮肤和衣服上。使用浓 HNO_3、HCl、H_2SO_4、氨水时，均应在通风橱中操作。

（6）使用四氯化碳、乙醚、苯、丙酮、三氯甲烷等有机溶剂时，一定要远离火源和热源。使用完毕后，将试剂瓶塞好，放在阴凉（通风）处保存。低沸点的有机溶剂不能直接在火焰上或热源上加热，而应在水浴上加热。

（7）热、浓的高氯酸遇有机物常易发生爆炸，汞盐、砷化物、氰化物等剧毒物品使用时应特别小心。

（8）储备试剂、试液的瓶上应贴有标签，严禁非标签上的试剂装入试剂瓶。自试剂瓶中取用试剂后，应立即盖好试剂瓶盖。绝不可将已取出的试剂或试液倒回试剂瓶中。

（9）将温度计或玻璃管插入胶皮管或胶皮塞前，用水或甘油润滑，并用毛巾包好再插，两手不要分得太开，以免折断划伤手。

（10）加热或进行反应时，人不得离开。

（11）保持水槽清洁，禁止将固体物、玻璃碎片等扔入水槽，以免造成下水道堵塞。

（12）发生事故时，要保持冷静，针对不同的情况采取相应的应急措施，防止事故进一步扩大。

二、玻璃器皿的洗涤

分析化学实验中所使用的器皿应洁净。其内外壁应能被水均匀润湿，且不挂水珠。在分析工作中，洗净玻璃仪器不仅是一个必须做的实验前的准备工作，也是一个技术性的工作。仪器洗涤是否符合要求，对化验工作的准确度和精密度均有影响。不同分析工作（如工业分析、一般化学分析、微量分析等）有不同的仪器洗净要求。分析实验中常用的烧杯、锥形瓶、量筒、量杯等一般的玻璃器皿，可用毛刷蘸去污粉或合成洗涤剂刷洗，再用自来水冲洗干净，然后用蒸馏水或去离子水润洗 3 次。滴定管、移液管、吸量管、容量瓶等具有一定精确度的仪器，可采用合成洗涤剂洗涤。共洗涤方法是：将配制好的 $0.1\%\sim0.5\%$ 浓度的洗涤液倒入容器中，浸润、摇动几分钟，用自来水冲洗干净后，再用蒸馏水或去离子水润洗 3 次，如果未洗干净，可用铬酸洗液洗涤。光度法用的比色皿，是用光学玻璃制成的，不能用毛刷洗涤，应根据不同情况采用不同的洗涤方法。经常的洗涤方法是将比色皿浸泡于热的洗涤液中一段时间后冲洗干净即可。

仪器的洗涤方法有很多，应根据实验要求、污物性质、沾污的程度来选用。一般来说，附着在仪器上的脏物有尘土和其他不溶性杂质、可溶性杂质、有机物和油污，针对这些情况可以分别用下列方法洗涤。

（1）用水和毛刷刷洗，除去仪器上的尘土及其他物质，注意毛刷的大小、形状要适合，如洗圆底烧瓶时，毛刷要做适当弯曲才能接触到全部内表面。脏、旧、秃头毛刷需及时更换，以免戳破、划破或沾污仪器。

（2）用合成洗涤剂洗涤时先将器皿用水湿润，再用毛刷蘸少许去污粉或洗涤剂，将仪器内外刷洗一遍，然后用水边冲边刷洗，直至干净为止。

（3）用铬酸洗液洗涤器皿时尽量保持干燥，倒少许洗液于器皿内，转动器皿使其内壁被洗液浸润（必要时可用洗液浸泡），然后将洗液倒回原瓶内以备再用。再用水冲洗器皿内残存的洗液，直至干净为止。如用热的洗液洗涤，则去污能力更强。洗液主要用于洗涤被无机物沾污的器皿，它对有机物和油污的去污能力也较强，常用来洗涤一些口小、管细等形状特殊的器皿，如吸管、容量瓶等。洗液具有强酸性、强氧化性和强腐蚀性，使用时要注意以下几点：

① 洗涤的仪器不宜有水，以免稀释洗液而失效；

② 洗液可以反复使用，用后倒回原瓶；

③ 洗液的瓶塞要塞紧，以防止吸水失效；

④ 洗液不可溅在衣服、皮肤上；

⑤ 洗液的颜色由原来的深棕色变为绿色，即表示 $K_2Cr_2O_4$ 已还原为 $Cr_2(SO_4)_3$，氧化性失去，洗液失效而不能再用。

（4）用酸性洗液洗涤

① 粗盐酸可以洗去附着在仪器壁上的氧化剂（如 MnO_2）等大多数溶于水的无机物。因此，在刷子刷洗不到或洗涤不宜用刷子刷洗的仪器，如吸管和容量瓶等，可以用粗盐酸洗涤。灼烧过沉淀物的瓷坩埚可用盐酸（1∶1）洗涤。洗涤过的粗盐酸能回收后继续使用。

② 盐酸-过氧化氢洗液适用于洗去残留在容器上的 MnO_2，例如过滤 $KMnO_4$ 用的砂芯漏斗，可以用此洗液刷洗。

③ 盐酸-乙醇洗液（1∶2）适用于洗涤被有机染料染色的器皿。

④ 硝酸-氢氟酸洗液是洗涤玻璃器皿和石英器皿的优良洗涤剂，可以避免杂质金属离子的黏附。其常温下储存于塑料瓶中，洗涤效率高，清洗速度快，但对油脂及有机物的清除效力差。对皮肤有强腐蚀性，操作时需倍加小心。该洗液对玻璃和石英器皿有腐蚀作用，因此，精密玻璃仪器、标准磨口仪器、活塞、砂芯漏斗、光学玻璃、精密石英部件、比色皿等不宜用这种洗液洗涤。

（5）碱性洗液适用于洗涤油脂和有机物。因它的作用较慢，一般要浸泡24h或用浸煮的方法。

① 用氢氧化钠-高锰酸钾洗液洗过后，在器皿上会留下二氧化锰，可再用盐酸洗。

② 氢氧化钠（钾）-乙醇洗液洗涤油脂的效力比有机溶剂好，但不能与玻璃器皿长期接触。使用碱性洗液时要特别注意，碱液有腐蚀性，不能溅到眼睛上。

（6）超声波清洗是一种新的清洗方法，其主要是利用超声波在液体中的空化作用，这种空化作用使液体在超声波的作用下，液体分子时而受拉，时而受压，形成一个个微小的空腔，即所谓"空化泡"。由于空化泡的内外压力差悬殊，在空化泡消失时其表面的各类污物就被剥落，从而达到清洗的目的，同时，超声波在液体中又能加速溶解作用和乳化作用。因此超声波清洗质量好、速度快，尤其对于采用常规清洗方法难以达到清洁度要求以及几何形状比较复杂且带有各种小孔、弯孔和盲孔的被洗物件，超声波清洗的效果更为显著。市售CQ-250 型超声波清洗器用于分析实验室的玻璃仪器清洗效果很好，使用时将被洗件悬挂在处于工作状态的清洗液中，清洗干净后即可取出。

第六章　实验部分

实验一　离子选择性电极测定水样中的氟含量

一、实验目的

（1）掌握电位法测定物质浓度的原理以及氟离子选择性电极的使用。
（2）学会标准曲线法、标准加入法来处理数据。
（3）掌握酸度计的使用方法。

二、实验原理

饮用水中氟含量的高低对人的健康有很大的影响，其浓度小于 $1mg \cdot L^{-1}$ 时易引起牙珐琅质的病变，而氟含量过高则将使人中毒，引起氟骨症，一次性摄入的致死量为 4g。国际卫生组织推荐的引用水中含氟量为 $1.0 \sim 1.5 mg \cdot L^{-1}$，因此需要对各类水体进行氟含量的监测。由于干扰因素多且样品要做大量的预处理，比色法测定水中痕量氟麻烦费时，用氟离子选择电极测定快速简便。

氟离子选择电极简称氟电极，属于薄膜电极（由对某一离子具有不同程度的选择性响应的膜所构成），由对氟离子有响应的 LaF_3 单晶敏感膜制成。

测定 F^- 浓度的方法与测定 pH 值的方法相似。当氟电极与饱和甘汞电极插入溶液时，组成电池：

$$Hg \mid Hg_2Cl_2,KCl(饱和) \parallel 测试液(F^-) \mid 氟离子选择电极$$

电池的电动势（E）在一定条件下与 F^- 活度的对数值成直线关系：

$$E = b - 0.592 \lg \alpha_{F^-}$$

式中，b 在一定条件下为一常数。上式也是标准曲线法的基本关系式。通过测量电池电动势，可以测定 F^- 的活度。当溶液的总离子强度不变时，离子的活度系数为一定值，则 E 与 F^- 的浓度 c_{F^-} 的对数值成直线关系。

离子选择电极的功能电位与多种因素有关，测定时必须选择合适的条件。对游离 F^- 测定体系的 pH 值应保持在 $5 \sim 6$ 之间。在 pH 较低时游离 F^- 形成了 HF 分子或 HF_2^-，电极不能响应；pH 值过高则 OH⁻ 有干扰。此外，能与 F^- 生成稳定配合物或难溶化合物的元素会干扰测定，通常可加掩蔽剂消除其干扰。因此，为了测定 F^- 的浓度，常在标准溶液与试样溶液中，同时加入足够量的相等的总离子强度调节缓冲溶液（TISAB）。本实验的 TISAB 由柠檬酸、氯化钠、乙酸-乙酸盐组成，以控制一定的离子强度和酸度，并阻止其他离子的干扰。

氟电极电势与 pF（F^- 浓度的负对数）在 $1 \sim 10^{-6}\,mol \cdot L^{-1}$ 范围内成直线关系，可用外标法进行测定。在以标准溶液的 E-pF 绘制标准曲线后，用同一对电极测量未知溶液的电动势（E），从 E-pF 图上找出与 E_x 相应的、F^- 浓度。

三、实验用品

酸度计、磁力搅拌器、容量瓶（50mL）、塑料烧杯、氟离子选择电极、饱和甘汞电极、移液管、吸量管。

F^- 标准储备液（$1.000 \times 10^{-1}\,mol \cdot L^{-1}$）、总离子强度缓冲剂（58g 氯化钠-10g 柠檬酸钠溶于 800mL 蒸馏水中，再加乙酸 57mL，用 40% 的 NaOH 调节至 pH=5，然后用水稀释至 1L）。

四、实验步骤

（1）氟离子选择电极的准备　将氟离子选择电极放在含 $10^{-3}\,mol \cdot L^{-1}$ F^- 溶液中浸泡 0.5h 左右，然后再用蒸馏水清洗至电位值在 300mV 左右，并保证测量值稳定不变。若氟电极暂不使用，宜干放。

（2）标准系列溶液配制　在一只 50mL 容量瓶中用移液管准确移入 5.00mL $1.000 \times 10^{-1}\,mol \cdot L^{-1}$ 氟标准储备液，加入总离子强度缓冲剂 5mL，用纯净水稀释至刻度，摇匀，即得 $1.000 \times 10^{-2}\,mol \cdot L^{-1}$ 溶液；另取一只 50mL 容量瓶，用移液管移入 5.00mL 已配制好的 $1.000 \times 10^{-2}\,mol \cdot L^{-1}$ 溶液，加入总离子强度缓冲剂 5mL，用纯净水稀释至刻度，摇匀，即得 $1.000 \times 10^{-3}\,mol \cdot L^{-1}$ 溶液；用类似方法配制 $1.000 \times 10^{-4}\,mol \cdot L^{-1}$、$1.000 \times 10^{-5}\,mol \cdot L^{-1}$、$1.000 \times 10^{-6}\,mol \cdot L^{-1}$ 溶液。

（3）工作曲线制作　将配好的 5 个不同浓度 F^- 的标准溶液由容量瓶转入 5 个塑料烧杯中，由低浓度到高浓度依次插入氟电极和参比电极，用磁力搅拌器搅拌 4min 后，停止搅拌 30s，开始读取平衡电势，然后每隔 30s 读一次数，直至 3min 内读数不变为止。

测试完毕，将电极清洗至空白电位 -300mV 左右，待用。

以 pF 为横坐标，E（mV）为纵坐标绘出标准曲线。

（4）水样中氟含量的测定（标准加入法）　准确移取水样 10mL 于 50mL 容量瓶中，再加 5mL 总离子强度缓冲剂，用蒸馏水稀释至刻度，摇匀。倒入一洗净干燥的塑料烧杯中，插入氟离子选择电极和饱和甘汞电极，测定其电位值 E_x。再加入 $1.00 \times 10^{-3}\,mol \cdot L^{-1}$（可视水样中 F^- 的含量而定）的标准 F^- 溶液 1.00mL 后再测得电位值 E_1。

实验完毕，将电极清洗至空白电位 -300mL 左右，待用。若电极暂不再使用，则应晾干后保存好。

五、实验记录及数据处理

（1）标准曲线法数据见表 6.1。

表 6.1 标准曲线法数据

瓶号	1	2	3	4	5
浓度 c_{F^-} /(mol·L^{-1})					
$\lg c_{F^-}$					
电位/mV					

由 E 对 $\lg c_{F^-}$ 作图，得工作曲线，由测得的 E_0 值，在工作曲线上查得水样中 F^- 的含量，并换算成原始浓度（以 mol·L^{-1} 表示）。

（2）标准加入法

$E_x(\mathrm{mV})=$ _____ ， $E_1(\mathrm{mV})=$ _____ 。

$$c_x=\frac{\Delta c}{10^{\Delta E/s}}\times 5$$

式中，s 为电极的实际斜率，从工作曲线上求出；ΔE 为 E_1 与 E_x 的差值；Δc 为浓度增量。

$$\Delta c=\frac{c_s V_s}{50}$$

式中，c_s、V_s 为标准 F^- 溶液的浓度、体积。

六、注意事项

（1）为使工作曲线法结果准确，测量时浓度应由稀到浓，并每次用待测液润洗烧杯及电极。

（2）新的氟电极在使用前需经预处理：先用乙醇擦洗，在 10^{-3} mol·L^{-1} NaF 中浸泡 12h 左右，用蒸馏水洗至空白电位为 -300 mV。电极在浸入待测溶液中时，单晶薄膜内外不能附着水泡，否则将引起干扰。电极在接触浓的 NaF 液后再测定稀溶液时，会产生迟滞效应，会引起误差，应用蒸馏水将电极洗至空白电位为 -300 mV，再进行测定。同时注意先测定低浓度的样品，再测定较高浓度的样品。

（3）电动势的读数应考虑电极达到平衡电位的时间，溶液愈稀，时间愈长，在实际测量中，可在不断搅拌下做周期性测量，直至读数稳定。

（4）若需扣除试剂空白值，则在做标准加入法的同时可做一空白实验，以扣除试剂空白，空白实验的方法是不加水样，其余各步骤相同，计算公式为：

$$c_x=\frac{(V_e-V_e')c_s}{V_0}\times 5$$

式中，V_e' 为空白实验值与横坐标的交点。

七、实验思考

（1）简述离子选择性电极测定氟离子含量的基本原理。

（2）试比较工作曲线法、标准加入法的优缺点。

（3）在实验时为什么要加入总离子强度缓冲剂？

实验二　生理盐水中氯离子含量的测定（电位分析法）

一、实验目的

（1）了解电位滴定法的原理和方法。

（2）熟悉自动电位滴定计的使用方法。

二、实验原理

氯离子的测定方法有很多种，电位滴定法（利用电位表示滴定过程中溶液电位的变化并指示滴定终点的测定方法）是其中之一。向含 Cl^- 的溶液中滴加 Ag^+ 将生成 $AgCl$ 沉淀：

$$Ag^+ + Cl^- \rightleftharpoons AgCl\downarrow$$

在整个滴定过程中，随着银离子的逐步加入，溶液的电位 $E_{(Ag^+/Ag)}$ 会随之发生变化，在终点附近溶液电位会有一突变，根据这一电位的突变即可利用作图或计算的方法确定滴定的终点。

$$\varphi_{Ag^+/Ag} = \varphi^0_{Ag^+/Ag} - 0.059 \lg c_{Cl^-}$$

本实验用银电极作为指示电极，用双盐桥甘汞电极作参比电极。

三、实验用品

电位计、双盐桥甘汞电极、银电极、移液管（25mL、10mL）、烧杯（100mL）、电磁搅拌器。

标准 $AgNO_3$ 溶液（ $0.01 mol \cdot L^{-1}$ ）、含氯试液。

四、实验步骤

（1）手动滴定　准确移取含氯试液 10.00mL 到烧杯中，准确加入蒸馏水 25.00mL，放入磁转子，将烧杯放到滴定台上，打开搅拌器，并调好速度（不宜太快，否则旋涡大了使电极脱离溶液）。记录滴定管的初读数和电位初读数，然后开始手动滴定。开始时滴加 Ag^+ 溶液的体积在 1.0mL 左右测定一次电位，当接近终点时（此时电位变化逐步加大），每滴加 0.01mL 测定一次电位，直至过量 5mL 左右，重复滴定 1 次。

（2）滴定终点的电位确定　根据所得到的数据，绘制 E-V 曲线，利用平行线方法确定滴定终点的电位和体积。

（3）自动滴定　本实验也可用自动电位滴定仪进行自动滴定，需要在滴定前预先设置终点电位，然后测定。

五、实验记录及数据处理

根据电位数值变化，用一阶微分法和二阶微分法作图确定滴定终点体积（表 6.2）。

试液中氯离子含量可以用下式计算：

$$c_{Cl^-} = \frac{c_{AgNO_3} V_{AgNO_3}}{V_{试液}}$$

表 6.2　实验数据

加入 $AgNO_3$ 的体积/mL	E/V	$\dfrac{\Delta E/\Delta V}{V}$	$\dfrac{\Delta^2 E}{\Delta V^2}$

六、实验思考

（1）电位滴定法的原理是什么？

（2）在进行沉淀反应的电位滴定时，指示电极应根据沉淀反应类型来选择，本实验选用的指示电极是什么？参比电极是什么？能选用其他的电极吗？

（3）电位滴定法中，常用滴定终点的确定方法是什么？

实验三　邻二氮杂菲分光光度法测定铁

一、实验目的

（1）了解分光光度法测定物质含量的实验条件及其选定方法。

（2）掌握邻二氮杂菲分光光度法测定铁的原理及方法。

（3）了解 722 型分光光度计（附录 18）的构造，掌握其使用方法。

二、实验原理

铁的分光光度法所用的显色剂较多，有邻二氮杂菲（邻菲啰啉）及其衍生物、磺基水杨酸、硫氰酸盐、5-Br-PADAP 等。其中邻二氮杂菲分光光度法的灵敏度高、稳定性好、干扰容易消除，因而是目前普遍采用的一种方法。

在 pH 值为 2～9 的溶液中，铁与邻二氮杂菲生成稳定的橘红色配合物 $Fe(Phen)_3^{2+}$：

测定时，控制溶液酸度在 pH 5 左右较为合适。酸度高时，反应进行较慢；酸度太低，则 Fe^{2+} 水解，影响显色。其 $\lg K_稳 = 21.3$，摩尔吸光系数为 $\varepsilon_{508} = 1.1 \times 10^4 \ L \cdot mol^{-1} \cdot cm^{-1}$。当铁为 +3 价时，可用盐酸羟胺还原：

$$2Fe^{3+} + 2NH_2OH \cdot HCl == 2Fe^{2+} + N_2 \uparrow + 2H_2O + 4H^+ + 2Cl^-$$

Cu^{2+}、Co^{2+}、Ni^{2+}、Cd^{2+}、Hg^{2+}、Mn^{2+}、Zn^{2+} 等离子与 Phen 生成稳定络合物，在少量情况下，不影响 Fe^{2+} 的测定，量大时可用 EDTA 掩蔽或预先分离。

分光光度法的实验条件，如测量波长、溶液酸度、显色剂用量、显色时间、温度、溶剂以及共存离子干扰及其消除等，都是通过实验来确定的。

测定时，变动某实验条件，固定其余条件，测得一系列吸光度值，绘制吸光度-某实验条件的曲线，根据曲线确定某实验条件的适宜值或适宜范围。

三、实验用品

分光光度计、容量瓶、移液管、洗瓶、烧杯。

铁标准溶液（$100\mu g \cdot mL^{-1}$）：准确称取 0.6834g A. R. 级 $NH_4Fe(SO_4)_2 \cdot 12H_2O$ 于 200mL 烧杯中，加入 20mL $6mol \cdot L^{-1}$ HCl 溶液和少量水，溶解后转移至 1L 容量瓶中，定容，摇匀。

$20\mu g \cdot mL^{-1}$ 的铁标准溶液：将上述溶液稀释即可。

邻二氮杂菲（$1.5g \cdot L^{-1}$）、盐酸羟胺（$100g \cdot L^{-1}$，用时现配）、NaAc（$1mol \cdot L^{-1}$）、HCl（$6mol \cdot L^{-1}$）。

四、实验步骤

（1）吸收曲线的测绘　用移液管移取 $20\mu g \cdot mL^{-1}$ 铁标准溶液 5.00mL 于 50mL 容量瓶中，用移液管依次加入 $100g \cdot L^{-1}$ 的盐酸羟胺溶液 1mL，摇匀，加 $1mol \cdot L^{-1}$ NaAc 溶液 5mL 和 $1.5g \cdot L^{-1}$ 邻二氮杂菲溶液 2mL，以水稀释至刻度，摇匀。在分光光度计上用 1cm 比色皿，以水为参比溶液，在 570～430nm 之间，每隔 10nm 测定一次吸光度，以波长为横坐标、吸光度为纵坐标，绘制吸收曲线，找出最大吸收波长 λ_{max}。

（2）显色剂用量实验　取 7 只 50mL 容量瓶，并且对其编号，用移液管依次加入 $20\mu g \cdot mL^{-1}$ 的铁标准溶液 5.00mL 于容量瓶中，加 $100g \cdot L^{-1}$ 盐酸羟胺溶液 1mL，摇匀，经 2min 后，加入 $1mol \cdot L^{-1}$ NaAc 溶液 5mL，然后分别加入 $1.5g \cdot L^{-1}$ 的邻二氮杂菲溶液 0.30mL、0.60mL、1.00mL、2.00mL、3.00mL、4.00mL，以水稀释至刻度，摇匀。在分光光度计上，用 1cm 比色皿，在适宜波长下，以水为参比溶液，测定以上溶液的吸光度。以邻二氮菲的体积（mL）为横坐标、相应的吸光度为纵坐标，绘制吸光度-显色剂用量曲线，找出在测定中应加入的显色剂的体积（mL）。

（3）铁含量的测定　标准曲线的测绘：取 50mL 容量瓶 6 只，分别移取（务必准确移取）$20\mu g \cdot mL^{-1}$ 铁标准溶液 2.00mL、4.00mL、6.00mL、8.00mL、10.00mL 于五只容量瓶中，不加铁标准溶液的空白液作参比，然后各加 1mL $100g \cdot L^{-1}$ 盐酸羟胺溶液，摇匀，经 2min 后，再各加 5mL $1mol \cdot L^{-1}$ NaAc 溶液及 3mL $1.5g \cdot L^{-1}$ 邻二氮杂菲溶液，用水稀释至刻度，摇匀。在分光光度计上，用 1cm 比色皿在最大吸收波长 510nm 处测定各溶液吸光度，以铁含量为横坐标、吸光度为纵坐标绘制标准曲线。

未知液中铁含量的测定：吸取 5.00mL 未知液代替标准溶液，其他步骤均同上，测定吸光度，由未知液吸光度在标准曲线上查出 5mL 未知液中铁含量，然后以每毫升未知液中含铁多少微克表示结果。

五、实验记录及数据处理

（1）吸收曲线的测绘数据见表 6.3。
（2）显色剂用量的测定数据见表 6.4。

表 6.3　吸收曲线的测绘数据

λ/nm	430	450	470	490	495	500	505
A							
λ/nm	510	515	520	540	560	580	
A							

表 6.4　显色剂用量的测定数据

显色剂 V/mL	0.3	0.6	1	2	3	4
A						

（3）标准曲线的测绘与铁含量的测定。

六、实验思考

邻二氮杂菲分光光度法测定铁的适宜条件是什么？

实验四　分光光度法测定酸碱指示剂的 pK_a 值

一、实验目的

掌握分光光度法测定酸碱指示剂 pK_a 值的方法。

二、实验原理

酸碱指示剂 HIn 本身是弱酸，其平衡式如下：

$$HIn \rightleftharpoons H^+ + In^- \tag{6.1}$$

其 pK_a 值与 pH 的关系为：

$$pH = pK_a - \lg \frac{[HIn]}{[In^-]} \tag{6.2}$$

或写成：

$$\lg \frac{[In^-]}{[HIn]} = pH - pK_a \tag{6.3}$$

pH 对 $\lg \dfrac{[In^-]}{[HIn]}$ 作图得一直线，其截距（当 $[In^-] = [HIn]$ 时）等于 pK_a。实验中，$\dfrac{[In^-]}{[HIn]}$ 的比率可由分光光度法求得。根据式(6.3) 可计算 pK_a。

在低 pH 值下配制指示剂溶液（主要以 HIn 形式存在），测绘其吸收曲线，然后在高 pH 值下配制指示剂溶液（主要以 In^- 形式存在），测绘其吸收曲线。由两条吸收曲线求出两个 λ_{max} 值，然后配制一系列不同 pH 值的指示剂溶液，在两个 λ_{max} 处测量它们的吸光度。

若 A_{HIn} 为强酸介质的吸光度，A_{In^-} 为强碱介质的吸光度，A 为中间 pH 值介质的吸光度。它们均可由实验测得，它们与 $\dfrac{[In^-]}{[HIn]}$ 的关系为：

$$\frac{[In^-]}{[HIn]} = \frac{A - A_{HIn}}{A_{In^-} - A} \tag{6.4}$$

因此，pK_a 可以计算求得。

以 pH 值为横坐标、吸光度为纵坐标作图，可以得到两条 S 形曲线。该曲线中间所对应的 pH 值即为 pK_a。

三、实验用品

722 型分光光度计、pH 计、50mL 容量瓶（9 只）、2mL 吸管 1 支、10mL 量筒 1 支。

0.20mol·L^{-1} NaH_2PO_4 溶液（2.4g NaH_2PO_4 溶于 100mL 蒸馏水中）、0.20mol·L^{-1} K_2HPO_4 溶液（3.4g K_2HPO_4 溶于 100mL 蒸馏水中）、浓 HCl、4mol·L^{-1} NaOH 溶液、0.1% 溴百里酚蓝溶液。

四、实验步骤

（1）在 9 只 50mL 容量瓶中，分别加入 2.00mL 溴百里酚蓝溶液，再分别加入如表 6.5 所示体积的磷酸盐溶液。在第 1 瓶中加入 10 滴浓 HCl，在第 9 瓶中加 10 滴 NaOH 溶液，分别用蒸馏水稀释至刻度，摇匀，用 pH 计分别测量它们的 pH 值。

（2）吸收曲线　分别测绘溶液 1 和 9 的吸收曲线，波长为 400～600nm，每隔 20nm 测量一次吸光度（以水为参比），在吸收峰附近，每隔 5nm 测量一次。确定两者的最大吸收波长。

（3）在两个最大吸收波长下，分别测定 9 个溶液的吸光度（表 6.5）。

表 6.5　吸光度数据

编号	指示剂/mL	NaH_2PO_4	K_2HPO_4	pH 值
1	2.00	0	0	
2	2.00	5	0	
3	2.00	5	1	
4	2.00	10	5	
5	2.00	5	10	
6	2.00	1	5	
7	2.00	1	10	
8	2.00	0	5	
9	2.00	0	0	

五、实验记录及数据处理

（1）绘制 HIn 和 In^- 的吸收光谱，确定 λ_a 和 λ_b。

（2）将所配制溶液分别以在 λ_a 和 λ_b 处测得的吸光度对 pH 值作图，求出两个 pK_a。

（3）由 $n = \dfrac{c_L}{c_M} = \dfrac{1-f}{f}$ 计算某一波长时的 $\dfrac{[In^-]}{[HIn]}$ 值，以 $\lg\dfrac{[In^-]}{[HIn]}$ 对 pH 值作图，由图求得 pK_a 值。

（4）比较所求 pK_a 值，并与标准值比较。

六、注意事项

溴百里酚蓝在酸性溶液中不稳定，因此，溶液配好后应立即测定。

七、实验思考

(1) 为什么溶液 1 和 9 可用来选择两个最大的吸收波长？

(2) 若吸光度大于 0.8，如何处理？

实验五　紫外分光光度法同时测定食品中的维生素 C 和维生素 E

一、实验目的

(1) 学习在紫外光谱区同时测定双组分体系——维生素 C 和维生素 E 的方法。

(2) 准确测绘出抗坏血酸和 α-生育酚的吸收光谱，确定最大吸收波长 λ_1 和 λ_2。

二、实验原理

对双组分体系的测定，根据测得的数据可列出下列联合方程式（$b=1\text{cm}$）：

$$A_{\lambda_1}^{\text{总}} = \varepsilon_{\lambda_1}^{C} c^{C} + \varepsilon_{\lambda_1}^{E} c^{E} \tag{6.5}$$

$$A_{\lambda_2}^{\text{总}} = \varepsilon_{\lambda_2}^{C} c^{C} + \varepsilon_{\lambda_2}^{E} c^{E} \tag{6.6}$$

解上述方程即可求出 c^{C} 和 c^{E}。

维生素 C（抗坏血酸）和维生素 E（α-生育酚）起抗氧剂作用，即它们在一定时间内能防止油脂变酸。因为它们在抗氧性能方面是"协同的"，所以两者结合在一起比单独使用的效果更佳。因此，它们作为一种有用的组合试剂用于各种食品中。

抗坏血酸是水溶性的，α-生育酚是脂溶性的，且它们在紫外光区具有不同的最大吸收波长，都能溶于无水乙醇，因此，能用在同一溶液中测定双组分的原理来测定它们。

三、实验用品

UV-1100 紫外-可见分光光度计、分析天平、石英比色皿（2 支）、滤纸、50mL 容量瓶（9 只）、10mL 吸量管（2 支）。

抗坏血酸（$7.50 \times 10^{-5}\,\text{mol} \cdot \text{L}^{-1}$）：称取 0.0132g 抗坏血酸，溶于无水乙醇中，并用无水乙醇定容于 1000mL。

α-生育酚（$1.13 \times 10^{-4}\,\text{mol} \cdot \text{L}^{-1}$）：称取 0.0488g α-生育酚溶于无水乙醇中，并用无水乙醇定容于 1000mL。

无水乙醇、50% 偏磷酸溶液、硅藻土。

四、实验步骤

(1) 配制标准溶液

① 分别取抗坏血酸储备液 4.00mL、6.00mL、8.00mL、10.00mL 于 4 只 50mL 容量瓶中，用无水乙醇稀释至刻度，摇匀。

② 分别取 α-生育酚储备液 4.00mL、6.00mL、8.00mL、10.00mL 于 4 只 50mL 容量瓶中，用无水乙醇稀释至刻度，摇匀。

（2）绘制吸收光谱　以无水乙醇为参比，在 220～320nm 范围测绘出抗坏血酸和 α-生育酚的吸收光谱，并确定 λ_1 和 λ_2。

（3）绘制标准曲线　以无水乙醇为参比，在波长 λ_1 和 λ_2 分别测定步骤（1）配制的 8 个标准溶液的吸光度。

（4）食品中的维生素 C 和维生素 E 的测定

① 水溶性食品　准确称取 10～20g 的样品量（固体样品用剪刀切细或用研钵研碎），加 50% 的偏磷酸溶液溶解（必要时过滤），定容至 200mL，取未知液 5.00mL 于 50mL 容量瓶中，用无水乙醇稀释至刻度，摇匀，在 λ_1 和 λ_2 处分别测其吸光度。

② 不溶于水的食品　准确称取 10～20g 的样品量，加 5% 偏磷酸溶液 100mL，匀质化后用滤纸过滤（肉制品类加硅藻土 1～2g 后过滤），残留量用 5% 偏磷酸溶液 50～80mL 洗涤数次，合并滤液及洗液，用 5% 偏磷酸溶液定容至 200mL。取未知液 5.00mL 于 50mL 容量瓶中，用无水乙醇稀释至刻度，摇匀，在 λ_1 和 λ_2 处分别测其吸光度。

五、实验记录及数据处理

（1）绘制抗坏血酸和 α-生育酚的吸光光谱，确定 λ_1 和 λ_2。

（2）分别绘制抗坏血酸和 α-生育酚在 λ_1 和 λ_2 时的 4 条标准曲线，求出 4 条直线的斜率，即 $\varepsilon_{\lambda_1}^C$、$\varepsilon_{\lambda_2}^C$、$\varepsilon_{\lambda_1}^E$ 和 $\varepsilon_{\lambda_2}^E$。

（3）计算食品未知液中抗坏血酸和 α-生育酚的浓度。

六、注意事项

抗坏血酸会缓慢氧化成脱氢抗坏血酸，所以必须每次实验时配制新鲜溶液。

七、实验思考

（1）写出抗坏血酸和 α-生育酚的结构式，并解释一个是"水溶性"，一个是"脂溶性"的原因。

（2）使用本方法测定抗坏血酸和 α-生育酚是否灵敏？解释其原因。

实验六　紫外差值光谱法测定废水中的微量酚

一、实验目的

（1）了解紫外可见分光光度计的使用方法。

（2）掌握紫外差值光谱法测定微量酚的基本原理。

二、实验原理

苯酚在紫外区有两个吸收峰，在中性溶液中为 210nm 和 270nm；在碱性溶液中，由于形成酚盐，而使该吸收峰红移至 235nm 和 288nm。所谓差值光谱就是指这两种吸收光谱相减而得到的光谱曲线。实验中只要把苯酚的碱性溶液放在样品光路上，把中性溶液放在参比光路上，即可直接绘出差值光谱。

在苯酚的差值光谱图上，选择 288nm 为测定波长，在该波长下，溶液的吸光度随苯酚浓度的变化有良好的线性关系，遵循比尔定律，即 $A = \lg(1/T) = Kbc$，可用于苯酚的定量分析。差值光谱法用于定量分析，可消除试样中某些杂质的干扰，简化分析过程，实现废水中的微量酚的直接测定。

三、实验用品

$0.1\text{mol} \cdot \text{L}^{-1}$ KOH 溶液、$0.2500\text{g} \cdot \text{L}^{-1}$ 苯酚标准溶液。

紫外可见分光光度计、1cm 厚石英比色吸收池、25mL 容量瓶。

四、实验步骤

（1）确定测定波长　以蒸馏水作参比，分别绘制苯酚在中性和碱性溶液中的吸收曲线。然后，将苯酚的中性和碱性溶液分别放置在参比和样品光路中，绘制二者的差值光谱曲线，根据该差值光谱曲线，确定其波长。

（2）绘制标准曲线　用移液管分别移取苯酚标准溶液 1.0mL、1.5mL、2.0mL、2.5mL、3.0mL 于 5 个 25mL 的容量瓶中，另取同样体积苯酚标准溶液于另 5 个 25mL 容量瓶中，分别用水和 $0.1\text{mol} \cdot \text{L}^{-1}$ KOH 稀释至刻度（共需 10 个 25mL 容量瓶）。每对容量瓶所对应的溶液浓度分别是 $10\text{mg} \cdot \text{L}^{-1}$、$15\text{mg} \cdot \text{L}^{-1}$、$20\text{mg} \cdot \text{L}^{-1}$、$25\text{mg} \cdot \text{L}^{-1}$、$30\text{mg} \cdot \text{L}^{-1}$。每一对苯酚标准溶液中的苯酚浓度相同，只是稀释溶剂不同。在测定波长下，把碱性溶液稀释的标准溶液放在样品光路上，把中性溶液稀释的标准溶液放在参比光路上，测定吸光度差值。

（3）测量未知样品中苯酚含量　用移液管分别移取含酚水样 10mL 于 2 个 25mL 容量瓶中，分别用水和 $0.1\text{mol} \cdot \text{L}^{-1}$ KOH 稀释至刻度。在测定波长下，把碱性溶液稀释的待测试样放在样品光路上，把中性溶液稀释的待测试样放在参比光路上，测定吸光度差值。

五、实验记录及数据处理

（1）用实验步骤（2）中测得的吸光度差值，绘制吸光度-浓度曲线，计算回归方程。

（2）用吸光度-浓度曲线或回归方程，计算水样中的苯酚含量（单位为 $\text{mg} \cdot \text{L}^{-1}$）。

六、实验思考

（1）苯酚的差值光谱图中有 235nm 和 288nm 两个吸收峰，为何选 288nm 作为测定波长？

（2）本实验所用的差值光谱法和示差分光光度法有何不同？

实验七　苯甲酸、乙酸乙酯的红外光谱测定

一、实验目的

（1）了解苯甲酸、乙酸乙酯的红外光谱特征，通过实验掌握用红外光谱法推断化合物结构的步骤及方法。

（2）练习用 KBr 压片法制样和液膜法制样。

（3）了解红外光谱仪的结构，熟悉红外分光光度计的使用方法。

二、实验原理

鉴于各种有机化合物具有各种不同特征的红外光谱，因此利用红外光谱可对有机化合物进行定性鉴定。定性鉴定一般分为两个方面：一是官能团的分析鉴定，红外光谱的特征性是基团和化学键的贡献，因此根据红外光谱可确定某有机化合物具有哪些官能团；二是有机物结构剖析，配合其他理化测试数据，如熔点、沸点、元素分析、紫外光谱、核磁共振、质谱等可进行未知物结构的剖析工作。

红外光谱定性分析，一般采用两种方法：一种是用已知标准物对照，另一种是标准图谱查对法。已知物对照应由标准品和被检测物在完全相同的条件下，分别绘出其红外光谱进行对照，图谱相同，则肯定为同一化合物。标准图谱查对法是一个最直接可靠的方法，根据待测样品的来源、物理常数、分子式以及谱图中的特征谱带，查对标准谱图来确定化合物。常用标准图谱集为萨特勒红外标准图谱集。

为了便于谱图的解析，通常把红外光谱分为两个区域，即官能团区和指纹区。波数 $4000\sim1400\text{cm}^{-1}$ 的频率范围为官能团区，其吸收主要是分子的伸缩振动引起的，常见的官能团在这个区域内一般都有特定的吸收峰。低于 1400cm^{-1} 的区域称为指纹区，吸收峰的数目较多，是由化学键的弯曲振动和部分单键的伸缩振动引起的，吸收带的位置和强度随化合物而异。如同人彼此有不同的指纹一样，许多结构类似的化合物，在指纹区仍可找到它们之间的差异，因此指纹区对鉴定化合物起着非常重要的作用。如果在未知物的红外光谱图中指纹区与标准样品相同，就可以断定它和标准样品是同一物（对映体除外）。

如果按化学键的性质，可以将红外区 $4000\sim1000\text{cm}^{-1}$ 划分为 4 个区，如表 6.6 所示。

一般图谱解析大致步骤如下：

（1）先从特征频率区入手，找出化合物所含主要官能团。

（2）指纹区分析，进一步找出官能团存在的依据。因为一个基团常有多种振动形式，所以确定该基团就不能只依靠一个特征吸收，必须找出所有的吸收带才更可靠。

（3）对指纹区谱带位置、强度和形状仔细分析，确定化合物可能的结构。

（4）对照标准图谱，配合其他鉴定手段，进一步验证。

表 6.6　红外光谱分区

波数	$4000\sim2500\text{cm}^{-1}$	$2500\sim2000\text{cm}^{-1}$	$2000\sim1500\text{cm}^{-1}$	$1500\sim1000\text{cm}^{-1}$
波区	氢键区	三键区或累积双键区	双键区	单键区
产生吸收的基团	O—H C—H N—H	C≡C C≡N C=C=C	C=C C=O N=O	C—C C—N C—O

例如烯烃中的特征吸收峰由 =C—H 键和 C=C 键的伸缩振动以及 =C—H 键的变形振动所引起。C=C 伸缩振动吸收峰的位置在 $1670\sim1620\text{cm}^{-1}$，随着取代基的不同，吸收峰的位置有所不同。单烯的 C=C 伸缩振动吸收峰处于较高波数，强度较弱。但有共轭时，其强度增加，并向低波数移动。共轭双烯有两个 $\nu_{C=C}$，一个在 1600cm^{-1}，另一个在 1650cm^{-1}，这是共轭的两个 C=C 键发生相互耦合的结果。烯烃中的 =C—H 键对称伸缩

振动吸收出现在 2975cm^{-1}，不对称伸缩振动吸收出现在 3080cm^{-1}，这是烯烃中的 C—H 键存在的重要特征。单核芳烃 C=C 骨架振动吸收出现在 1500～1450cm^{-1} 和 1600～1580cm^{-1}，这是鉴定有无芳环的重要标志。一般 1600cm^{-1} 峰较弱，而 1500cm^{-1} 峰较强，但苯环上的取代情况会使这两个峰发生位移。若在 2000～1700cm^{-1} 之间有锯齿状的倍频吸收峰，是确定单取代苯的重要旁证。羧酸中的羰基 C=O 的振动频率吸收为 1690cm^{-1}，羧基中的 O—H 的缔合伸缩振动吸收频率为 3200～2500cm^{-1} 区域的宽吸收峰。

本实验将通过测定苯甲酸、苯甲酸乙酯、山梨酸及未知物的红外吸收光谱，根据它们的红外光谱特征鉴定未知物是苯甲酸、山梨酸还是苯甲酸乙酯。

苯甲酸的红外谱图特征比较明显，羧基中的羟基伸缩振动吸收 ν_{O-H} 在 3200～2500cm^{-1} 区出现强而宽的峰，其弯曲振动吸收峰出现在 935cm^{-1} 左右。羰基由于与苯环共轭，其伸缩振动 $\nu_{C=O}$ 吸收峰出现在 1684cm^{-1} 处，吸收较强。苯环的特征吸收出现在 1600cm^{-1} 和 1500cm^{-1} 处，为 $\nu_{C=C}$ 吸收，这两个吸收峰是鉴别有无芳核存在的重要标志之一。有时在 1580cm^{-1} 处会出现一个肩峰，也是苯环的特征吸收。因此利用这些信息可以初步推断出该化合物是苯甲酸。再与标准谱图对照，最后确定该化合物的结构。

三、实验用品

红外分光光度计、压片装置（压膜、油压机、真空泵）、玛瑙研钵、不锈钢刮刀、0.1mm 固定液体槽。

溴化钾粉末（分析纯）、苯甲酸（分析纯）、山梨酸（分析纯）、乙酸乙酯（分析纯）、未知物（分析纯）。

四、实验步骤

（1）制备锭片及谱图测定　将 2～4mg 苯甲酸放在玛瑙研钵中磨细至 2μm 左右，再加入 200～400mg 干燥的 KBr 粉末，继续研磨 3min，混合均匀。

用不锈钢刮刀移取 200mg 混合粉末于压模的底模面上，中心可稍高一些。小心降下柱塞，并用柱塞一面捻动一面稍加压力使粉末完全铺平。慢慢拔出柱塞，放入顶模和柱塞，把模具装配好，置于油压机下。

将模具连上真空泵，在 10～30L·min^{-1} 油速下预排气 5min，逐渐加压到 735.5MPa，持续 5min 后拆除真空泵，缓缓降压，取出压膜。

除去底座，用取样器顶出锭片，即得到一直径为 13mm、厚为 0.8mm 的透明锭片。

将做好的锭片放到样品池上在红外分光光度计上录制谱图。

（2）液膜法制样及谱图测定　在可拆池两窗片之间，滴上 1～2 滴苯甲酸乙酯，使之形成一液膜（故称液膜法），液膜厚度可借助于池架上的固紧螺栓做微小调节（尤其是黏稠性的液体样品）。

将制好样的液体样品池放在红外分光光度计上录制乙酸乙酯谱图。

五、实验记录及数据处理

根据实验所得的谱图鉴别该化合物的结构。同时查阅萨特勒（Sadtler）谱图，将实测谱与标准谱相对照，做进一步确证。

六、注意事项

（1）制片时边排气边加压，是为了去除潮气。大约需要预排气 5min，压缩时间 5～10min，时间越长锭片越透明，但连续 10min 以上则得不到这种效果。

（2）为使锭片受力均匀，在锭片模具内需将粉末弄平后再加压，否则锭片会产生白斑。

七、实验思考

（1）为什么制备锭片时要边排气边加压？

（2）样品及所用器具不干燥，会对实验结果产生什么影响？

实验八　原子吸收光谱法测定
自来水中钙、镁的含量

一、实验目的

（1）熟悉原子吸收分光光度计的结构及其使用方法。

（2）掌握应用标准曲线法测定钙、镁含量的方法，加深理解原子吸收光谱法的基本原理。

二、实验原理

原子吸收光谱法主要用于定量分析，它基于从光源中辐射出的待测元素的特征谱线通过试样的原子蒸气时，被蒸气中待测元素的基态原子所吸收，使透过的谱线强度减弱。在一定的条件下，其吸收程度与试液待测元素的浓度成正比，即 $A = Kc$。

本实验采用标准曲线法测定水中钙、镁含量，即先测定已知浓度的各待测离子标准溶液的吸光度，分别绘制成吸光度-浓度标准曲线。再于同样条件下测定水样中各待测离子的吸光度，从标准曲线上即可查出水样中各待测离子的含量。

三、实验用品

TAS990 型原子吸收分光光度计、空气压缩机、乙炔钢瓶、Ca 空心阴极灯、Mg 空心阴极灯、容量瓶、分析天平、烧杯、表面皿、移液管。

金属镁或 $MgCO_3$（G. R.）、无水 $CaCO_3$（G. R.）、浓 HCl（G. R.）、HCl 溶液（$1mol \cdot L^{-1}$、$6mol \cdot L^{-1}$）。

标准溶液配制：

（1）钙标准储备液（$1000\mu g \cdot mL^{-1}$）：准确称取于 110℃ 下烘干 2h 的无水 $CaCO_3$ 0.625g 于 100mL 烧杯中，用少量水润湿，盖上表面皿，从烧杯嘴滴加 $1mol \cdot L^{-1}$ HCl，直至完全溶解，然后定量地转移至 250mL 容量瓶中，用水稀释，定容，摇匀。

（2）钙标准溶液（$100\mu g \cdot mL^{-1}$）：准确吸取上述钙标准储备液 10.0mL 于 100mL 容量瓶中，加 1∶1 HCl 2mL 用水稀释，定容，摇匀。

（3）镁标准储备液（$1000\mu g \cdot mL^{-1}$）：准确称取金属镁 0.250g 于 100mL 烧杯中，盖上表面皿，从烧杯嘴滴加 5mL $6mol \cdot L^{-1}$ HCl 溶液，使之溶解。然后定量地转移至 250mL

容量瓶中，用水稀释，定容，摇匀。

（4）镁标准溶液（$50\mu g \cdot mL^{-1}$）：准确吸取上述镁标准储备液 5.00mL 于 100mL 容量瓶中，用水稀释，定容，摇匀。

四、实验步骤

（1）调试仪器　实验条件见表 6.7。

表 6.7　测定钙、镁的实验条件

测定条件	Ca	Mg
吸收线波长/nm	422.7	285.2
灯电流(最适合)	75%	75%
燃烧器高度/mm	60	60
燃油流	1.4	1.0

（2）配制标准溶液系列

① 钙标准溶液系列　准确吸取 1.00mL、2.00mL、3.00mL、4.00mL、5.00mL $100\mu g \cdot mL^{-1}$ 的钙标准溶液，分别置入 5 个 50mL 比色管中，分别加 $6mol \cdot L^{-1}$ HCl 1mL，用水稀释，定容，摇匀。

② 镁标准溶液系列　准确称取 $50\mu g \cdot mL^{-1}$ 的镁标准溶液 0.50mL、1.00mL、1.50mL、2.00mL、5.00mL，分置于 5 个 50mL 比色管中，分别加 $6mol \cdot L^{-1}$ HCl 1mL，用水稀释，定容，摇匀。

③ 配制自来水样　准确吸取适量（视未知钙、镁的浓度而定）自来水置于 50mL 比色管中，加入 $6mol \cdot L^{-1}$ HCl 1mL，用水稀释，定容，摇匀。

④ 标准系列和水样的测定　以去离子水为参比，然后依次对标准系列和水样进行测定。测定某一种元素时应换用该种元素的空心阴极灯作为光源，分别测定不同浓度标准溶液和水样的钙、镁吸光度。

分别以各金属元素的浓度为横坐标，所测得的吸光度值为纵坐标，绘制标准曲线。从对应的标准曲线上查得各自的浓度，然后根据水样的稀释倍数计算水样中的钙、镁的含量（以 $\mu g \cdot mL^{-1}$ 为单位）。

五、实验思考

（1）简述原子吸收分光光度计的基本原理。

（2）原子吸收分光光度分析为何要有待测元素的空心阴极灯作光源？能否用氢灯或钨灯代替？为什么？

（3）通过实验，你认为原子吸收光谱分析的优点是什么？

实验九　流动相速度对柱效的影响

一、实验目的

（1）熟悉理论塔板数及理论塔板高度的概念、计算方法。

（2）绘制 H-μ 曲线，深入理解流动相速度对柱效的影响。

二、实验原理

在选择好固定液，并制备好色谱柱后，必然要测定柱的效率。表示柱效高低的参数是：理论塔板数（n）和理论塔板高度（H）。人们总希望有众多的理论塔板数和很小的理论塔板高度。计算 n 和 H 的一种方法如下：

$$n = 5.54 \times (t_r / W_{1/2})^2$$
$$H = L/n$$

式中，t_r 为组分的保留时间；$W_{1/2}$ 为半峰宽；L 为柱长。

对气液色谱柱来说，有许多实验参数影响 H 值。但对给定的色谱柱来说，当其他实验参数都确定不变以后，流动相线速（μ）对 H 的影响可由实验测得。将 μ 以外的参数视作常数，则 H 与 μ 的关系可用简化的范氏方程来表示：

$$H = A + B/\mu + C\mu$$

式中，A、B 和 C 为常数，上式中三项分别代表涡流扩散、纵向分子扩散及两相传质阻力对 H 的贡献。可见，μ 过小，使组分分子在流动相中的扩散加剧；μ 过大，使组分在两相中的传质阻力增加。两者均导致柱效下降。显然，在 μ 的选择上发生了矛盾。但总可以找到一个合适的流速，在此流速下，兼顾了分子扩散和传质阻力的贡献，柱效最高，H 值最小。此流速称为最佳流速（μ_{opt}），相应的值称最小理论塔板数（H_{min}）。

流动相速度可用线速（μ）表示，也可用体积速度表示。线速用下式表示：

$$\mu = L/t_0$$

式中，t_0 为非滞留组分的保留时间，又称死时间。柱后体积速度可用皂膜流量计测量，单位为 mL·min^{-1}。

三、实验用品

102G 型气相色谱仪（上海分析仪器厂）、色谱柱、邻苯二甲酸二壬酯（5%，2m×3mm）、热导检测器、微量注射器、秒表。

正己烷（A.R.）。

四、实验步骤

（1）开启氢气钢瓶和载气稳压阀，使载气通入色谱仪。按操作说明书使仪器正常运行，并将有关旋钮及表头调整至下列条件。

柱温及热导检测器温度：80℃。

汽化温度：80℃左右。

热导池电流：120mA。

（2）调节载气流速至某一值，待极限稳定后，注入 0.5μL 正己烷，同时按下秒表。当色谱峰达到顶端时，停止秒表，记下保留时间。再注入 0.1mL 空气（非滞留组分），记下保留时间，并用皂膜流量计测定速度。

（3）分别改变 5 种不同的流速（大、中、小应均有），每改变一种流速后，按步骤（2）进行。

（4）结束后，按操作说明书关好仪器。

五、实验记录及数据处理

（1）作出 H-μ 图，并求出最佳线速即最小理论塔板数。

（2）将另一组同学的数据也绘制在你的同一张方格纸上，并加以比较和讨论。

六、注意事项

（1）必须先通入载气，再开电源。否则，会有热导池钨丝被烧毁的危险！实验结束后，应先关掉电源，再关载气。

（2）旋动色谱仪旋钮及阀要缓慢。

（3）使用微量注射器时，必须严格遵守教师的操作要求。

（4）调节流速到最小值进行实验时，可能流量计已无读数显示，此时必须验证柱后有载气流出。每调整一次流速，必须间隔一段时间，待基线稳定后再进样。

（5）色谱峰过大或过小，应利用"衰减"旋钮调整。

（6）半峰宽的测量应准确进行。

七、实验思考

（1）过高或过低流动相速度为什么使柱效下降？

（2）若载气改为 N_2 后，预测 H-μ 曲线的变化情况，并解释原因。

（3）在得到 H-μ 曲线后，你能利用它求出简化范氏方程中的常数 A、B 和 C 吗？提示：①由简化的范氏方程得到的图像，可看作三个独立函数（即 $H_1=A$，$H_2=B/\mu$，$H_3=C\mu$）的图像叠加而成；②利用极点值的性质。

（4）柱前压力表读数为 0.1MPa，则柱入口载气压力就是 0.1MPa 吗？为什么？

实验十　苯、甲苯、乙苯混合物的气相色谱定量分析

一、实验目的

（1）掌握气相色谱分离多组分混合物的方法。

（2）练习用归一化法定量测定混合物中各组分的含量。

二、实验原理

混合物的分离与定量分析涉及色谱峰的确定和定量方式的选择两个方面。前者属色谱定性分析的内容，后者为色谱定量分析的内容。

在确定的固定相和色谱条件下，每种物质都有一定的保留时间 t_R。因此，在相同的条件下，分别测定纯物质和样品各组分的保留值，将二者进行比较，即可确定样品中各组分的种类。但是，这种利用绝对保留值定性的方法对色谱条件的要求极严，操作条件的变化容易产生误差，因此，通常采用相对保留值法进行定性，即用组分 i 与基准物质 s 的相对保留时间作为定性指标来定性。

$$\alpha_{i,s}=t_{Ri}/t_{Rs}=k_i/k_s$$

由于相对保留值只与两组分的容量因子有关，不受其他操作条件的影响，因此定性更准确。

常用的色谱定量分析方法有归一化法、内标法、标准曲线法等。本实验采用归一化法，即分别求出样品中所有组分的峰面积 A_i 和校正因子 f_i，然后按下式计算各组分含量。

$$W_i(\%) = A_i f_i / \sum A_i f_i \times 100\%$$

这种方法的优点是简便、准确，进样量无须准确，但要求混合物中各组分都必须出峰，并能获得所有峰的面积 A 和校正因子 f 值。

峰面积 A 可依据下式计算：

峰高乘半峰宽法：

$$A = 1.065 h W_{1/2}$$

或峰高乘平均峰宽法：

$$A = \frac{h(W_{0.15} + W_{0.85})}{2}$$

式中，h 为峰高；$W_{1/2}$ 为半峰宽；$W_{0.15}$ 和 $W_{0.85}$ 分别为峰高 0.15 和 0.85 处的峰宽。峰高乘半峰宽法适用于对称峰，峰高乘平均峰宽法适用于非对称峰。

校正因子由下式求得：

$$f_i = q_i / A_i$$

式中，q_i 为样品的质量；A_i 为峰面积。由于在气相色谱中准确测量 q 和 A 比较困难，所以实际上都采用相对校正因子 f_i'。

$$f_i' = (q_i / A_i) / (q_s / A_s) = (q_i / q_s)(A_s / A_i)$$

f_i' 可从手册中查得，亦可直接测量，即准确称量一定质量的待测物（q_i）和标准物（q_s）。混匀后进样，分别测得峰面积 A_i 和 A_s，即可据上式求得相对校正因子 f_i'。

三、实验用品

气相色谱仪、热导池检测器、微量注射器（10μL）、色谱柱、固定相（15%邻苯二甲酸二壬酯）、102 白色担体（60～80 目）、载气（N_2）。

三组分混合标准试剂：质量比为苯∶甲苯∶乙苯＝1∶1∶2（准确称量以备测量相对校正因子）。

苯、甲苯、乙苯三组分的混合样品。

四、实验步骤

（1）开机调试　按下列参考色谱条件将仪器调至所需工作状态。

柱温：100℃。汽化温度：150℃。检测温度：150℃。桥流：120mA。载气：N_2。载气流速：40mL·min^{-1}。纸速：1cm·min^{-1}、5cm·min^{-1}。衰减：自选。

（2）定性分析

① 仪器稳定后，调记录纸速为 1cm·min^{-1}，用 10μL 微量注射器进 2.0μL 混合样品和 5.0μL 空气，记录色谱图，记为色谱图 1。

② 在完全相同的条件下，分别进苯、甲苯、乙苯等纯试剂，每次进样 0.50～1.0μL 试剂和 5.0μL 空气，记录色谱图，记为色谱图 2。

③ 测量校正因子。纸速调至 5cm·min^{-1}，进 2.0μL 三组分混合标准试剂和 5.0μL 空

气，记录色谱图，记为色谱图 3。

④ 混合物的定量分析。纸速仍为 $5cm \cdot min^{-1}$，进 $2.0\mu L$ 混合物样品，记录色谱图，记为色谱图 4。

五、实验记录及数据处理

（1）准确测量色谱图 1～4 各峰的保留时间和死时间；比较各纯试剂与混合物中各峰的保留值，确定各峰是什么物质。

（2）计算甲苯和乙苯的校正保留时间和对苯的相对保留值。

（3）测量各峰的峰面积，以苯为标准，求出其余两组分的相对质量校正因子（质量校正因子文献值是苯 0.780、甲苯 0.794、乙苯 0.818）。

（4）采用归一化法求出混合物中各组分的含量。

六、实验思考

（1）进样量准确与否是否会影响归一化法的分析结果？

（2）能否从理论上解释本实验的出峰顺序？

实验十一　混二甲苯分析

一、实验目的

本实验只给指导性意见，不给过多的具体步骤。由学生自己根据学过的知识去摸索实验最佳条件，然后完成色谱分析全过程。

二、实验原理

混二甲苯是对、间、邻二甲苯的混合物。它们的性质极为相似，沸点甚为接近，用一般方法难以分离分析，但是用气相色谱法容易分析。本实验采用有机皂土、邻苯二甲酸二壬酯为混合固定液，用氢火焰离子化检测器检测。有很多因素影响柱效，如柱温、载气流量、固定液含量、载体性质、进样速度、进样量等。只有在最佳操作条件下，才能达到高柱效。选择操作条件时，在分离良好的基础上，应考虑快速这一因素。本实验受时间限制，只能考察部分条件。

三、实验用品

102G 型气相色谱仪、不锈钢柱、氢火焰离子化检测器、微量注射器、秒表。
固定液、载体及有关溶剂、对、邻、间二甲苯纯样。

四、实验步骤

（1）操作条件选择　可自己先拟定一组初步条件，在分离后加以改进。建议条件如下：
柱温：60～95℃。
载气流量：$25～90mL \cdot min^{-1}$。
汽化温度：100～150℃。
其他条件自定。

（2）定性分析　自拟。

（3）定量分析　自拟。

五、实验记录及数据处理

根据实验内容对实验数据进行处理。

六、实验思考

对自己拟定的分析方法和结果进行思考及讨论。

实验十二　内标法分析低度大曲酒中的杂质

一、实验目的

（1）熟悉相对定量校正因子定义及求取方法。

（2）熟悉内标法定量公式及应用。

二、实验原理

内标法就是将一定量的内标物加入样品后进行分离，然后根据样品质量（W_m）和内标物质量（W_s）以及组分和内标物的峰面积（A_1 和 A_s），按下式即可求出组分的含量：

$$P_i(\%) = (A_i f_i' W_s)/(A_s f_s' W_i) \times 100$$

式中，f_i'、f_s' 为被测组分、标准物的相对定量校正因子。它定义为样品中各组分的定量校正因子（f_i）与标准物的定量校正因子（f_s）之比：

$$f_i' = f_i/f_s = (W_i A_s)/(A_i W_s)$$

式中，W_i、W_s 为被测组分、标准物的质量。为简便，常以内标物本身作为标准物，其 $f_i' = 1.00$。当样品中某些不需测定的组分不能分离、无信号，或只要测定众多组分中少数几个组分时，宜用此法测量。

三、仪器与试剂

102G 型气相色谱仪、色谱柱 PEG-20M（10％，2m×3mm）、氢火焰离子化检测器、微量注射器、秒表、容量瓶。

乙酸乙酯、正丙醇、异丁醇、正丁醇、40％乙醇-水溶液、低度大曲酒、乙酸正戊酯和乙醇（均为分析纯）。

四、实验步骤

（1）按操作说明书使色谱仪正常运行，并调节至如下条件：

柱温：80℃。汽化温度：150℃。氢火焰离子化检测器温度：150℃。载气：氮，0.1MPa。氢气和空气的流量分别为 50mL·min^{-1} 和 500mL·min^{-1}。灵敏度：1000。衰减：1/1。

（2）标准溶液制备　在 10mL 容量瓶中，预先放入约 3/4 的 40％乙醇-水溶液，然后分别加入 4.0μL 乙酸乙酯、正丙醇、异丁醇、正丁醇、乙酸正戊酯，并用 40％乙醇-水溶液稀释至刻度，混匀。

（3）加有内标物的样品的制备　预先用低度大曲酒荡洗 10mL 容量瓶，移取 4.0μL 乙酸正戊醇至容量瓶中，再用大曲酒稀释至刻度，摇匀。

（4）注入 1.0μL 标准溶液至色谱仪中分离，记下各组分的保留时间，再重复两次。

（5）用标准物作对照，确定它们在色谱图上的相应位置。标准物注入量约为 0.1μL，并配以合适的衰减值。

（6）注入 1.0μL 样品溶液分离，方法同步骤（4）、（5），再重复两次。

五、实验记录及数据处理

（1）确定样品中应测定组分的色谱位置。
（2）计算以乙酸正戊酯为标准物的平均相对校正因子。
（3）计算样品中需要测定的各组分的含量（以三次测量的平均值，1×10^{-6} 表示）。

六、注意事项

（1）仔细阅读氢火焰离子检测器的注意事项。
（2）从微量注射器移取溶液时，必须注意液面上气泡的排除，抽液时应缓慢上提针芯，若有气泡，可将注射器针尖向上，使气泡复出后推出。

七、实验思考

（1）本实验中选乙酸正戊酯作为内标，它应符合哪些要求？
（2）配制标准溶液时，把乙酸正戊酯的浓度定为 0.04% 是任意的吗？将其他各组分的浓度也定为 0.04%，其目的是什么？
（3）若在同样实验条件下分离高度大曲酒，可能会带来什么不良后果？
（4）要使大曲酒的分离进一步得到改进，可采取哪些方法？若要知道大曲酒中每一组分，最好采取什么方法定性？

实验十三　萘、联苯、菲的高效液相色谱分析

一、实验目的

（1）了解反相色谱法的特点及应用。
（2）掌握归一化定量方法。
（3）熟悉高效液相色谱仪的结构、各部分的工作原理及操作方法。

二、实验原理

多环芳烃是分布广泛、与人类关系密切、对人体健康威胁极大的环境污染物。多环芳烃及其衍生物中很多具有致癌和致突变性，此外，多环芳烃还可能损伤造血系统和淋巴系统。

在液相色谱中，若采用非极性固定相（如十八烷基键合相）、极性流动相，这种色谱法称为反相色谱法。这种分离方式特别适合于同系物、苯系物等。萘、联苯、菲在 ODS 柱上的作用力大小不等，它们的分配比 k' 值不等，在柱内的移动速率不同，因而先后流出柱子。根据组分峰面积大小及测得的定量校正因子，就可由归一化定量方法求出各组分的含量。归

一化定量公式为：

$$P_i(\%)=\frac{A_if_i'}{A_1f_1'+A_2f_2'+\cdots+A_nf_n'}\times100$$

式中　A_i——组分 i 的峰面积；

f_i'——组分 i 的相对定量校正因子。

采用归一化法的条件是样品中所有组分都要流出色谱柱，并能给出信号。此法简便、准确，对进样量的要求不十分严格。

三、实验用品

高效液相色谱仪：配置紫外吸收检测器（254nm）。色谱柱：Econosphere C_{18}（$3\mu m$），10cm×4.6mm。微量注射器。分析天平。容量瓶。

甲醇：分析纯，重蒸馏一次。萘、联苯、菲（均为分析纯）。流动相：甲醇：水＝88：12。二次蒸馏水。

四、实验步骤

（1）按仪器操作说明书使色谱仪正常运行，并将实验条件调节如下：柱温为室温；流动相流量为 1.0mL·min^{-1}；检测器工作波长为 254nm。

（2）标准溶液配制　准确称取萘 0.0800g、联苯 0.0200g、菲 0.0100g，用重蒸馏的甲醇溶解，并转移至 50mL 容量瓶中，用甲醇稀释至刻度。

（3）在仪器基线平直后，注入标准溶液 3.0μL，记下各组分保留时间。再分别注入纯标样对照。

（4）注入样品 3.0μL，记下保留时间。重复 2 次。

（5）实验结束后，按要求关好仪器。

五、实验记录及数据处理

（1）确定未知样中各组分的出峰次序。

（2）求取各组分的相对定量校正因子。

（3）求取样品中各组分的含量。

（4）计算以萘为标准时的柱效。

六、注意事项

（1）用微量注射器吸液时，要防止气泡吸入。首先将擦干净并用样品润洗过的注射器插入样品液面后，反复提拉数次，驱除气泡，然后缓慢提升针芯到刻度。

（2）进样与按下计时按键要同步，否则影响保留值的准确性。

（3）室温较低时，为加速萘的溶解，可用红外灯稍稍加热。

七、实验思考

（1）观察所得的色谱图，解释不同组分之间分离差别的原因。

（2）高效液相色谱柱一般可在室温下进行分离，而气相色谱柱则必须恒温，为什么？高效液相色谱柱有时也实行恒温，这又是为什么？

(3) 说明紫外吸收检测器的工作原理。

实验十四　黄连粉中盐酸小檗碱的高效液相色谱分析

一、实验目的

(1) 理解反相色谱的原理和应用。
(2) 掌握标准曲线定量法。

二、实验原理

黄连为我国名产药材之一，抗菌力很强，对急性结膜炎、口疮、急性细菌性痢疾、急性肠胃炎等均有很好的疗效。黄连中含有多种生物碱，除以黄连素（俗称小檗碱，berberine）为主要有效成分外，尚含有黄连碱、甲基黄连碱、棕榈碱和非洲防己碱等。随野生和栽培及产地不同，黄连中黄连素的含量约为 4%～10%。含黄连素的植物很多，如黄柏、三颗针、伏牛花、白屈菜、南天竹等均可作为提取黄连素的原料，但以黄连和黄柏含量为高。

小檗碱有季铵式、醛式、醇式 3 种能互变的结构，以季铵式最稳定。小檗碱的盐都是季铵盐，于硫酸小檗碱的水溶液中加入计算量的氢氧化钡，生成棕红色强碱性游离小檗碱，易溶于水，难溶于乙醚，称为季铵式小檗碱。如果于水溶性的季铵式小檗碱水溶液中加入过量的碱，则生成游离小檗碱的沉淀，称为醇式小檗碱。如果用过量的氢氧化钠处理小檗碱盐类，则能生成溶于乙醚的游离小檗碱，能与羟胺反应生成衍生物，说明分子中有活性醛基，称为醛式小檗碱。小檗碱的提取方法主要有溶剂法（包括水或水-有机溶剂法、醇-酸水-有机溶剂法、碱化有机溶剂法）、离子交换树脂法、沉淀法等，通过生物碱特有的沉淀反应和显色反应对其进行鉴别。

黄连素是黄色针状体，微溶于水和乙醇，较易溶于热水和热乙醇中，几乎不溶于乙醚。黄连素的结构式以较稳定的季铵碱为主，其结构式为：

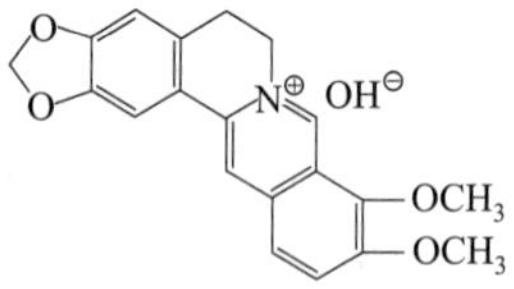

在自然界，黄连素多以季铵盐的形式存在，其盐酸盐、氢碘酸盐、硫酸盐、硝酸盐均难溶于水，易溶于热水，且各种盐的纯化都比较容易。

黄连粉用甲醇定量提取，采用 Econosphere C_{18} 反相液相色谱柱进行分离，以紫外检测器进行检测，以盐酸小檗碱标准系列溶液的色谱峰面积对其浓度作工作曲线，再根据样品中的盐酸小檗碱的峰面积，由工作曲线算出其浓度。

三、实验用品

LC-10A 液相色谱仪（日本岛津公司）。色谱柱：AT-330 ODS C_{18} 柱。平头微量注射器。分析天平。容量瓶。

甲醇（色谱纯）。二次蒸馏水。氯仿（A.R.）。1mol·L^{-1} NaOH。NaCl（A.R.）。Na_2SO_4（A.R.）。黄连素对照品。黄连粉。1mg·mL^{-1}黄连素标准储备溶液：精密称取黄

连素标准品 0.0100g，用流动相配成 10mL 溶液备用。

四、实验步骤

（1）按操作说明使色谱仪正常工作，色谱条件为：

色谱柱：AT-330 ODS C_{18}柱。流动相：甲醇-水（35∶65）。检测波长：343nm。流速：1.0mL·min^{-1}。柱温：40℃。进样量：对照品溶液和样品溶液均为 20μL。

（2）盐酸小檗碱标准曲线绘制　移取 1.00mL 储备液用流动相定容至 25mL，得 0.04mg·mL^{-1}的对照品，过滤待测。精密吸取配制的六种浓度的溶液 0.1mL、0.2mL、0.4mL、0.8mL、1.0mL，定容 10mL，分别注入液相色谱仪，以标准品浓度为横坐标，标准品峰面积为纵坐标，绘制标准曲线。

（3）样品处理　精密称取精制的盐酸小檗碱 0.1000g，用流动相定容于 100mL 容量瓶中，定容至刻度，摇匀。将上层清液转移至 100mL 容量瓶中，并按此步骤再重复二次，最后用流动相定容至刻度，摇匀。将上述样品溶液进行滤膜（45μm）过滤。

（4）测定　分别注入样品试液 10μL，根据保留时间确定样品中盐酸小檗碱色谱峰的位置，再重复二次，记下盐酸小檗碱的色谱峰面积。

（5）实验结束后，按要求关好仪器。

五、实验记录及数据处理

（1）根据盐酸小檗碱标准系列溶液的色谱图，绘制峰面积与其浓度的关系曲线。

（2）根据样品中小檗碱色谱峰的峰面积，由工作曲线计算小檗碱含量（分别用 mg·L^{-1}、mg·g^{-1}表示）。

六、注意事项

（1）测定小檗碱的传统方法是先经萃取，再用紫外光度法测定。由于一些具有紫外吸收的杂质同时被萃取，所以，测定结果具有一定误差。液相色谱法先经色谱柱高效分离后再检测分析，测定结果正确。实际样品成分往往比较复杂，如果不先萃取直接进样，虽然操作简单，但会影响色谱柱寿命。

（2）若样品和标准溶液需保存，应置于冰箱中。

（3）为获得良好结果，标准品和样品的进样量要严格保持一致。

七、实验思考

（1）用标准曲线法定量的优缺点是什么？

（2）根据结构式，盐酸小檗碱能用离子交换色谱法分析吗？为什么？

（3）若标准曲线用盐酸小檗碱浓度对峰高作图，能给出准确结果吗？与本实验的标准曲线相比何者优越？为什么？

实验十五　果汁（苹果汁）中有机酸的分析

一、实验目的

（1）了解 HPLC 在食品分析中的应用。

(2) 理解缓冲溶液在流动相中的作用。

(3) 掌握用内标法对组分进行定量分析的方法。

二、实验原理

在食品中，主要的有机酸是乙酸、丁二酸、苹果酸、柠檬酸、酒石酸等，它们可能来自原料、发酵过程或是添加剂。这些有机酸在水溶液中有较大的解离度。在反相键合相色谱中易发生色谱峰拖尾现象。苹果汁中的有机酸主要是苹果酸和柠檬酸。在酸性流动相条件下（如 pH 2～5），上述有机酸的解离得到抑制，利用分子状态的有机酸的疏水性，使其在 C_{18} 键合相色谱柱中能够保留。由于不同有机酸的疏水性不同，疏水性大的有机酸在固定相中保留强，较晚流出色谱柱，否则较早流出，从而使组分得到分离。

内标法是色谱定量中常用的方法，该法适用于只需对样品中某几个组分进行定量的情况，定量比较准确，对进样量和操作条件的稳定性要求不太苛刻。本实验选择酒石酸为内标物，只对苹果汁中的苹果酸和柠檬酸进行定量分析。

有机酸在波长 210nm 附近有较强的吸收，因此可采用紫外检测器进行检测。

三、实验用品

高效液相色谱仪、紫外检测器、脱气装置。

磷酸二氢铵（优级纯）：配制 8mmol·L^{-1} 水溶液和 2mmol·L^{-1} 水溶液。重蒸去离子水。苹果酸（优级纯）：准确称取一定量的苹果酸，用重蒸水配制 1000mg·L^{-1} 的溶液，使用时适当稀释。柠檬酸、酒石酸皆为优级纯，配制水溶液（方法同苹果酸）。3 种有机酸的混合标准溶液：各含约 200mg·L^{-1}。苹果汁：市售苹果汁，用 $0.45\mu m$ 滤膜过滤后备用。

四、实验步骤

(1) 参照仪器使用说明书开机，排空流路中的气泡。

(2) 设置实验参数：C_{18} 键合相色谱柱，流动相为磷酸二氢铵 8mmol·L^{-1} 水溶液和 2mmol·L^{-1} 水溶液，比例为 1/1（体积比），流速为 1.0mL·min^{-1}，柱温为 30℃，紫外检测波长为 210nm，进样量 $20\mu L$。

(3) 启动色谱系统，待基线稳定后，注入三种有机酸的混合标样，观察分离情况。

(4) 调整流动相比例，使 3 种有机酸得到良好的分离。

(5) 分别注入 3 种有机酸的标样，根据保留值进行定性。

(6) 注入有机酸混合标样，重复 3 次（峰面积误差小于 3%），用于计算各自的校正因子。

(7) 注入待测苹果汁样品，重复 3 次（峰面积误差在 3% 之内）。

(8) 准确称量一定的内标物酒石酸样品，加入到准确称量的待测苹果汁样品中，记录各自的称量值，摇匀待用。

(9) 注入含有内标物的待测苹果汁样品，重复 3 次（峰面积误差在 3% 之内）。

(10) 实验结束，按关机程序关机。

五、注意事项

(1) 配制样品时，称量一定要准确。

(2) 实验结束后以纯水为流动相，冲洗色谱柱，以避免柱的堵塞。

六、实验记录及数据处理

(1) 计算 3 种有机酸的校正因子和分离度。
(2) 以酒石酸为内标物，按内标法计算苹果汁中苹果酸和柠檬酸的含量。

七、实验思考

(1) 假设以 50％的甲醇/水或 50％乙腈/水为流动相，苹果酸、柠檬酸的保留值会如何变化？如何解决？
(2) 流动相中磷酸二氢铵的浓度变化，对组分分离有什么影响？
(3) 说明外标法和内标法定量的优缺点。

实验十六　气相色谱-质谱联用（GC-MS）（演示实验）

一、实验目的

(1) 了解质谱检测器的基本组成及功能原理，学习质谱检测器的调谐方法。
(2) 了解色谱工作站的基本功能，掌握利用气相色谱-质谱联用仪进行定性分析的基本操作。

二、实验原理

气相色谱法（gas chromatography，GC）是一种应用非常广泛的分离手段，它是以惰性气体作为流动相的柱色谱法，其分离原理是基于样品中的组分在两相间分配上的差异。气相色谱法虽然可以将复杂混合物中的各个组分分离开，但其定性能力较差，通常只是利用组分的保留特性来定性，这在欲定性的组分完全未知或无法获得组分的标准样品时，对组分定性分析就十分困难了。随着质谱（mass spectrometry，MS）、红外光谱及核磁共振等定性分析手段的发展，目前主要采用在线的联用技术，即将色谱法与其他定性或结构分析手段直接联机，来解决色谱定性困难的问题。气相色谱-质谱联用（GCMS）是最早实现商品化的色谱联用仪器。目前，小型台式 GCMS 已成为很多实验室的常规配置。

(1) 质谱仪的基本结构和功能　质谱系统由真空系统、进样系统、离子源、质量分析器、检测器和计算机控制与数据处理系统（工作站）等部分组成。

质谱仪的离子源、质量分析器和检测器必须在高真空状态下工作，以减小本底的干扰，避免发生不必要的分子-离子反应。质谱仪的高真空系统一般由机械泵和扩散泵或涡轮分子泵串联组成。首先机械泵将真空抽到 $10^{-1} \sim 10^{-2}\,Pa$，然后由扩散泵或涡轮分子泵将真空度降至质谱仪工作需要的真空度 $10^{-4} \sim 10^{-5}\,Pa$。虽然涡轮分子泵可在十几分钟内将真空度降至工作范围，但一般仍然需要继续平衡 2h 左右，充分排除真空体系内存在的诸如水分、空气等杂质，以保证仪器工作正常。

气相色谱-质谱联用仪的进样系统由接口和气相色谱组成。接口的作用是使经气相色谱分离出的各组分依次进入质谱仪的离子源。接口一般应满足如下要求：a. 不破坏离子源的高真空，也不影响色谱分离的柱效；b. 使色谱分离后的组分尽可能多的进入离子源，流动相尽可能少的进入离子源；c. 不改变色谱分离后各组分的组成和结构。

离子源的作用是将被分析的样品分子电离成带电的离子，并使这些离子在离子光学系统的作用下，汇聚成有一定几何形状和一定能量的离子束，然后进入质量分析器被分离。其性能直接影响质谱仪的灵敏度和分辨率。离子源的选择主要依据被分析物的热稳定性和电离的难易程度，以期得到分子离子峰。电子轰击电离源（EI）是气相色谱-质谱联用仪中最为常见的电离源，它要求被分析物能汽化且汽化时不分解。

质量分析器是质谱仪的核心，它将离子源产生的离子按质荷比（m/z）的不同，根据空间位置、时间的先后或轨道的稳定与否进行分离，以得到按质荷比大小顺序排列的质谱图。以四极质量分析器（四极杆滤质器）为质量分析器的质谱仪称为四极杆质谱。它具有重量轻、体积小、造价低的特点，是目前台式气相色谱-质谱联用仪中最常用的质量分析器。

检测器的作用是将来自质量分析器的离子束进行放大并进行检测，电子倍增检测器是色谱-质谱联用仪中最常用的检测器。

计算机控制与数据处理系统（工作站）的功能是快速准确地采集和处理数据；监控质谱及色谱各单元的工作状态；对化合物进行自动的定性定量分析；按用户要求自动生成分析报告。

标准质谱图是在标准电离条件 70eV 电子束轰击已知纯有机化合物得到的质谱图。在气相色谱-质谱联用仪中，进行组分定性的常用方法是标准谱库检索，即利用计算机将待测组分（纯化合物）的质谱图与计算机内保存的已知化合物的标准质谱图按一定程序进行比较，将匹配度（相似度）最高的若干个化合物的名称、分子量、分子式、识别代号及匹配率等数据列出供用户参考。值得注意的是，匹配率最高的并不一定是最终确定的分析结果。

目前比较常用的通用质谱图库有美国国家科学技术研究所的 NIST 库、NIST/EPA（美国环保署）/NIH（美国卫生研究院）库和 Wiley 库，这些谱图库收录的标准质谱图均在 10 万张以上。

（2）质谱仪的调谐　为了得到好的质谱数据，在进行样品分析前应对质谱仪的参数进行优化，这个过程就是质谱仪的调谐。调谐中将设定离子源部件的电压；设定 Amu gain 和 Amu off 值以得到正确的峰宽；设定电子倍增器（EM）电压保证适当的峰强度；设定质量轴保证正确的质量分配。

调谐包括自动调谐和手动调谐两类方式，自动调谐中包括自动调谐、标准谱图调谐、快速调谐等方式。如果分析结果将进行谱库检索，一般先进行自动调谐，然后进行标准谱图调谐以保证谱库检索的可靠性。

三、实验用品

GCMS-QP 2010 Plus 气相色谱-质谱仪、He 气源（99.999%）、毛细管色谱柱（RTX-5MS，30m×0.32mm×0.25μm）、10.0μL 微量进样器。

甲苯、邻二甲苯和萘的混合物的苯溶液，浓度均为 $100×10^{-6}$。

四、实验步骤

（1）气相色谱-质谱联用仪的开启及调谐

① 检查质谱放空阀门是否关闭；毛细管柱是否接好。

② 打开 He 钢瓶，调节输出压力为 0.8MPa。

③ GC-MS 主机启动时需按以下顺序：

a. 依次接通 MS 主机电源开关；

b. 接通 GC 主机电源开关；

c. 接通计算机主机电源开关；

d. 接通打印机电源开关。

④ 进入计算机桌面后，鼠标左键双击桌面上的"GCMS 实时分析"图标。

⑤ "GCMS 实时分析"程序启动，输入"用户名"和"密码"，进入"GCMS Solution"工作站。

⑥ 初次使用时，点击"System Configuration"，进行系统配置。

⑦ 点击"Vacuum Control"后，点击"Auto Startup"启动真空系统，显示准备完毕后，点击"Close"，等待 10min 后进行泄漏检验。

⑧ 点击"Real Time"辅助栏中的"Tuning"，打开调谐画面。

⑨ 点击调谐辅助栏中的"Peak Monitor View"，打开峰监视画面；改变监视组为"水、空气"，m/z 改为 18、28、32；检测电压设为 0.7kV，点亮灯丝，确认峰强度；m/z 28 的峰强度在 m/z 18 强度的 2 倍以内时视为真空正常，否则视为漏气，必须检查。

⑩ 装置启动或离子源温度变更后，约经 2h 等待离子源温度稳定后，进行自动调谐。点击"Real Time"辅助栏中的"Tuning"；点击"Tuning"辅助栏中的"Start Auto Tuning"进行自动调谐；调谐完成后自动输出调谐报告，选择工具栏中的文件保存，保存该文件；关闭调谐画面。

（2）分析条件的设定

① 点击"Real Time"辅助栏中的"Data Acquisition"，进行分析条件设定。

② 点击"GC"设定气相色谱分析条件。输入"Column Oven Temp"色谱柱工作初始温度；输入"Injection Temp"进样器汽化室温度；输入"Injection Mode"进样模式；输入"Flow Control Mode"流量控制方式；流量控制参数（Column Flow，Purge Flow，Split Ratio）；若使用程序升温工作方式，设定程序升温参数。

③ 点击"MS"设定质谱分析条件。输入"Ion Source Temp"离子源工作温度；输入"Interface Temp"接口工作温度；输入"Solvent Cut Time"溶剂切除时间；输入"Detector Voltage"检测器电压；输入数据采集模式"SCAN 或 SIM"、阈值、扫描时间和速度、扫描范围等参数。

④ 仪器 GC、MS 工作参数设定完成以后，选择"File"菜单中的"Save Method File As"，输入文件名，点击"Save"。

（3）数据采集

① 点击"Sample Login"输入数据采集信息。

② 输入"Sample Name"样品名；输入"Data File"数据文件名；输入"Tuning File"调谐文件名。

③ 点击"Standby"将方法文件向装置传送。GC 和 MS 准备完毕后，"Start"钮成绿色，说明可以进样分析。

④ 分析结束后，关闭系统。

（4）系统关闭　GCMS 是在高真空条件下运行，停机前必须放空为常压。

① 点击 GCMS "Real Time"辅助栏中的"Vacuum Control"。

② 点击"Auto Shutdown"，装置自动停止。切断离子源加热器，GC 的所有加热通道温度设定为 30℃；MS 全部温度降至 100℃以下，MS 停止；涡轮泵停止，放空阀被打开；GC 系统和流量系统关闭；放空阀关闭，自动停止关闭。

③ 确认装置关闭，点击"Vacuum Control"中的"Close"。

④ 退出"GCMS Real Time Analysis"，关闭打印机、计算机。

⑤ 关闭 GC 主机开关。

⑥ 关闭 MS 主机开关。

⑦ 关闭 He 钢瓶阀门。

（5）数据处理

① 分析结束后，点击桌面"GCMS Postrun Analysis"进入后处理窗口。

② 点击辅助栏中"Qulitative"。

③ 在数据浏览器中选择所要处理的数据文件并打开。

④ 双击所要处理的峰，即可得到一张质谱图。

⑤ 点击工具栏中背景扣除按钮，进行背景扣除。

⑥ 点击工具栏中"Similarity Search"，即可得到检索结果。

五、实验记录及数据处理

（1）观察各峰的保留时间、主要质谱峰碎片，分析可能结构，并与 Library Search 中搜索结构相对照。

（2）对样品组分利用面积归一化法进行定量分析。

六、注意事项

（1）MS 在工作前需要调谐，调谐需满足以下条件：质谱峰形对称，没有明显分叉；质谱峰 m/z 69、m/z 219、m/z 502 半峰宽在 0.5～0.7 之间；检测电压不超过 2kV；质谱图中基峰是 m/z 69 或 m/z 18；m/z 502 的丰度大于 2%；m/z 69 峰强度是 m/z 28 峰强度的 2 倍。

（2）GC-MS 灵敏度较高，因此进样量要适当，否则灯丝容易过载保护。

（3）GC-MS 属精密仪器，要求环境整洁干燥，且定期维护。

七、实验思考

（1）质谱分析过程中，需要注意的问题有哪些？

（2）气相色谱-质谱联用可用于哪些领域与方面？

实验十七　X 射线衍射分析（演示实验）

一、实验目的

（1）了解衍射仪（附录 18）与衍射实验技术。

（2）掌握 X 射线定性相分析的基本原理和方法。

（3）测绘一个单相矿物和一个混合物的衍射图，并根据衍射数据作出物相鉴定。

二、实验原理

1. 衍射仪的结构原理及使用

（1）衍射仪的结构和原理　衍射仪是进行 X 射线分析的重要设备，主要由高压控制系统、测角仪、记录仪和水冷却系统组成。新型的衍射仪还带有条件输入和数据处理系统。图 6.1示出了 X 射线衍射仪框图。

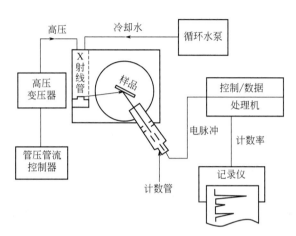

图 6.1　X 射线衍射仪框图

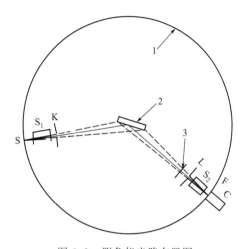

图 6.2　测角仪光路布置图
1—测角仪圆角；2—样品台；3—X 射线源

测角仪是衍射仪的重要部分，其几何光路如图 6.2 所示。X 射线源焦点与计数管窗口分别位于测角仪圆周上，样品位于测角仪圆的正中心。在入射光路上有固定式梭拉狭缝 S_1 和可调式发射狭缝 K，在反射光路上也有固定式梭拉狭缝 S_2 和可调式防散射狭缝 L 与接收狭缝 F，有的衍射仪还在计数管 C 前装有单色器。当给 X 光管加以高压，产生的 X 射线经由发射狭缝照射到样品上，晶体中与样品表面平行的面网，在符合布拉格条件时即可产生衍射而被计数管接收。当计数管在测角仪圆所在平面内扫描时，样品与计数管以 1：2 速度连动。因此，在某些角位置能满足布拉格条件的面网所产生的衍射线将被计数管依次记录并转换成电脉冲信号，经放大处理后通过记录仪描绘成衍射图。

（2）衍射实验方法　X 射线衍射实验方法包括样品制备、实验参数选择和样品测试。

① 样品制备　在衍射仪法中，样品制作上的差异对衍射结果所产生的影响，要比照相法中大得多，因此，制备符合要求的样品，是衍射仪实验技术中重要的一环，通常制成平板状样品。衍射仪均附有表面平整光滑的玻璃的或铝质的样品板，板上开有窗孔或不穿透的凹槽，样品放入其中进行测定。

粉晶样品的制备：

a. 将被测试样在玛瑙研钵中研成 $10\mu m$ 左右的细粉。

b. 将适量研磨好的细粉填入凹槽，并用平整光滑的玻璃板将其压紧。

c. 将槽外或高出样品板面的多余粉末刮去，重新将样品压平，使样品表面与样品板面一样平齐光滑。若是使用带有窗孔的样品板，则把样品板放在一表面平整光滑的玻璃板上，将粉末填入窗孔，捣实压紧即成。在样品测试时，应使贴玻璃板的一面对着入射 X 射线。

特殊样品的制备：对于金属、陶瓷、玻璃等一些不易研成粉末的样品，可先将其锯成窗孔大小，磨平一面，再用橡皮泥或石蜡将其固定在窗孔内。对于片状、纤维状或薄膜样品，也可取窗孔大小直接嵌固在窗孔内。但固定在窗孔内的样品，其平整表面必须与样品板平齐，并对着入射 X 射线。

② 测量方式和实验参数选择

a. 测量方式　衍射仪测量方式有连续扫描法和步进扫描法。

连续扫描法是由脉冲平均电路混合成电流起伏，而后用绘图记录仪描绘成相对强度随 2θ（θ 是指衍射实验中的掠射角）变化的分布曲线。

步进扫描法是由定标器定时或定数测量并由数据处理系统显示或打印，或由绘图仪描绘成强度随 2θ 变化的分布曲线。

不论是哪一种测量方式，快速扫描的情况下都能相当迅速地给出全部衍射花样，它适合于物质预检，特别适用于对物质进行鉴定或定性估计。以衍射花样局部做非常慢的扫描，适合于精细区分衍射花样的细节和进行定量的测量。例如混合物相的定量分析，精确的晶面间距测定、晶粒尺寸和点阵畸变的研究等。

b. 实验参数选择

ⅰ. 狭缝　狭缝的大小对衍射强度和分辨率都有影响。大狭缝可得到较大的衍射强度，但降低分辨率，小狭缝可提高分辨率但损失强度，一般如需要提高强度时宜选大些的狭缝，需要高分辨率时宜选小些的狭缝，尤其是接收狭缝对分辨率影响更大。每台衍射仪都配有各种狭缝以供选用。

ⅱ. 量程　量程是指记录纸满刻度时的计数（率）强度。增大量程可表现为 X 射线记录强度的衰减，不改变衍射峰的位置及宽度，并使背底和峰形平滑，但却能掩盖弱峰使分辨率降低，一般分析测量中量程选择应适当。当测量结晶不良的物质或主要想探测、分辨弱峰时，宜选用小量程。当测量结晶良好的物质或主要想探测强峰时，量程可以适当大些，但以能使弱峰显示、强峰不超出记录纸满标为限。

ⅲ. 时间常数和预置时间　连续扫描测量中采用时间常数，它是指计数率仪中脉冲平均电路对脉冲响应的快慢程度。时间常数大，脉冲响应慢，对脉冲电流具有较大的平整作用，不易辨出电流随时间变化的细节，因而，强度弧线相对光滑，峰形变宽，高度下降，峰值移向扫描方向；时间常数过大，还会引起线性不对称，使一条线的后半部分拉宽。反之，时间常数小，能如实绘出计数脉冲到达速率的统计变化，易于分辨出电流随时间变化的细节，使弱峰易于分辨，衍射线性和衍射强度更加真实。计数率仪均配有多种可供选择的时间常数。步进扫描中采用预置时间来表示定标器一步之内的计数时间，起着与时间常数类似的作用，也有多种可供选择的方式。

ⅳ. 扫描速度和步宽　连续扫描中采用的扫描速度是指计数器转动的角速度。慢速扫描可使计数器在某衍射角度范围内停留的时间更长，接收的脉冲数目更多，使衍射数据更加可靠。但需要花费较长的时间，对于精细的测量应采用慢扫描，物相的预检或常规定性分析可采用快扫描，在实际应用中可根据测量需要选用不同的扫描速度。

步进扫描中用步宽来表示计数管每步扫描的角度，有多种方式表示扫描速度的快慢。

ⅴ. 走纸速度和角放大　连续扫描中的走纸速度起着与扫描速度相反的作用，快的走纸速度可使衍射峰分得更开，提高测量准确度。一般精细的分析工作可用较快速度的走纸，常规的分析可使走纸速度适当慢些。步进扫描中用角放大来代替纸速，大的角放大倍数可使衍射峰分得更开。此外，靶材、滤片及管流、管压都宜适当选择。值得指出的是，要想得到一张显示物质精细变化的高质量衍射图，应根据不同的分析目的而使各种参数适当配合。

较先进的步进扫描设置有平滑和寻峰条件，它是在一个图形上自动打印衍射线的 2θ 值或晶面间距（即衍射面间距）值 d 的随机函数。平滑是一个抑制由于统计变化而引起的不规则线性的平均过程，它采用寻峰条件——宽度（步宽×2～100）和陡度（cps/步）来决定一个衍射峰。在平滑寻峰过程中，超过设定宽度和陡度的都被看作峰而被记录打印，未超过设定宽度和陡度的都被平滑而当作无峰处理。平滑和寻峰条件的选择可根据寻峰的种类、预置时间的长短及步宽来进行。

在其他条件相同的情况下，可采用较大的平滑来探测弱峰，而当预置时间增大时，宽度/陡度可减小。这种带有平滑和寻峰条件的步进扫描测量，对于快速寻找衍射 d 值进行物相鉴定无疑是一种优越的测量方式，现在广泛地应用在物相分析中。

(3) 样品测量

① 开机前的准备和检查　将准备好的试样插入衍射仪样品架，盖上顶盖，关闭防护罩，开启水龙头，使冷却水流通。检查 X 光管窗口应关闭，管流管压表指示最小位置。接通总电源，接通稳压电源。

② 开机操作　开启衍射仪总电源，启动循环水泵。待准备灯亮后，接通 X 光管电源。缓慢升高电压、电流至需要值（若为新 X 光管或停机再用，需预先在低管压、管流下"老化"后再用）。设置适当的衍射条件，打开记录仪和 X 光管窗口，使计数管在设定条件下扫描。

③ 停机操作　测量完毕，关闭 X 光管窗口和记录仪电源。利用快慢旋转使测角仪计数管恢复至初始状态。缓慢顺序降低管电流、电压至最小值，关闭 X 光管电源，取出试样。15min 后关闭循环水泵，关闭水龙头。关闭衍射仪总电源、稳压电源及线路总电源。

具体分析步骤：

a. 使用 NaI 闪烁计数器采集数据　启动计算机控制系统。打开冷却水泵，检查水泵水温设置及实际水温指示，正常范围应为 19～24℃。

将钥匙转置Ⅰ挡，启动衍射仪主机；启动完成后，将钥匙转置Ⅱ挡，按下灯丝键；1min 后按下高压开关；将仪器调到 AUTOMATIC RUN，预热仪器；预热完成后用 Diffrac Plus Basic 的系统控制管理软件将衍射仪与计算机联机。

按照 JY/T 009—1996《转靶多晶体 X 射线衍射方法通则》的要求制样。

放置样品：将制备好的样品皿平放在衍射仪的样品台支架上，水平固定。

数据采集：打开计算机中的 Diffrac Plus Basic 数据采集软件，选择合适的狭缝系统和滤色片，设定好测试速率、角度范围、扫描步长后采集数据。

b. 使用 PSD 位敏探测器采集数据　启动计算机控制系统，打开钢瓶气阀开关，调节气压数值为 7.5，气流量数值为 20，稳定 2h。

打开冷却水泵，检查水泵水温设置及实际水温指示，正常范围应为 19～24℃。

将钥匙转置Ⅰ挡，启动衍射仪主机；启动完成后，将钥匙转置Ⅱ挡，按下灯丝键；1min 后按下高压开关；将仪器调到 AUTOMATIC RUN，预热仪器；预热完成后用 Diffrac Plus Basic 的系统控制管理软件将衍射仪与计算机联机；打开 PSD 高压开关。

装上位敏探测器，将三个机械窗口开至最大；将仪器公司提供的 SiO_2 晶体板放到样品台上固定好，为仪器校正做好准备。

打开 MEASUREMENT 程序，将光管和探测器都定位于 13.3220 (θ)；检查光管高压是否打开，使之保持在打开状态。

能量校正：打开 ASA32S 能量校正程序，寻找最合适的能量范围，然后关闭该程序。

角度校正：打开 PSD CALIBRATION 程序，点击 CREAT DQL FILE，PEAK 值定于 26.64，然后保存并退出该程序；打开 UNTITLED EDIT DQL 程序，选择 NEW QUALI-TATIVE EXTENTED，选择 TIME/STEP（视情况而定），SCINTILLATION 选择（3）保存，然后退出该程序；打开 JOB MEASUREMENT，调入保存好的 CALI-BRAIONG..DQL 文件，运行该程序，开始角度校正的数据采集；数据采集完成后，打开 PSD CALIBRATION 程序，点击 ANALYZE RAW FILE，调入所采集的角度校正的数据，将参数定为 26.64，下面的四个空白框都选中，点击 START CALIBRATION，如果四个框上面都有数据显示，表示校正通过；然后点击 SAVE IN CNF 按钮，关闭该程序。

将 PSD 位敏探测器的三个机械狭缝系统调节为 ±5、±3、±4，打开 JOB MEASURE-MENT 程序，填入保存数据的目标文件夹和文件名，调入测量条件文件（范围以及速度）。

按照 JY/T 009—1996《转靶多晶体 X 射线衍射方法通则》的要求制样。

用 JOB MEASUREMENT 程序进行数据的采集。

c. 数据处理及分析　利用仪器自带的软件 Diffrac Plus Eva 可以进行相应的数据处理（曲线平滑处理、寻峰、峰面积计算等）；利用 Diffrac Plus Search 可以进行物相检索；利用 Diffrac Plus Topas P 可以对 X 射线线形进行函数模拟和基本参数法拟合；利用 Diffrac Plus Dquant 可以做物相的定量分析。

d. 关闭所有 Diffrac Plus 的程序，用 MEASUREMENT 程序将电流电压分别降至 20kV、5mA，运行 30s 后停止，关闭该程序；关闭其他计算机应用程序后关闭计算机。

e. 按下灯丝键，1min 后按下 OFF 键；高压钥匙拧至 0 处；关闭钢瓶气阀；关闭 PSD 高压开关；

f. 10min 后关闭冷却水泵。

异常情况的处理：仪器工作中遇到报警、停电等紧急情况时，应关掉仪器上所有控制开关，利用 UPS，快速保存已有的数据，等待排除故障或来电。

期间核查：在检定周期内，至少做一次期间核查，校验仪器，确保仪器的工作精度。核查内容包括：峰位准确性、分辨率和重复性。期间核查使用的 SiO_2 晶体板由 Bruker 公司提供（Bruker AXS，Quartzprobe C79298-A3158-B61，AXS/TESTED，01/08，RA435）。

2. 定性相分析的原理和方法

根据晶体对 X 射线的衍射特征——衍射线的方向及强度来鉴定结晶物质之物相的方法，就是 X 射线物相分析法。

每一种结晶物质都有各自独特的化学组成和晶体结构。没有任何两种物质，它们的晶胞大小、质点种类及其在晶胞中的排列方式是完全一致的。因此，当 X 射线被晶体衍射时，每一种结晶物质都有自己独特的衍射花样，它们的特征可以用各个衍射网面的间距 d 和衍射线的相对强度 I/I_0 来表征。其中面网间距 d 与晶胞的形状和大小有关，相对强度则与质点的种类及其在晶胞中的位置有关。所以任何一种结晶物质的衍射数据 d 和 I/I_0 是其晶体结构的必然反映，因而可以根据它们来鉴别结晶物质的物相。

（1）JPCPDS 卡片及其检索方法　JCPDS 卡片即 X 射线粉晶数据卡片，每张卡片上列有一种物质的标准衍射数据 d 和 I/I_0 及结晶学数据等。由于结晶物质很多，卡片数量也多达几万张，为了便于查找，需用索引来检索。常用索引及使用方法如下。

① Hanawalt 索引　Hanawalt 索引是一种按 d 值编排的数字索引。每一个标准衍射花

样以 8 条最强线的 d 值和相对强度来表征。8 条线的 d 值按强度递减的顺序排列。前 3 条在 $2\theta<90°$ 范围内。每条线的相对强度标在 d 值的右下角，用"x"代表强度为 10，"g"代表强度大于 10，其余数字都表示相对值。如 $2.47x$、2.14_4、1.51_3 表示当 d 值为 2.47 时的面网的衍射强度为 100%，d 值为 2.14 的面网的衍射强度为 40%，d 值为 1.51 的面网的衍射强度为 30%。标准衍射花样的编排次序，由 8 条线中第一、第二个 d 值决定。整个索引按适当的间隔分成 51 个 Hanawalt 组，第一条线的 d 值落在哪个组，就编在哪个组，编排的顺序则按第二个 d 值大小依次排列。

对未知物做卡片检索时，首先在未知物的衍射花样中选出 8 条最强线，并按其相对强度的递减的顺序排列，其中前 3 条应是 $2\theta<90°$ 的最强线。然后以所列第一个 d 值为准，在索引中找到 Hanawalt 组，再在该组内第二纵列找出与第二个 d 值相等的数值，并对比其余 6 个 d 值是否相符。若 8 个 d 值都相等，强度也基本吻合，则该行所列卡片号即为所查未知物卡片。若查找不到所需卡片号，可将前 3 条强线的 d 值轮番排列，再用同样的方法查找，必可在某一处查到卡片号。

② Fink 索引　Fink 索引是一种按 d 值编排的数字索引，每一衍射花样均以 8 条强线的 d 值来表征。8 条线按 d 值递减的顺序排列。Fink 索引中有 101 个 Fink 组，标准花样的第一个 d 值落在哪个组，它就编排在哪个组，同一组按第二个 d 值大小顺序排列。对未知物做卡片检索时，首先选出 8 条最强线并把最强线放第一，按 d 值递减顺序排列。与 Hanawalt 索引一样，根据第一个 d 值找 Fink 组，根据第二个 d 值找标准花样所在行并对比其余 6 个 d 值，同样当第一次排列检索不到卡片号时，可把次强线或再次强线放第一，按 d 值递减顺序查找，直到 8 个 d 值全部吻合，该行所列卡片号即为未知物的卡片号。

③ Alphabetical 索引　Alphabetical 索引是一种按物相英文名称排列的索引。当物相名称已知而需要查找其卡片时，按该物相英文名称第一个单词的第一个字母顺序可很快查到卡片号。

(2) 物相定性分析

① 用 JCPDS 卡片做单相鉴定　获得某一结晶物质的衍射数据 d 和 I/I_0 之后，可根据这些数据查找索引和卡片，并将测定的衍射数据与卡片上的衍射数据一一对照，若数据全部吻合，说明未知物质就是卡片上所列物相，现举例说明如下。

用衍射仪测得某矿物的衍射图如图 6.3 所示。选 8 条强度最大的衍射线，按强度递减顺序排列为 3.035、1.910、1.873、2.292、2.091、2.493、3.857、1.604。查 Hanawalt 索引 3.04~3.00（±0.1）组发现当第一个 d 值为 3.04，第二个 d 值为 2.29 时，有一行数据 $3.04x$、2.292、2.102、1.882、2.501、3.861、1.601 与上述实验数据相同，所列卡片号为 5-586，矿物为 $CaCO_3$。找出卡片，将卡片上所有数据与实验数据比较作表，可以确定衍射图 6.3 所代表的物质为 $CaCO_3$。

② 用 JCPDS 卡片做混合物相鉴定　混合物相的衍射花样为其中各个单一物相衍射花样的叠加。因此，对于一个未知混合物相的鉴定，无论是使用 Hanawalt 索引还是使用 Fink 索引，都应选出若干强线进行适当的组合，再去查找索引。通常的做法是在衍射数据中选相对强度较大的 d 值作为第一个 d，查找分组范围，再选一个适当的 d 作为第二个 d 值与第一个 d 值组合，在索引中查找该组合下另外 6 个 d 值能否在实验数据中找到，如能找到，该组合所对应的物相即为一可能物相，根据该组合的卡片号取出卡片，将所有数据与实验数据对比，若所测数据在误差范围内二者完全吻合（实测的弱线可能缺失），即可确认该物相。

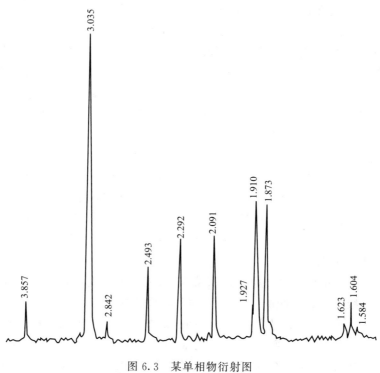

图 6.3　某单相物衍射图

若在该组合的各种情况下，6 个 d 值都不能完全在实测数据中找到，则说明第一个 d 值与第二个 d 值组合不当，二者不属于同一物相，应更换一个 d 值重新组合和查找。

　　一种物相鉴定出来后，应将其数据从混合物相的原始数据中去掉，将剩余的数据再按上述方法查找鉴定，有的衍射线可能是不同物相重叠线，在扣除已鉴定物相的强度后，它仍可用来鉴定混合物相中另外的物相。例如某混合物的衍射图见图 6.4，鉴定其所含物相的方法如下。

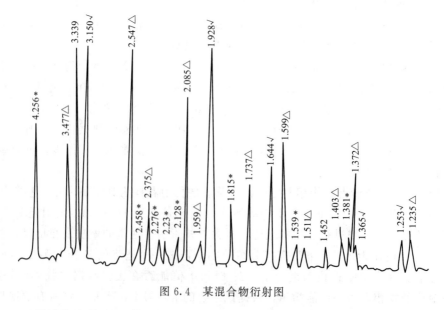

图 6.4　某混合物衍射图

选 3.339 强线作为第一 d 值，查 Hanawalt 索引发现该 d 值在 3.39～3.32 组。在选第

二个 d 值与 3.34 组合时，发现 3.34 与 3.15、3.34 与 2.55、3.34 与 2.08、3.34 与 1.93 组合时，余下 6 个 d 值在衍射图上无法完全吻合。当 3.34 与 4.26 组合时，其 d 值 3.34x、4.264、1.822、1.542、2.461、2.281、1.381、2.131 与衍射图中 3.339、4.256、1.815、1.539、2.458、2.276、1.381、2.128 吻合，该卡片号为 5-490，矿物为 $\alpha\text{-SiO}_2$。将卡片上的数据与衍射图对照，并用"*"号标注 $\alpha\text{-SiO}_2$ 的所有 d 值。将图中未注"*"号的数据重新组合，选 2.547 为第一个 d 值，查该 d 在 2.57～2.51 组，并发现 2.55 与 3.15、2.55 与 1.93 组合时，余下 6 个 d 值衍射图上找不到，当 2.55 与 2.09 组合时，其 d 值 2.559、2.09x、3.488、1.608、1.375、2.384、1.403 与衍射图上 2.547、2.085、1.599、1.372、2.375、1.403 吻合，该卡片号为 10-173，矿物为 $\alpha\text{-Al}_2\text{O}_3$，将卡片上的数据与衍射图对照，并用"△"标注所有 $\alpha\text{-Al}_2\text{O}_3$ 的 d 值。将余下未标注的 d 值按上述方法组合，发现 3.159、1.93x、1.654、1.122、1.371、1.251、0.861、1.051，在衍射图的扫描范围内的 d 值都吻合，该卡片号为 4-864，矿物为 CaF_2，用"√"标注 CaF_2 的 d 值。

③ 标准图谱对比鉴定矿物　近年来，随着材料科学的发展合定性相分析的需要，已经出现了很多单矿物的标准图，用这种标准衍射图与被测矿物进行直接对比，是一种既迅速又直接简便的方法。

实验室及有关书籍上都收集有各种矿物的 X 射线标准衍射图，可以采用。特别是对于科研工作中出现的新材料，可以自己制作标准图谱，以供对比分析之用。

（3）混合物相定性相分析应注意的问题　实验所得出的衍射数据，往往与标准卡片或标准图谱所列数据不完全一致，通常可能基本一致或相对符合。尽管两者所研究的样品确实属于同种物相，也可能会是这样。因此在分析对比数据时应注意以下几点，可有助于做出正确判断。

① d 值的数据比 I/I_0 值的数据重要。也就是说实验数据与标准数据两者的 d 值必须接近或相等，其相对误差在 1% 以内。I/I_0 值可以允许有较大误差。这是因为面间距 d 是由晶体结构决定的，它不因实验条件的变化而变化，即使在固溶体系列中 d 值的微细变化，如随不同靶材、不同衍射方法或不同衍射条件等发生变化。

② 低角度线的数据比高角度线的数据重要。这是因为对于不同晶体来说，低角度线的 d 值相一致重叠的机会很少，而高角度线不同晶体相互重叠的机会增多，当使用波长较长的 X 射线时，将会使得一些 d 值较小的线不再出现，但低角度线总是存在。样品过细或结晶不良的话，会导致高角度线的缺失，所以在对比衍射数据时，应较多地注重低角度线，即 d 值大的线。

③ 强线比弱线重要，要重视 d 值大的强线，这是因为强线稳定也易于测得精确。弱线强度低不易觉察，判断准确位置也困难，有时还容易缺失。

④ 应重视矿物的特征线。矿物的特征线即不与其他物相重叠的固有衍射线，在衍射图谱中，这种特征线的出现就标志着混合物中存在着某种物相。

值得指出的是，在进行混合物相分析前，应对样品的来源、化学成分、制备工艺及其他测试分析资料作充分了解，对试样中的可能物相作出估计，这样就可有目的地预先按字顺索引找出一些可能物相的卡片进行直接对比，对易于鉴定的物相先作出鉴定，余下未鉴定的物相再查 Hanawalt 索引或 Fink 索引进行鉴定，这样可减小分析困难，加快分析速度。

三、实验记录及数据处理

实验室配有各种单相矿物和混合物，选用一种单相矿物和一种混合物，分别在衍射仪上再进行定性测量，作出衍射图。

（1）记录每次测量的实验条件，如辐射、狭缝、管流、管压、扫描速度、量程、时间常数、纸速、寻峰条件等，分析实验条件对衍射线性的影响。

（2）标注衍射线的相应 d 值（若记录仪可直接打印 d 值，不必另行标注）。

（3）根据实测 d 值和强度按 JCPDS 卡片检索方法查找卡片。

（4）将实测值与卡片值列表对比分析，鉴定出物相。

四、实验思考

（1）哪些实验条件可使测量的衍射线峰位更准确？通常的定性测量什么实验条件更为合理？

（2）JCPDS 卡片检索手册中每种物相都列出 8 条强线，为什么在物相鉴定时有时按实测的 8 条强线去查找索引却找不出卡片？

（3）混合物相的某些衍射线可能重叠，在分析鉴定物相过程中如何鉴别衍射线重叠？

（4）在混合物相的定性鉴定中，应着重注意哪些问题？

实验十八　扫描电子显微镜观察固体材料的形貌（演示实验）

一、实验目的

（1）了解扫描电镜的基本结构和原理。

（2）掌握扫描电镜的操作方法。

（3）掌握扫描电镜样品的制备方法。

二、实验原理

扫描电镜（scanning electron microscope，SEM）是一个复杂的系统，浓缩了电子光学技术、真空技术、精细机械结构以及现代计算机控制技术。成像是采用二次电子、背散射电子或吸收电子等工作方式，随着扫描电镜的发展和应用的拓展，相继发展了宏观断口学和显微断口学。扫描电镜是在加速高压作用下将电子枪发射的电子经过多级电磁透镜汇集成细小（直径一般为 1～5nm）的电子束（相应束流为 $10^{-11}～10^{-12}$ A）。在末级透镜上方扫描线圈的作用下，使电子束在试样表面做光栅扫描（行扫＋帧扫）。入射电子与试样相互作用产生如图 6.5 所示的信息种类。

这些信息的二维强度分布随试样表面的特征而变（这些特征有表面形貌、成分、晶体取向、电磁特性等），是将各种探测器收集到的信息按顺序、成比例地转换成视频信号，再传送到同步扫描的显像管并调制其亮

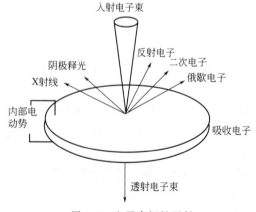

图 6.5　电子束探针照射试样产生的各种信号

度，就可以得到一个反映试样表面状况的扫描图像。如果将探测器接收到的信号进行数字化处理即转变成数字信号，就可以由计算机做进一步的处理和存储。扫描电镜主要是针对具有高低差较大、粗糙不平的厚块试样进行观察，因而在设计上突出了景深效果，一般用来分析断口以及未经人工处理的自然表面。

扫描电子显微镜（SEM）中的各种信号及其功能如表 6.8 所示。

表 6.8　扫描电镜中主要信号及其功能

收集信号类别	二次电子	背散射电子	特征 X 射线	俄歇电子
功能	形貌观察	成分分析、晶体学研究	成分分析	成分分析

扫描电镜可做如下观察：

① 试样表面的凹凸和形状；

② 试样表面的组成分布；

③ 可测量试样晶体的晶向及晶格常数；

④ 发光性样品的结构缺陷、杂质的检测及生物抗体的研究；

⑤ 电位分布；

⑥ 观察半导体器件结构部分的动作状态；

⑦ 强磁性体的磁区观察等。

扫描电镜结构如图 6.6 所示。

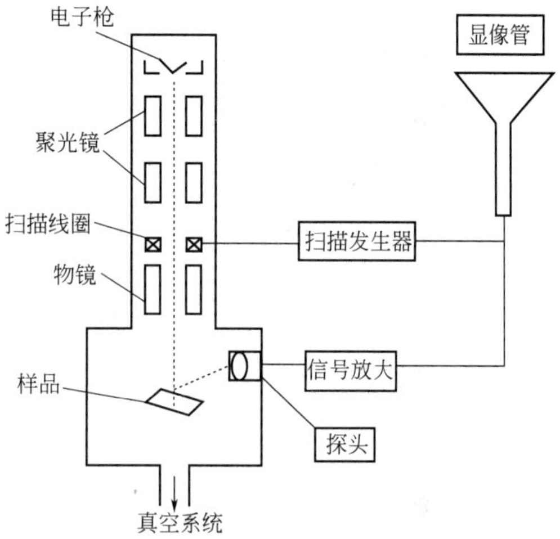

三、实验用品

JSM6490LV 型扫描电子显微镜、洗耳球。

图 6.6　扫描电镜的主体结构

四、实验步骤

（1）样品制备

① 粉体试样　粉体可以直接撒在试样座的双面碳导电胶上，用表面平的物体，例如玻璃板压紧，然后用洗耳球吹去粘接不牢固的颗粒。

② 块状试样　块状试样，特别是测定薄膜厚度、离子迁移深度、背散射电子观察相分布等试样，可以用环氧树脂等镶嵌后，进行研磨和抛光。

③ 对不导电的试样增镀导电膜，例如陶瓷、玻璃、有机物等，在电子探针的图像观察、成分分析时，会产生放电、电子束漂移、表面热损伤等现象，使分析点无法定位、图像无法聚焦。为了使试样表面具有导电性，必须在试样表面蒸镀一层金或者碳等导电膜，镀膜后应马上分析，避免表面污染和导电膜脱落。

（2）扫描电镜的操作

① 连接电源，开循环水电源开关，水温控制在 20℃左右；

② 开电镜主机及电脑，打开主软件，约 20min 后，达到真空度的要求；

③ 加样品，将电镜试样室排气至常压，将待测样品固定在样品台上，对准架台的槽沟送入到停止点为止；

④ 关闭样品室，点击"EVAC"，开始抽真空；

⑤ 真空达到要求后即可测试。

（3）图像观察、记录及数据分析（图 6.7）。

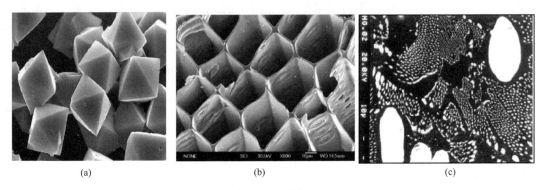

| (a) | (b) | (c) |

图 6.7　图像

（4）关机操作　关灯丝至 OFF；样品室排气，达到常压；取出样品台后重新抽真空，直到达到真空度的要求；关闭电镜主机电源开关；20min 后关闭循环水。

五、实验思考

（1）扫描电子显微镜的测定原理是什么？
（2）如何能保证测定图像的清晰？

实验十九　同步热分析仪的应用（演示实验）

一、实验目的

（1）了解同步热分析仪的构造及原理。
（2）用同步热分析仪对一水草酸钙进行差热分析，并解释所得的差热谱图。

二、实验原理

物质在加热或冷却过程中，当达到特定温度时，会产生物理变化或化学变化，伴随有吸热和放热现象，反映物系的焓发生了变化。热分析仪就是利用这一特点，在程序温度（指匀速升温、等速降温、恒温或步级升温等）控制下测量物质的物理性质随温度的变化，用于研究物质在某一特定温度时所发生的热学、力学、声学、光学、电学、磁学等物理参数的变化，由此进一步研究物质的结构和性能之间的关系；研究反应规律；制定工艺条件等。同步热分析能同时决定材料在一给定的温度扫描或时间历程下热焓与质量的改变，此热焓变化往往是材料内部各种物理或化学状态的改变所外显的能量吸收或释放所衍生的，而质量损失则是依照材料成分、热稳定性等不同而不同。

在升温或降温时发生的相变过程是一种物理变化，一般来说，由固相转变为液相或气相的过程是吸热过程，而其相反的相变过程则为放热过程。在各种化学变化中，失水、还原、分解等反应一般为吸热过程，而水化、氧化和化合等反应则为放热过程。

三、仪器构造

通常热分析仪器（图 6.8）由程序温度控制器、炉体、物理量检测放大单元、微分器、

气氛控制器、显示和打印以及计算机数据处理系统 7
部分组成。

（1）程序温度控制器　它是使试样在一定温度范
围内进行等速升温、降温和恒温。

（2）炉体部分　它是使试样在加热或冷却时得到
支撑。炉体部分包括加热元件、耐热瓷管、试样支架、
热电偶以及炉体可移动的机械部分等。

（3）物理量放大单元。

（4）微分器　它是把非电量传感器的放大信号经
过一次微分，从微分曲线中可以更明显地看出放大信
号的拐点、最大斜率等。

（5）气氛控制器　热分析仪器对试样所处的气氛
条件有各种要求，因此，大多热分析仪器有气氛控制
系统。

（6）完成数据采集及处理。

（7）显示打印。

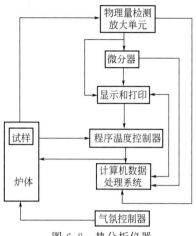

图 6.8　热分析仪器

四、实验用品

SDT-Q600 型同步热分析仪、电子天平（万分之一）。
一水草酸钙（分析纯）。

五、实验步骤

（1）开气　开主机（需预热 15～30min）—开电脑。

（2）去皮　打开炉子，在样品台上放一个空坩埚，然后关闭炉子去皮。

（3）装样品　取样品约 10mg，可在天平中粗称；待主机天平室打开后取出。样品坩埚
放入待测样品，关闭天平室。

（4）测量　稳定几分钟后设置电脑软件上的参数。

（5）开始实验　实验过程中可打开分析程序，此时要看实时数据。

（6）2h 后，待降至室温，打开天平室，取出样品坩埚，将样品取出。

（7）关闭机身后的电源，关计算机，关闭气源。

六、实验记录及数据处理

（1）TG 曲线上查出一水草酸钙各失重阶段的温度以及所对应的失重量，并简单解释各
失重阶段的原因。

（2）从 DSC 曲线上查出一水草酸钙分解的起始温度、终点温度，并计算分解温度范围，
查出分解时的各差热峰极大值的对应温度 T_M，指出一水草酸钙分解各步骤所对应的差
热峰。

七、实验思考

（1）量热仪所测量的热有几种，本实验测量的为哪种？

（2）样品及装样过程中应注意哪些问题？

八、实验图像

本实验得到的图像见图 6.9～图 6.11。

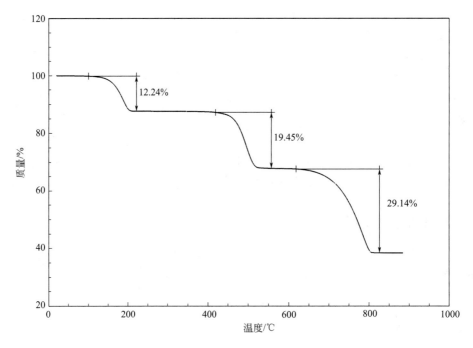

图 6.9　一水草酸钙热重（TG）分析图

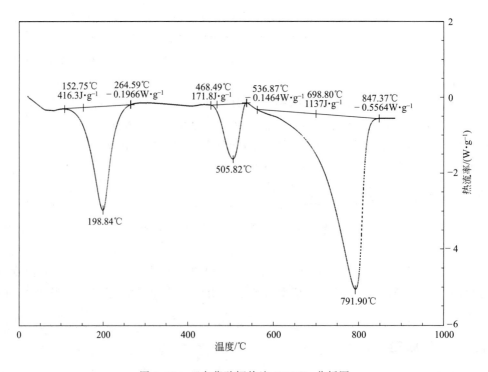

图 6.10　一水草酸钙热流（DSC）分析图

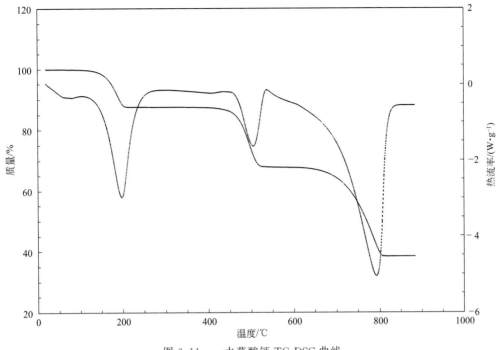

图 6.11 一水草酸钙 TG-DSC 曲线

实验二十 元素分析仪测定有机物中
C、H、N、S（演示实验）

一、实验目的

（1）掌握元素分析仪测定 C、H、N、S 的基本原理。

（2）了解元素分析仪的基本结构。

（3）学习用元素分析仪测定有机物中 C、H、N、S 的方法。

二、实验原理

元素分析仪采用吸附-解吸原理实现对样品中 C、H、N、S 的定量分析。样品在高温下，通过特殊加氧装置，使其在高浓度氧和氦中氧化分解，其分解产物通过一根加热至 850℃ 的充填线状铜的还原管，使 NO、NO_x、SO_3 还原成 N_2 和 SO_2，混合气中的 CO_2、SO_2、H_2O 通过三根 U 柱被吸附分离，N_2 直接被 TCD 检测，接着分别加热三根 U 柱，解析出的 CO_2、SO_2、H_2O 逐次通过 TCD 而被检测。铜还原管上端装填的银丝，与挥发性卤化物结合，从气流中除去卤化物。热导检测器包括两个池，每个池内装有一个热敏电阻。氦气在恒定流速下通过其中之一的参比池，氦气和待测气组分通过另外一个测量池，两个池组成一个测量电桥，对于载气中所含的外来气组分，使电桥不平衡，提供了一个直接的测量。检测器输出的电压以峰的形式，作为时间函数被记录，然后数字化积分并以积分值表示。

三、实验用品

VARIO Micro cube 元素分析仪（德国元素）；梅特勒百万分之一电子天平；数据处理

工作站。

氦气（99.999％）、氧气（99.999％）、对氨基苯磺酸、锡舟、待测样品。

四、实验步骤

1. 开机

① 开启计算机，进入 Windows 状态。

② 启动 VARIO Micro cube 操作软件，在 System-Mode 菜单中选择正确的操作模式，然后退出 VARIO Micro cube 操作软件。

③ 拔掉主机尾气的两个堵头。

④ 开启主机电源。

⑤ 待进样盘自检完毕即自转一周。

⑥ 打开氦气和氧气，将气体的压力减压阀调至：He 为 0.2MPa；O 为 0.25MPa。

⑦ 启动 VARIO Micro cube 操作软件。

2. 样品分析

① 仪器升温：进入 Options 选项功能，进入 Settings-Parameters 功能。

② 输入操作温度，其中：

CHNS 模式：炉 1 为 1150℃；炉 2 为 850℃。

CHN 模式：炉 1 为 950℃；炉 2 为 500℃；

O 模式：炉 1 为 1150℃。

③ 选择与操作模式相符的标准样品：CHNS 模式使用对氨基苯磺酸作为标准样品；CHN 模式使用乙酰苯胺作为标准样品；O 模式使用苯甲酸作为标准样品。

④ 输入样品质量和名称　在 Name 一栏输入样品名称，在 Weight 一栏输入样品质量，根据称样量的大小，在 Method 栏选择合适的加氧方法。

⑤ 样品测定顺序：

a. 1 个空白；

b. 3 个 RUN-IN（约 2mg）；

c. 3 个标准样品（约 2mg）；

d. 20 个样品（根据样品性质称重）；

e. 2 个标准样品（约 2mg）；

f. 20 个样品（根据样品性质称重）；

g. 2 个标准样品（约 2mg）。

3. 样品校正

① 选择作为计算 Factor 的标准样品打标记。

② 选择 Math-Factor。

③ 在 Follow Tagged Standard Sample Only 选项框中打号分析样品。

4. 停机

① 分析结束后，待燃烧炉温度至少降至 300℃ 以下。

② 退出 VARIO Micro cube 操作软件。

③ 关闭主机，开启主机的燃烧单元的前门及侧门，散去余热。

④ 将主机尾气的两个出口堵住，关闭氦气和氧气。

五、实验记录及数据处理

（1）求出样品中 C、H、N、S 的含量。

（2）试计算该样品的化学式。

六、注意事项

（1）应按高压钢瓶安全操作规定使用高压氦气和氧气钢瓶。

（2）打开仪器气路，更换仪器内部填充物后，应进行检漏。

（3）每进行 120 次分析后，应清除灰分管的灰分（主要是氧化锡），否则灰分层过厚将导致样品无法落在炉温度最高的区域，而且灰分积累到一定的厚度后会堵塞加氧的陶瓷管。

（4）还原管与燃烧管均为石英质地，在更换管内填充物时，手不可避免会接触管外壁。在装管完毕后应使用易挥发的有机溶剂，如乙醇或丙酮擦拭管外壁，否则手接触时留下的油脂等物质在高温加热时会形成结晶区，导致石英管提前老化，变脆易裂。

七、实验思考

（1）简述元素分析仪的工作原理。

（2）你了解的元素分析仪应用领域有哪些？

实验二十一　饮用水中微量元素的ICP-AES 法测定（演示实验）

一、实验目的

（1）掌握电感耦合等离子体发射光谱（ICP-AES）法的基本原理。

（2）了解 ICP-AES 光谱仪的基本结构。

（3）学习用 ICP-AES 法测定矿泉水中的微量元素的方法。

二、实验原理

由高频发生器产生的高频交变电流（27～41kHz，2～4kW）通过耦合线圈形成交变感应电磁场，当通入惰性气体 Ar 并经火花引燃时可产生少量 Ar 离子和电子，这些少量带电粒子在高频电磁场获得高能量，通过碰撞将高能量传递给 Ar 原子，使之进一步电离形成更多的带电粒子（雪崩现象）。大量高能带电粒子受高频电磁场作用形成与耦合线圈同心的、炽热的涡流区，被加热的气体可形成火炬状并维持高温等离子体。该等离子体因趋肤效应而形成具有环状结构的中心通道。由载气（Ar）和试样气溶胶通过该中心通道进入等离子体时待测元素在高温下被蒸发、原子化、激发和电离，被激发的原子和离子发射出很强的原子和离子谱线。分光和检测系统将待测元素的特征谱线经分光、光电转换和检测，由数据处理系统进行处理，便获得各元素的浓度值。基体效应和自吸效应小、稳定性高和灵敏度高、线性测量范围宽是电感耦合等离子体光源最重要的特点。

在 ICP-AES 定量分析中，谱线强度 I 与待测元素浓度 c 存在下列关系：

$$I = Kc^b$$

常数 K 与光源参数、进样系统、试样的蒸发激发过程以及试样的组成等有关。b 为自吸系数，低浓度时 $b=1$，而在高浓度时 $b<1$，曲线发生弯曲。因此在一定的浓度范围内谱线强度与待测元素浓度有很好的线性关系。

可以用校准曲线法、标准加入法以及内标法进行光谱定量测定。

三、实验用品

ICAP-6300 光谱仪（美国热电）。射频发生器：输出功率为 1.15kW，频率为 27.12MHz。工作线圈：3 匝中空紫铜管。等离子炬管：三层同心石英管，可拆卸式，外管内径 17mm，中管外径 16mm，内管喷口直径 1.5mm。等离子气（冷却气）：氩气，流速 12~14L·min^{-1}。辅助气：氩气，流速 0.5L·min^{-1}。载气（雾化气）：氩气，流速约 1L·min^{-1}。观测高度：工作线圈以上 15mm 处。雾化器：玻璃同心雾化器。雾化室：双管式可加热雾化室。

空白溶液为 1% HNO$_3$ 溶液。金属元素标准样按表 6.9 配制。样品溶液：自来水，加 1% HNO$_3$（分析纯）酸化。实验用水均为重蒸水。

表 6.9　标准溶液浓度配制参考　　　　　　　　单位：μg·L^{-1}

元素	空白	标准 1	标准 2	标准 3	标准 4	特征波长/nm
Ca	0	20000	35000	40000	50000	317.933
B	0	50	100	500	1000	249.678
Fe	0	50	100	500	1000	259.940
Ba	0	25	50	250	500	455.403
Zn	0	25	50	250	500	260.200
Mn	0	15	30	150	300	257.610
Pb	0	12.5	25	125	250	220.353
Cd	0	10	20	100	200	228.802
Cr	0	10	20	100	200	267.716
Cu	0	10	20	100	200	324.754
Ti	0	5	10	50	100	334.941

四、实验步骤

1. 开机

① 确认有足够的氩气用于连续工作（储量≥1 瓶）。

② 确认废液收集桶有足够的空间用于收集废液。

③ 若仪器处于停机状态，打开主机电源（仪器左后方黑色刀闸）。注意仪器自检动作，仪器开始预热。

2. 点火

① 打开氩气，调节分压为 0.60~0.70MPa，按下快速驱气按钮（位于仪器右后方，LED 灯下面）并确保驱气时间大于 20min。

② 启动计算机和 iTEVA 软件，仪器初始化后，点击等离子状态图标，检查联机通信情况。

③ 确认光室恒温达到 (38.0±0.1)℃。

④ 关闭快速驱气按钮。

⑤ 开启排风。

⑥ 打开循环水电源，CID 温度下降至 -40℃ 以下。

⑦ 检查进样系统（炬管、雾化室、雾化器、泵管等）是否正确安装。

⑧ 上好蠕动泵泵夹，把样品管放入蒸馏水中。

⑨ 打开 iTEVA 软件的等离子状态对话框，进行点火操作。

⑩ 等离子体稳定 15～30min 后，即可进行分析操作。

3. 分析

① 将标准溶液按浓度由低到高依次进样分析，建立标准曲线。

② 用空白冲洗进样系统 5min。

③ 分析样品，仪器自动计算样品中金属含量。

4. 停机

① 分析完毕后，用蒸馏水冲洗进样系统 5～10min，点击关闭等离子体。

② 等到循环水压力上升后，关闭循环水，使仪器处于待机状态。

③ 待 CID 温度升至室温时，驱气 10min 后，关闭氩气。

④ 关闭排风。

五、实验记录及数据处理

（1）绘制标准样品的校准曲线。

（2）分别求出自来水中各种金属离子浓度（单位为 $g \cdot mL^{-1}$）。

六、注意事项

（1）应按高压钢瓶安全操作规定使用高压氩气钢瓶。

（2）仪器室排风良好，等离子体炬焰中产生的废气或有毒蒸气应及时排除。

（3）点燃等离子体后，应尽量少开屏蔽门，以防高频辐射伤害身体。

（4）定期更换泵管；定期清洗雾化器；定期清洗炬管和中心管；定期检查并更换循环水。

七、实验思考

（1）仪器的最佳化过程有哪些重要参数？作用如何？

（2）ICP-AES 法定量的依据是什么？怎样实现这一测定？

（3）什么是等离子气与雾化气？作用是什么？

附 录

附录 1   部分元素的原子量

附表 1   部分元素的原子量

元素		原子量	元素		原子量
符号	名称		符号	名称	
Ag	银	107.9	I	碘	126.9
Al	铝	26.98	K	钾	39.10
As	砷	74.92	Mg	镁	24.31
Au	金	197.0	Mo	钼	95.94
B	硼	10.81	Mn	锰	54.94
Ba	钡	137.3	N	氮	14.01
Bi	铋	209.0	Na	钠	22.99
Br	溴	79.90	Ni	镍	58.70
C	碳	12.01	O	氧	16.00
Ca	钙	40.08	P	磷	30.97
Cd	镉	112.4	Pb	铅	207.2
Cl	氯	35.45	Pt	铂	195.1
Co	钴	58.93	S	硫	32.06
Cr	铬	52.00	Sb	锑	121.8
Cu	铜	63.55	Si	硅	28.09
F	氟	19.00	Sn	锡	118.7
Fe	铁	55.85	Sr	锶	87.62
H	氢	1.008	Ti	钛	47.90
Hg	汞	200.6	Zn	锌	65.38

附录 2   不同温度下水的饱和蒸气压

附表 2   不同温度下水的饱和蒸气压

温度/℃	压力/kPa	温度/℃	压力/kPa	温度/℃	压力/kPa	温度/℃	压力/kPa
0	0.6105	4	0.8134	8	1.073	12	1.402
1	0.6568	5	0.8724	9	1.145	13	1.497
2	0.7058	6	0.9350	10	1.228	14	1.598
3	0.7580	7	1.002	11	1.312	15	1.705

温度/℃	压力/kPa	温度/℃	压力/kPa	温度/℃	压力/kPa	温度/℃	压力/kPa
16	1.818	38	5.625	60	19.92	82	51.32
17	1.937	39	5.992	61	20.86	83	53.41
18	2.064	40	7.376	62	21.84	84	55.57
19	2.197	41	7.778	63	22.85	85	57.81
20	2.338	42	8.200	64	23.81	86	60.12
21	2.487	43	8.640	65	25.00	87	62.49
22	2.644	44	9.101	66	26.14	88	64.94
23	2.809	45	9.584	67	27.33	89	67.48
24	2.985	46	10.09	68	28.56	90	70.10
25	3.167	47	10.61	69	29.83	91	72.80
26	3.361	48	11.16	70	31.16	92	75.00
27	3.565	49	11.74	71	32.52	93	78.48
28	3.780	50	12.33	72	33.95	94	81.45
29	4.006	51	12.90	73	35.43	95	84.52
30	4.243	52	13.81	74	36.96	96	87.68
31	4.493	53	14.29	75	38.55	97	90.94
32	4.755	54	15.00	76	40.19	98	94.30
33	5.030	55	15.74	77	41.88	99	97.75
34	5.320	56	16.51	78	43.64	100	101.30
35	5.623	57	17.31	79	45.47		
36	5.942	58	18.14	80	47.35		
37	5.275	59	19.01	81	49.29		

附录3 弱电解质的电离常数（25℃）

附表3 弱电解质的电离常数（25℃）

弱电解质	电离常数 K	弱电解质	电离常数 K
H_3AlO_3	$K_1=6.31\times10^{-22}$	H_2S	$K_1=1.07\times10^{-7}$ $K_2=1.26\times10^{-11}$
$HSb(OH)_4$	$K=2.82\times10^{-3}$	$HBrO$	$K=2.51\times10^{-8}$
$HAsO_3$	$K=6.61\times10^{-10}$	$HClO$	$K=2.88\times10^{-8}$
H_3AsO_3	$K_1=6.03\times10^{-2}$ $K_2=1.05\times10^{-7}$ $K_3=3.16\times10^{-22}$	HIO	$K=2.29\times10^{-11}$
		HIO_3	$K=0.16$
		HNO_2	$K=7.24\times10^{-4}$
H_3BO_3	$K_1=5.57\times10^{-10}$ $K_2=1.82\times10^{-13}$ $K_3=1.58\times10^{-14}$	H_3PO_4	$K_1=7.08\times10^{-2}$ $K_2=6.31\times10^{-8}$ $K_3=4.17\times10^{-13}$
$H_2B_4O_7$	$K_1=1.0\times10^{-4}$ $K_2=1.0\times10^{-9}$	H_2SiO_3	$K_1=1.70\times10^{-10}$ $K_2=1.58\times10^{-12}$
CO_2+H_2O	$K_1=4.37\times10^{-7}$ $K_2=4.68\times10^{-21}$	SO_2+H_2O	$K_1=1.29\times10^{-2}$ $K_2=6.17\times10^{-5}$
$H_2C_2O_4$	$K_1=5.07\times10^{-2}$ $K_2=5.47\times10^{-5}$	$H_2S_2O_3$	$K_1=0.25$ $K_2=0.03\sim0.02$
H_2CrO_4	$K_1=9.55$ $K_2=3.16\times10^{-7}$	$HCOOH$	$K=1.77\times10^{-4}$
HCN	$K=6.16\times10^{-20}$	CH_3COOH	$K=1.75\times10^{-5}$
HF	$K=6.61\times10^{-4}$	NH_3+H_2O	$K=1.76\times10^{-5}$
H_2O_2	$K_1=2.24\times10^{-12}$		

附录 4　部分难溶电解质的溶度积常数

附表 4　部分难溶电解质的溶度积常数

难溶电解质	$K_{sp}^{\ominus}$	难溶电解质	$K_{sp}^{\ominus}$
AgAc	1.94×10^{-3}	Hg_2SO_4	6.5×10^{-7}
AgBr	5.35×10^{-13}	KIO_4	3.71×10^{-4}
AgCl	1.77×10^{-10}	$K_2[PtCl_6]$	7.48×10^{-6}
Ag_2CO_3	8.46×10^{-12}	$K_2[SiF_6]$	8.7×10^{-7}
$Ag_2C_2O_4$	5.40×10^{-12}	Li_2CO_3	8.15×10^{-4}
Ag_2CrO_4	1.12×10^{-12}	LiF	1.84×10^{-3}
$Ag_2Cr_2O_7$	2.0×10^{-7}	$MgNH_4PO_4$	2.5×10^{-13}
AgI	8.52×10^{-17}	MgF_2	5.16×10^{-11}
$AgIO_3$	3.17×10^{-8}	$Mg(OH)_2$	5.61×10^{-12}
$AgNO_2$	6.0×10^{-4}	$MnCO_3$	2.24×10^{-11}
AgOH	2.0×10^{-8}	$BaSO_4$	1.08×10^{-10}
Ag_3PO_4	8.89×10^{-17}	BaS_2O_3	1.6×10^{-5}
Ag_2SO_4	1.20×10^{-5}	$Bi(OH)_3$	4.0×10^{-31}
$Ag_2S(\alpha)$	6.3×10^{-50}	BiOCl	1.8×10^{-97}
$Ag_2S(\beta)$	1.09×10^{-49}	Bi_2S_3	1×10^{-9}
$Al(OH)_3$	1.3×10^{-33}	$CaCO_3$	3.36×10^{-9}
AuCl	2.0×10^{-13}	$CaC_2O_4 \cdot H_2O$	2.32×10^{-4}
$AuCl_3$	3.2×10^{-25}	$CaCrO_4$	7.1×10^{-4}
$Au(OH)_3$	5.5×10^{-46}	CaF_2	3.45×10^{-11}
$BaCO_3$	2.58×10^{-9}	$CaHPO_4$	1.0×10^{-6}
BaC_2O_4	1.6×10^{-7}	$Ca(OH)_2$	5.02×10^{-33}
$BaCrO_4$	1.17×10^{-10}	$Ca_3(PO_4)_2$	2.07×10^{-5}
BaF_2	1.84×10^{-7}	$CaSO_4$	4.93×10^{-7}
$Ba_3(PO_4)_2$	3.4×10^{-23}	$CaSO_3 \cdot 0.5H_2O$	3.1×10^{-12}
$BaSO_3$	5.0×10^{-10}	$CdCO_3$	1.0×10^{-8}
CuBr	6.27×10^{-9}	$CdC_2O_4 \cdot 3H_2O$	1.42×10^{-14}
CuCN	3.47×10^{-20}	$Cd(OH)_2$(新析出)	2.5×10^{-27}
$CuCO_3$	1.4×10^{-10}	CdS	8.0×10^{-13}
CuCl	1.72×10^{-7}	$CoCO_3$	1.4×10^{-15}
$CuCrO_4$	3.6×10^{-6}	$Co(OH)_2$(桃红)	1.6×10^{-15}
CuI	1.27×10^{-12}	$Co(OH)_2$(蓝)	5.92×10^{-44}
CuOH	1.0×10^{-14}	$Co(OH)_3$	1.6×10^{-21}
$Cu(OH)_2$	2.2×10^{-20}	$CoS(\alpha)$(新析出)	4.0×10^{-25}
$Cu_3(PO_4)_2$	1.40×10^{-37}	$CoS(\beta)$(陈化)	2.0×10^{-21}
$Cu_2P_2O_7$	8.3×10^{-16}	$Cr(OH)_3$	6.3×10^{-25}
CuS	6.3×10^{-36}	$Mn(OH)_2$	1.9×10^{-13}
Cu_2S	2.5×10^{-48}	MnS(无定形)	2.5×10^{-10}
$FeCO_3$	3.2×10^{-11}	MnS(结晶)	2.5×10^{-13}
$FeC_2O_4 \cdot 2H_2O$	3.2×10^{-7}	Na_3AlF_6	4.0×10^{-10}
$Fe(OH)_2$	4.87×10^{-17}	$NiCO_3$	1.42×10^{-7}
$Fe(OH)_3$	2.79×10^{-39}	$Ni(OH)_2$(新析出)	2×10^{-15}
FeS	6.3×10^{-18}	α-NiS	3.2×10^{-19}
Hg_2Cl_2	1.43×10^{-18}	β-NiS	1.0×10^{-24}
Hg_2I_2	5.2×10^{-29}	γ-NiS	2.0×10^{-26}
$Hg(OH)_2$	3.0×10^{-26}	$PbBr_2$	6.60×10^{-6}
Hg_2S	1.0×10^{-47}	$PbCl_2$	1.7×10^{-5}
HgS(红)	4.0×10^{-53}	$PbCO_3$	7.4×10^{-14}
HgS(黑)	1.6×10^{-52}	PbC_2O_4	4.8×10^{-10}

难溶电解质	$K_{sp}^{\ominus}$	难溶电解质	$K_{sp}^{\ominus}$
$PbCrO_4$	2.8×10^{-13}	$Sn(OH)_4$	1×10^{-56}
PbF_2	7.12×10^{-7}	SnS	1.0×10^{-25}
PbI_2	9.8×10^{-9}	$SrCO_3$	5.60×10^{-10}
$Pb(OH)_2$	1.43×10^{-20}	$SrC_2O_4 \cdot H_2O$	1.6×10^{-7}
$Pb(OH)_4$	3.2×10^{-44}	$SrCrO_4$	2.2×10^{-5}
$Pb_3(PO_4)_2$	8.0×10^{-40}	$SrSO_4$	3.44×10^{-7}
$PbMoO_4$	1.0×10^{-13}	$ZnCO_3$	1.46×10^{-10}
PbS	8×10^{-28}	$Zn(OH)_2$	3.0×10^{-17}
$PbSO_4$	2.53×10^{-8}	$\alpha\text{-}ZnS$	1.6×10^{-24}
$Sn(OH)_2$	5.45×10^{-27}	$\beta\text{-}ZnS$	2.5×10^{-22}

附录 5　标准电极电势表（25℃）

附表 5　标准电极电势表（25℃）

电极反应	E/V	电极反应	E/V
$Ag^+ + e^- = Ag$	0.7996	$Br_2(l) + 2e^- = 2Br^-$	1.066
$Ag^{2+} + e^- = Ag^+$	1.980	$HBrO + H^+ + 2e^- = Br^- + H_2O$	1.331
$AgAc + e^- = Ag + Ac^-$	0.643	$HBrO + H^+ + e^- = 1/2Br_2(aq) + H_2O$	1.574
$AgBr + e^- = Ag + Br^-$	0.07133	$HBrO + H^+ + e^- = 1/2Br_2(l) + H_2O$	1.596
$Ag_2BrO_3 + e^- = 2Ag + BrO_3^-$	0.546	$BrO_3^- + 6H^+ + 5e^- = 1/2Br_2 + 3H_2O$	1.482
$Ag_2C_2O_4 + 2e^- = 2Ag + C_2O_4^{2-}$	0.4647	$BrO_3^- + 6H^+ + 6e^- = Br^- + 3H_2O$	1.423
$AgCl + e^- = Ag + Cl^-$	0.22233	$Ca^{2+} + 2e^- = Ca$	-2.868
$Ag_2CO_3 + 2e^- = 2Ag + CO_3^{2-}$	0.47	$Cd^{2+} + 2e^- = Cd$	-0.4030
$Ag_2CrO_4 + 2e^- = 2Ag + CrO_4^{2-}$	0.4470	$CdSO_4 + 2e^- = Cd + SO_4^{2-}$	-0.246
$AgF + e^- = Ag + F^-$	0.779	$H_2O_2 + 2H^+ + 2e^- = 2H_2O$	1.776
$AgI + e^- = Ag + I^-$	-0.15224	$Hg^{2+} + 2e^- = Hg$	0.851
$Ag_2S + 2H^+ + 2e^- = 2Ag + H_2S$	-0.0366	$2Hg^{2+} + 2e^- = Hg_2^{2+}$	0.920
$AgSCN + e^- = Ag + SCN^-$	0.08951	$Hg_2^{2+} + 2e^- = 2Hg$	0.7973
$Ag_2SO_4 + 2e^- = 2Ag + SO_4^{2-}$	0.654	$Hg_2Br_2 + 2e^- = 2Hg + 2Br^-$	0.13923
$Al^{3+} + 3e^- = Al$	-1.662	$Hg_2Cl_2 + 2e^- = 2Hg + 2Cl^-$	0.26808
$AlF_6^{3-} + 3e^- = Al + 6F^-$	-2.069	$Hg_2I_2 + 2e^- = 2Hg + 2I^-$	-0.0405
$As_2O_3 + 6H^+ + 6e^- = 2As + 3H_2O$	0.234	$Hg_2SO_4 + 2e^- = 2Hg + SO_4^{2-}$	0.6125
$HAsO_2 + 3H^+ + 3e^- = As + 2H_2O$	0.248	$I_2 + 2e^- = 2I^-$	0.5355
$H_3AsO_4 + 2H^+ + 2e^- = HAsO_2 + 2H_2O$	0.560	$I_3^- + 2e^- = 3I^-$	0.536
$Au^+ + e^- = Au$	1.692	$H_5IO_6 + H^+ + 2e^- = IO_3^- + 3H_2O$	1.601
$Au^{3+} + 3e^- = Au$	1.498	$2HIO + 2H^+ + 2e^- = I_2 + 2H_2O$	1.439
$AuCl_4^- + 3e^- = Au + 4Cl^-$	1.002	$HIO + H^+ + 2e^- = I^- + H_2O$	0.987
$Au^{3+} + 2e^- = Au^+$	1.401	$2IO_3^- + 12H^+ + 10e^- = I_2 + 6H_2O$	1.195
$H_3BO_3 + 3H^+ + 3e^- = B + 3H_2O$	-0.8698	$IO_3^- + 6H^+ + 6e^- = I^- + 3H_2O$	1.085
$Ba^{2+} + 2e^- = Ba$	-2.912	$In^{3+} + 2e^- = In^+$	-0.443
$Ba^{2+} + 2e^- = Ba(Hg 电极)$	-1.570	$In^{3+} + 3e^- = In$	-0.3382
$Be^{2+} + 2e^- = Be$	-1.847	$Ir^{3+} + 3e^- = Ir$	1.159
$BiCl_4^- + 3e^- = Bi + 4Cl^-$	0.16	$K^+ + e^- = K$	-2.931
$Bi_2O_4 + 4H^+ + 2e^- = 2BiO^+ + 2H_2O$	1.593	$La^{3+} + 3e^- = La$	-2.522
$BiO^+ + 2H^+ + 3e^- = Bi + H_2O$	0.320	$Li^+ + e^- = Li$	-3.0401
$BiOCl + 2H^+ + 3e^- = Bi + Cl^- + H_2O$	0.1583	$Mg^{2+} + 2e^- = Mg$	-2.372
$Br_2(aq) + 2e^- = 2Br^-$	1.0873	$Mn^{2+} + 2e^- = Mn$	-1.185

电极反应	E/V	电极反应	E/V
$Mn^{3+}+e^-\rightleftharpoons Mn^{2+}$	1.5415	$ClO^-+H_2O+2e^-\rightleftharpoons Cl^-+2OH^-$	0.81
$MnO_2+4H^++2e^-\rightleftharpoons Mn^{2+}+2H_2O$	1.224	$ClO_2^-+H_2O+2e^-\rightleftharpoons ClO^-+2OH^-$	0.66
$MnO_4^-+e^-\rightleftharpoons MnO_4^{2-}$	0.558	$ClO_2^-+2H_2O+4e^-\rightleftharpoons Cl^-+4OH^-$	0.76
$MnO_4^-+4H^++3e^-\rightleftharpoons MnO_2+2H_2O$	1.679	$ClO_3^-+H_2O+2e^-\rightleftharpoons ClO_2^-+2OH^-$	0.33
$MnO_4^-+8H^++5e^-\rightleftharpoons Mn^{2+}+4H_2O$	1.507	$ClO_3^-+3H_2O+6e^-\rightleftharpoons Cl^-+6OH^-$	0.62
$Mo^{3+}+3e^-\rightleftharpoons Mo$	-0.200	$ClO_4^-+H_2O+2e^-\rightleftharpoons ClO_3^-+2OH^-$	0.36
$N_2+2H_2O+6H^++6e^-\rightleftharpoons 2NH_4OH$	0.092	$[Co(NH_3)_6]^{3+}+e^-\rightleftharpoons [Co(NH_3)_6]^{2+}$	0.108
$N_2+6H^++6e^-\rightleftharpoons 2NH_3(aq)$	-3.09	$Co(OH)_2+2e^-\rightleftharpoons Co+2OH^-$	-0.73
$N_2O+2H^++2e^-\rightleftharpoons N_2+H_2O$	1.766	$Co(OH)_3+e^-\rightleftharpoons Co(OH)_2+OH^-$	0.17
$N_2O_4+2e^-\rightleftharpoons 2NO_2^-$	0.867	$CrO_2^-+2H_2O+3e^-\rightleftharpoons Cr+4OH^-$	-1.2
$N_2O_4+2H^++2e^-\rightleftharpoons 2HNO_2$	1.065	$CrO_4^{2-}+4H_2O+3e^-\rightleftharpoons Cr(OH)_3+5OH^-$	-0.13
$N_2O_4+4H^++4e^-\rightleftharpoons 2NO+2H_2O$	1.035	$Cr(OH)_3+3e^-\rightleftharpoons Cr+3OH^-$	-1.48
$2NO+2H^++2e^-\rightleftharpoons N_2O+H_2O$	1.591	$Cu^2+2CN^-+e^-\rightleftharpoons [Cu(CN)_2]^-$	1.103
$HNO_2+H^++e^-\rightleftharpoons NO+H_2O$	0.983	$[Cu(CN)_2]^-+e^-\rightleftharpoons Cu+2CN^-$	-0.429
$2HNO_2+4H^++4e^-\rightleftharpoons N_2O+3H_2O$	1.297	$Cu_2O+H_2O+2e^-\rightleftharpoons 2Cu+2OH^-$	-0.360
$NO_3^-+3H^++2e^-\rightleftharpoons HNO_2+H_2O$	0.934	$Cd^{2+}+2e^-\rightleftharpoons Cd(Hg 电极)$	-0.3521
$NO_3^-+4H^++3e^-\rightleftharpoons NO+2H_2O$	0.957	$Ce^{3+}+3e^-\rightleftharpoons Ce$	-2.483
$2NO_3^-+4H^++2e^-\rightleftharpoons N_2O_4+2H_2O$	0.803	$Cl_2(g)+2e^-\rightleftharpoons 2Cl^-$	1.35827
$Na^++e^-\rightleftharpoons Na$	-2.71	$HClO+H^++e^-\rightleftharpoons 1/2Cl_2+H_2O$	1.611
$Nb^{3+}+3e^-\rightleftharpoons Nb$	-1.1	$HClO+H^++2e^-\rightleftharpoons Cl^-+H_2O$	1.482
$Ni^{2+}+2e^-\rightleftharpoons Ni$	-0.257	$ClO_2+H^++e^-\rightleftharpoons HClO_2$	1.277
$NiO_2+4H^++2e^-\rightleftharpoons Ni^{2+}+2H_2O$	1.678	$HClO_2+2H^++2e^-\rightleftharpoons HClO+H_2O$	1.645
$O_2+2H^++2e^-\rightleftharpoons H_2O_2$	0.695	$HClO_2+3H^++3e^-\rightleftharpoons 1/2Cl_2+2H_2O$	1.628
$Te^{4+}+4e^-\rightleftharpoons Te$	0.568	$HClO_2+3H^++4e^-\rightleftharpoons Cl^-+2H_2O$	1.570
$TeO_2+4H^++4e^-\rightleftharpoons Te+2H_2O$	0.593	$ClO_3^-+2H^++e^-\rightleftharpoons ClO_2+H_2O$	1.152
$TeO_4^-+8H^++7e^-\rightleftharpoons Te+4H_2O$	0.472	$ClO_3^-+3H^++2e^-\rightleftharpoons HClO_2+H_2O$	1.214
$H_6TeO_6+2H^++2e^-\rightleftharpoons TeO_2+4H_2O$	1.02	$ClO_3^-+6H^++5e^-\rightleftharpoons 1/2Cl_2+3H_2O$	1.47
$Th^{4+}+4e^-\rightleftharpoons Th$	-1.899	$ClO_3^-+6H^++6e^-\rightleftharpoons Cl^-+3H_2O$	1.451
$Ti^{2+}+2e^-\rightleftharpoons Ti$	-1.630	$ClO_4^-+2H^++2e^-\rightleftharpoons ClO_3^-+H_2O$	1.189
$Ti^{3+}+e^-\rightleftharpoons Ti^{2+}$	-0.368	$ClO_4^-+8H^++7e^-\rightleftharpoons 1/2Cl_2+4H_2O$	1.39
$TiO^{2+}+2H^++e^-\rightleftharpoons Ti^{3+}+H_2O$	0.099	$ClO_4^-+8H^++8e^-\rightleftharpoons Cl^-+4H_2O$	1.389
$TiO_2+4H^++2e^-\rightleftharpoons Ti^{2+}+2H_2O$	-0.502	$Co^{2+}+2e^-\rightleftharpoons Co$	-0.28
$Tl^++e^-\rightleftharpoons Tl$	-0.336	$Co^{3+}+e^-\rightleftharpoons Co^{2+}(2mol\cdot L^{-1} H_2SO_4)$	1.83
$V^{2+}+2e^-\rightleftharpoons V$	-1.175	$CO_2+2H^++2e^-\rightleftharpoons HCOOH$	-0.199
$AgCN+e^-\rightleftharpoons Ag+CN^-$	-0.017	$Cr^{2+}+2e^-\rightleftharpoons Cr$	-0.913
$[Ag(CN)_2]^-+e^-\rightleftharpoons Ag+2CN^-$	-0.31	$Cr^{3+}+e^-\rightleftharpoons Cr^{2+}$	-0.407
$Ag_2O+H_2O+2e^-\rightleftharpoons 2Ag+2OH^-$	0.342	$Cr^{3+}+3e^-\rightleftharpoons Cr$	-0.744
$2AgO+H_2O+2e^-\rightleftharpoons Ag_2O+2OH^-$	0.607	$Cr_2O_7^{2-}+14H^++6e^-\rightleftharpoons 2Cr^{3+}+7H_2O$	1.232
$Ag_2S+2e^-\rightleftharpoons 2Ag+S^{2-}$	-0.691	$HCrO_4^-+7H^++3e^-\rightleftharpoons Cr^{3+}+4H_2O$	1.350
$AsO_2^-+2H_2O+3e^-\rightleftharpoons As+4OH^-$	-0.68	$Cu^++e^-\rightleftharpoons Cu$	0.521
$AsO_4^{3-}+2H_2O+2e^-\rightleftharpoons AsO_2^-+4OH^-$	-0.71	$Cu^{2+}+e^-\rightleftharpoons Cu^+$	0.153
$H_2BO_3^-+5H_2O+8e^-\rightleftharpoons BH_4^-+8OH^-$	-1.24	$Cu^{2+}+2e^-\rightleftharpoons Cu$	0.3419
$H_2BO_3^-+H_2O+3e^-\rightleftharpoons B+4OH^-$	-1.79	$CuCl+e^-\rightleftharpoons Cu+Cl^-$	0.124
$Ba(OH)_2+2e^-\rightleftharpoons Ba+2OH^-$	-2.99	$F_2+2H^++2e^-\rightleftharpoons 2HF$	3.053
$Be_2O_3^{2-}+3H_2O+4e^-\rightleftharpoons 2Be+6OH^-$	-2.63	$F_2+2e^-\rightleftharpoons 2F^-$	2.866
$Bi_2O_3+3H_2O+6e^-\rightleftharpoons 2Bi+6OH^-$	-0.46	$Fe^{2+}+2e^-\rightleftharpoons Fe$	-0.447
$BrO^-+H_2O+2e^-\rightleftharpoons Br^-+2OH^-$	0.761	$Fe^{3+}+3e^-\rightleftharpoons Fe$	-0.037
$BrO_3^-+3H_2O+6e^-\rightleftharpoons Br^-+6OH^-$	0.61	$Fe^{3+}+e^-\rightleftharpoons Fe^{2+}$	0.771
$Ca(OH)_2+2e^-\rightleftharpoons Ca+2OH^-$	-3.02	$[Fe(CN)_6]^{3-}+e^-\rightleftharpoons [Fe(CN)_6]^{4-}$	0.358
$Ca(OH)_2+2e^-\rightleftharpoons Ca(Hg 电极)+2OH^-$	-0.809	$FeO_4^{2-}+8H^++3e^-\rightleftharpoons Fe^{3+}+4H_2O$	2.20

电极反应	E/V	电极反应	E/V
$Ga^{3+}+3e^-=Ga$	-0.560	$Sr^++e^-=Sr$	-4.10
$2H^++2e^-=H_2$	0.00000	$Sr^{2+}+2e^-=Sr$	-2.89
$H_2(g)+2e^-=2H^-$	-2.23	$Sr^{2+}+2e^-=Sr(Hg\ 电极)$	-1.793
$HO_2+H^++e^-=H_2O_2$	1.495	$Te+2H^++2e^-=H_2Te$	-0.793
$O_2+4H^++4e^-=2H_2O$	1.229	$V^{3+}+e^-=V^{2+}$	-0.255
$O(g)+2H^++2e^-=H_2O$	2.421	$VO^{2+}+2H^++e^-=V^{3+}+H_2O$	0.337
$O_3+2H^++2e^-=O_2+H_2O$	2.076	$VO_2^++2H^++e^-=VO^{2+}+H_2O$	0.991
$P(红磷)+3H^++3e^-=PH_3(g)$	-0.111	$V(OH)_4^++2H^++e^-=VO^{2+}+3H_2O$	1.00
$P(白磷)+3H^++3e^-=PH_3(g)$	-0.063	$V(OH)_4^++4H^++5e^-=V+4H_2O$	-0.254
$H_3PO_2+H^++e^-=P+2H_2O$	-0.508	$W_2O_5+2H^++2e^-=2WO_2+H_2O$	-0.031
$H_3PO_3+2H^++2e^-=H_3PO_2+H_2O$	-0.499	$WO_2+4H^++4e^-=W+2H_2O$	-0.119
$H_3PO_3+3H^++3e^-=P+3H_2O$	-0.454	$WO_3+6H^++6e^-=W+3H_2O$	-0.090
$H_3PO_4+2H^++2e^-=H_3PO_3+H_2O$	-0.276	$2WO_3+2H^++2e^-=W_2O_5+H_2O$	-0.029
$Pb^{2+}+2e^-=Pb$	-0.1262	$Y^{3+}+3e^-=Y$	-2.37
$PbBr_2+2e^-=Pb+2Br^-$	-0.284	$Zn^{2+}+2e^-=Zn$	-0.7618
$PbCl_2+2e^-=Pb+2Cl^-$	-0.2675	$Cu(OH)_2+2e^-=Cu+2OH^-$	-0.222
$PbF_2+2e^-=Pb+2F^-$	-0.3444	$2Cu(OH)_2+2e^-=Cu_2O+2OH^-+H_2O$	-0.080
$PbI_2+2e^-=Pb+2I^-$	-0.365	$[Fe(CN)_6]^{3-}+e^-=[Fe(CN)_6]^{4-}$	0.358
$PbO_2+4H^++2e^-=Pb^{2+}+2H_2O$	1.455	$Fe(OH)_3+e^-=Fe(OH)_2+OH^-$	-0.56
$PbO_2+SO_4^{2-}+4H^++2e^-=PbSO_4+2H_2O$	1.6913	$H_2GaO_3^-+H_2O+3e^-=Ga+4OH^-$	-1.219
$PbSO_4+2e^-=Pb+SO_4^{2-}$	-0.3588	$2H_2O+2e^-=H_2+2OH^-$	-0.8277
$Pd^{2+}+2e^-=Pd$	0.951	$Hg_2O+H_2O+2e^-=2Hg+2OH^-$	0.123
$PdCl_4^{2-}+2e^-=Pd+4Cl^-$	0.591	$HgO+H_2O+2e^-=Hg+2OH^-$	0.0977
$Pt^{2+}+2e^-=Pt$	1.118	$H_3IO_6^{2-}+2e^-=IO_3^-+3OH^-$	0.7
$Rb^++e^-=Rb$	-2.98	$IO^-+H_2O+2e^-=I^-+2OH^-$	0.485
$Re^{3+}+3e^-=Re$	0.300	$IO_3^-+2H_2O+4e^-=IO^-+4OH^-$	0.15
$S+2H^++2e^-=H_2S(aq)$	0.142	$IO_3^-+3H_2O+6e^-=I^-+6OH^-$	0.26
$S_2O_6^{2-}+4H^++2e^-=2H_2SO_3$	0.564	$Ir_2O_3+3H_2O+6e^-=2Ir+6OH^-$	0.098
$S_2O_8^{2-}+2e^-=2SO_4^{2-}$	2.010	$La(OH)_3+3e^-=La+3OH^-$	-2.90
$S_2O_8^{2-}+2H^++2e^-=2HSO_4^-$	2.123	$Mg(OH)_2+2e^-=Mg+2OH^-$	-2.690
$2H_2SO_3+H^++2e^-=HSO_4^-+2H_2O$	-0.056	$MnO_4^-+2H_2O+3e^-=MnO_2+4OH^-$	0.595
$H_2SO_3+4H^++4e^-=S+3H_2O$	0.449	$MnO_4^{2-}+2H_2O+2e^-=MnO_2+4OH^-$	0.60
$SO_4^{2-}+4H^++2e^-=H_2SO_3+H_2O$	0.172	$Mn(OH)_2+2e^-=Mn+2OH^-$	-1.56
$2SO_4^{2-}+4H^++2e^-=S_2O_6^{2-}+2H_2O$	-0.22	$Mn(OH)_3+e^-=Mn(OH)_2+OH^-$	0.15
$Sb+3H^++3e^-=SbH_3$	-0.510	$2NO+H_2O+2e^-=N_2O+2OH^-$	0.76
$Sb_2O_3+6H^++6e^-=2Sb+3H_2O$	0.152	$NO_2^-+H_2O+e^-=NO+2OH^-$	-0.46
$Sb_2O_5+6H^++4e^-=2SbO^++3H_2O$	0.581	$2NO_2^-+2H_2O+4e^-=N_2^{2-}+4OH^-$	-0.18
$SbO^++2H^++3e^-=Sb+H_2O$	0.212	$2NO_2^-+3H_2O+4e^-=N_2O+6OH^-$	0.15
$Sc^{3+}+3e^-=Sc$	-2.077	$NO_3^-+H_2O+2e^-=NO_2^-+2OH^-$	0.01
$Se+2H^++2e^-=H_2Se(aq)$	-0.399	$2NO_3^-+2H_2O+2e^-=N_2O_4+4OH^-$	-0.85
$H_2SeO_3+4H^++4e^-=Se+3H_2O$	0.74	$Ni(OH)_2+2e^-=Ni+2OH^-$	-0.72
$SeO_4^{2-}+4H^++2e^-=H_2SeO_3+H_2O$	1.151	$NiO_2+2H_2O+2e^-=Ni(OH)_2+2OH^-$	-0.490
$SiF_6^{2-}+4e^-=Si+6F^-$	-1.24	$O_2+H_2O+2e^-=HO_2^-+OH^-$	-0.076
$SiO_2(石英)+4H^++4e^-=Si+2H_2O$	0.857	$O_2+2H_2O+2e^-=H_2O_2+2OH^-$	-0.146
$Sn^{2+}+2e^-=Sn$	-0.1375	$O_2+2H_2O+4e^-=4OH^-$	0.401
$Sn^{4+}+2e^-=Sn^{2+}$	0.151	$O_3+H_2O+2e^-=O_2+2OH^-$	1.24
		$HO_2^-+H_2O+2e^-=3OH^-$	0.878

附录 6 某些配离子的稳定常数

附表 6 某些配离子的稳定常数

配离子	$K_稳$	配离子	$K_稳$
$Ag(CN)_2^-$	5.6×10^{18}	$Fe(CN)_6^{4-}$	1.0×10^{37}
$Ag(EDTA)^{3-}$	2.1×10^7	$Fe(EDTA)^-$	1.7×10^{24}
$Ag(en)_2^+$	5.0×10^7	$Fe(EDTA)^{2-}$	2.1×10^{14}
$Ag(NH_3)_2^+$	1.6×10^7	$Fe(en)_3^{2+}$	5.0×10^9
$Ag(SCN)_4^{3-}$	1.2×10^{10}	$Fe(ox)_3^{3-}$	2.0×10^{20}
$Ag(S_2O_3)_2^{3-}$	1.7×10^{13}	$Fe(ox)_3^{4-}$	1.7×10^5
$Al(EDTA)^-$	1.3×10^{16}	$Fe(SCN)^{2+}$	8.9×10^2
$Al(OH)_4^-$	1.1×10^{33}	$HgCl_4^{2-}$	1.2×10^{15}
$CdCl_4^{2-}$	6.3×10^2	$Hg(CN)_4^{2-}$	3.0×10^{41}
$Cd(CN)_4^{2-}$	6.0×10^{18}	$Hg(EDTA)^{2-}$	6.3×10^{21}
$Cd(en)_3^{2+}$	1.2×10^{12}	$Hg(en)_2^{2+}$	2.0×10^{23}
$Cd(NH_3)_4^{2+}$	1.3×10^7	HgI_4^{2-}	6.8×10^{29}
$Co(EDTA)^-$	1.0×10^{36}	$Hg(ox)_2^{2-}$	9.5×10^6
$Co(EDTA)^{2-}$	2.0×10^{16}	$Ni(CN)_4^{2-}$	2.0×10^{31}
$Co(en)_3^{2+}$	8.7×10^{13}	$Ni(EDTA)^{2-}$	3.6×10^{18}
$Co(en)_3^{3+}$	4.9×10^{48}	$Ni(en)_3^{2+}$	2.1×10^{18}
$Co(NH_3)_6^{2+}$	1.3×10^5	$Ni(ox)_3^{4-}$	3.0×10^8
$Co(NH_3)_6^{3+}$	4.5×10^{33}	$PbCl_3^-$	2.4×10^1
$Co(ox)_3^{3-}$	1.0×10^{20}	$Pb(EDTA)^{2-}$	2.0×10^{18}
$Co(ox)_3^{4-}$	5.0×10^9	PbI_4^{2-}	3.0×10^4
$Co(SCN)_4^{2-}$	1.0×10^3	$Pb(OH)_3^-$	3.8×10^{14}
$Cr(EDTA)^-$	1.0×10^{23}	$Pb(ox)_2^{2-}$	3.5×10^6
$Cr(OH)_4^-$	8.0×10^{29}	$PtCl_4^{2-}$	1.0×10^{16}
$CuCl_3^{2-}$	5.0×10^5	$Pt(NH_3)_6^{2+}$	2.0×10^{35}
$Cu(CN)_4^{3-}$	2.0×10^{30}	$Zn(CN)_4^{2-}$	1.0×10^{18}
$Cu(EDTA)^{2-}$	5.0×10^{18}	$Zn(EDTA)^{2-}$	3.0×10^{16}
$Cu(en)_2^{2+}$	1.0×10^{20}	$Zn(en)_3^{2+}$	1.3×10^{14}
$Cu(NH_3)_4^{2+}$	1.1×10^{13}	$Zn(NH_3)_4^{2+}$	4.1×10^8
$Cu(ox)_2^{2-}$	3.0×10^8	$Zn(OH)_4^{2-}$	4.6×10^{17}
$Fe(CN)_6^{3-}$	1.0×10^{42}	$Zn(ox)_3^{4-}$	1.4×10^8

附录 7 部分试剂的名称及配制方法

附表 7 部分试剂的名称及配制方法

试剂名称	浓度	配制方法
三氯化铋 $BiCl_3$	$0.1mol\cdot L^{-1}$	溶解 36.1g $BiCl_3$ 于 330mL 6mol $\cdot L^{-1}$ HCl 中,加水稀释至 1L
三氯化锑 $SbCl_3$	$0.1mol\cdot L^{-1}$	溶解 32.8g $SbCl_3$ 于 330mL 6mol $\cdot L^{-1}$ HCl 中,加水稀释至 1L
三氯化铁 $FeCl_3$	$1mol\cdot L^{-1}$	溶解 90g $FeCl_3\cdot6H_2O$ 于 80mL 6mol $\cdot L^{-1}$ HCl 中,加水稀释至 1L
三氯化铬 $CrCl_3$	$0.5mol\cdot L^{-1}$	溶解 44.5g $CrCl_3\cdot6H_2O$ 于 40mL 6mol $\cdot L^{-1}$ HCl 中,加水稀释至 1L
氯化亚锡 $SnCl_2$	$0.1mol\cdot L^{-1}$	溶解 22.6g $SnCl_2\cdot2H_2O$ 于 330mL 6mol $\cdot L^{-1}$ HCl 中,加水稀释至 1L,加入数粒纯锡
氯化氧钒 VO_2Cl		将 1g 偏钒酸铵固体,加入到 20mL 6mol $\cdot L^{-1}$ HCl 和 10mL 水中

试剂名称	浓度	配制方法
硝酸汞 $Hg(NO_3)_2$	$0.1mol \cdot L^{-1}$	溶解 33.4g $Hg(NO_3)_2 \cdot 1/2H_2O$ 于 1L $0.6mol \cdot L^{-1}$ HNO_3 中
硝酸亚汞 $Hg_2(NO_3)_2$	$0.1mol \cdot L^{-1}$	溶解 56.1g $Hg_2(NO_3)_2 \cdot 2H_2O$ 于 1L $0.6mol \cdot L^{-1}$ HNO_3 中,并加入少许金属汞
硫化钠 Na_2S	$2mol \cdot L^{-1}$	溶解 $Na_2S \cdot 9H_2O$ 240g 及 NaOH 40g 于一定量水中,稀释至 1L
硫化铵 $(NH_4)_2S$	$3mol \cdot L^{-1}$	在 200mL 浓氨水中通入 H_2S,直到不再吸收为止。然后加入 200mL 浓氨水,稀释至 1L
硫酸氧钛 $TiOSO_4$	$0.1mol \cdot L^{-1}$	溶解 19g 液态 $TiCl_4$ 于 220mL 1∶1 H_2SO_4 中,再用水稀释至 1L(注意:液态 $TiCl_4$ 在空气中强烈发烟,因此必须在通风橱中配制)
钼酸铵 $(NH_4)_6Mo_7O_{21}$	$0.1mol \cdot L^{-1}$	溶解 124g $(NH_4)_6Mo_7O_{21} \cdot 4H_2O$ 于 1L 水中,将所得溶液倒入 1L $6mol \cdot L^{-1}$ HNO_3 中,放置 24h,取其澄清液
氯水		在水中通入氯气直至饱和
溴水		在水中滴入液溴至饱和
碘水	$0.01mol \cdot L^{-1}$	溶解 2.5g 碘和 3g KI 于尽可能少量的水中,加水稀释至 1L
亚硝基铁氰化钠 $Na_2[Fe(CN)_5NO]$	1%	溶解 1g 亚硝基铁氰化钠于 100mL 水中。如溶液变成蓝色,即需重新配制(只能保存数天)
硝酸银-氨溶液 $AgNO_3$-NH_3		溶解 1.7g $AgNO_3$ 于水中,加 17mL 浓 $NH_3 \cdot H_2O$,稀释至 1L
镁试剂		溶解 0.01g 对-硝基苯偶氮-间苯二酚于 1L $1mol \cdot L^{-1}$ NaOH 溶液中
淀粉溶液	1%	将 1g 淀粉和少量冷水调成糊状,倒入 100mL 沸水中,煮沸后,冷却
奈斯勒试剂		溶解 115g HgI_2 和 80g KI 于水中稀释至 500mL,加入 500mL $6mol \cdot L^{-1}$ NaOH 溶液,静置后,取其清液,保存在棕色瓶中
二苯硫腙		溶解 0.1g 二苯硫腙于 1L CCl_4 或 $CHCl_3$ 中
铬黑 T		将铬黑 T 和烘干的 NaCl 按 1∶100 的比例研细,均匀混合,储于棕色瓶中
钙指示剂		将钙指示剂和烘干的 NaCl 按 1∶100 的比例研细,均匀混合,储于棕色瓶中
紫尿酸铵指示剂		1g 紫尿酸铵加 100g 氯化钙,研匀
甲基橙	0.1%	溶解 1g 甲基橙于 1L 热水中
石蕊	0.5%～1%	5～10g 石蕊溶于 1L 水中
酚酞	0.1%	溶解 1g 酚酞于 900mL 乙醇与 100mL 水的混合液中
淀粉-碘化钾		0.5%淀粉溶液中含有 $0.1mol \cdot L^{-1}$ 碘化钾
二乙酰二肟		取 1g 二乙酰二肟溶于 100mL 95%乙醇中
甲醛		1 份 40%甲醛与 7 份水混合

附录8 元素熔沸点

附表8 元素熔沸点

原子序数	元素名称	元素符号	熔点/℃	沸点/℃
1	氢	H	−259.20	−252.77
2	氦	He	−272.2(25 个大气压)	−268.935
3	锂	Li	179	1336
4	铍	Be	1285	2970

原子序数	元素名称	元素符号	熔点/℃	沸点/℃
5	硼	B	2074	3675
6	碳	C	4000(63 个大气压)	3850(升华)
7	氮	N	−209.97	−195.798
8	氧	O	−218.787	−182.98
9	氟	F	−219.62	−188.14
10	氖	Ne	−248.6	−246.1
11	钠	Na	97.8	883
12	镁	Mg	650	1117
13	铝	Al	660.2	2447
14	硅	Si	1415	2680
15	磷	P	44.2 597 610	280.3 431(升华) 453(升华)
16	硫	S	112.8 114.6 106.8	444.60
17	氯	Cl	−101.0	−34.05
18	氩	Ar	−189.38	−185.87
19	钾	K	63.5	758
20	钙	Ca	851	1487
21	钪	Sc	1397	2730
22	钛	Ti	1672	3260
23	钒	V	1919	3400
24	铬	Cr	1900	2640
25	锰	Mn	1244	2120
26	铁	Fe	1530	3000
27	钴	Co	1495	3550
28	镍	Ni	1455	2840
29	铜	Cu	1083	3582
30	锌	Zn	419.47	907
31	镓	Ga	29.75	1980
32	锗	Ge	937	2830
33	砷	As	817(28 个大气压)	613(升华)
34	硒	Se	217 170	685
35	溴	Br	−7.08	58.76
36	氪	Kr	−157.2	−153.4
37	铷	Rb	39.0	700
38	锶	Sr	774	1366
39	钇	Y	1509	2930
40	锆	Zr	1855	4375

原子序数	元素名称	元素符号	熔点/℃	沸点/℃
41	铌	Nb	2468	5127
42	钼	Mo	2625	4800
43	锝	Tc	2200	(4700)
44	钌	Ru	2430	3700
45	铑	Rh	1966	(3700)
46	钯	Pd	1552	2870
47	银	Ag	960.15	2177
48	镉	Cd	320.9	767
49	铟	In	156.4	2050
50	锡	Sn	231.89	2687
51	锑	Sb	630.5	1640
52	碲	Te	450	994
53	碘	I	113.6	184.4
54	氙	Xe	−111.8	−108.1
55	铯	Cs	28.6	670
56	钡	Ba	850	1537
57	镧	La	920	3470
58	铈	Ce	795	3470
59	镨	Pr	935	3130
60	钕	Nd	1024	3030
61	钷	Pm	(1027)	(2727)
62	钐	Sm	1052	1900
63	铕	Eu	826	1440
64	钆	Gd	1312	3000
65	铽	Tb	1356	2300
66	镝	Dy	1407	2600
67	钬	Ho	1461	2600
68	铒	Er	1495	2900
69	铥	Tm	1545	1730
70	镱	Yb	824	1430
71	镥	Lu	1652	3330
72	铪	Hf	2225	约5200
73	钽	Ta	2980	5425
74	钨	W	3415	5000
75	铼	Re	3180	5885
76	锇	Os	2727	(4100)
77	铱	Lr	2448	4500
78	铂	Pt	1774	约3800
79	金	Au	1063	2707

原子序数	元素名称	元素符号	熔点/℃	沸点/℃
80	汞	Hg	−38.87	356.58
81	铊	Ti	304	1470
82	铅	Pb	327.4	1751
83	铋	Bi	271.3	1560
84	钋	Po	254	962
85	砹	At	302	334
86	氡	Rn	−71	−62
87	钫	Fr	(27)	
88	镭	Ra	约700	(1525)
89	锕	Ac	1050	(3330)
90	钍	Th	1800	约4200
91	镤	Pa	(1227)	(4027)
92	铀	U	1132	3818
93	镎	Np	630	
94	钚	Pu	638	3235
95	镅	Am	7800	(2600)
96	锔	Cm		
97	锫	Bk		
98	锎	Cf		
99	锿	Es		
100	镄	Fm		
101	钔	Md		
102	锘	No		

附录9　金属-无机配位体配合物的稳定常数

附表9　金属-无机配位体配合物的稳定常数

序号	配位体	金属离子	配位体数目 n	$\lg\beta_n$
1	NH_3	Ag^+	1、2	3.24、7.05
		Au^{3+}	4	10.3
		Cd^{2+}	1、2、3、4、5、6	2.65、4.75、6.19、7.12、6.80、5.14
		Co^{2+}	1、2、3、4、5、6	2.11、3.74、4.79、5.55、5.73、5.11
		Co^{3+}	1、2、3、4、5、6	6.7、14.0、20.1、25.7、30.8、35.2
		Cu^+	1、2	5.93、10.86
		Cu^{2+}	1、2、3、4、5	4.31、7.98、11.02、13.32、12.86
		Fe^{2+}	1、2	1.4、2.2
		Hg^{2+}	1、2、3、4	8.8、17.5、18.5、19.28
		Mn^{2+}	1、2	0.8、1.3
		Ni^{2+}	1、2、3、4、5、6	2.80、5.04、6.77、7.96、8.71、8.74
		Pd^{2+}	1、2、3、4	9.6、18.5、26.0、32.8
		Pt^{2+}	6	35.3
		Zn^{2+}	1、2、3、4	2.37、4.81、7.31、9.46

序号	配位体	金属离子	配位体数目 n	$\lg\beta_n$
2	Br^-	Ag^+	1、2、3、4	4.38、7.33、8.00、8.73
		Bi^{3+}	1、2、3、4、5、6	2.37、4.20、5.90、7.30、8.20、8.30
		Cd^{2+}	1、2、3、4	1.75、2.34、3.32、3.70
		Ce^{3+}	1	0.42
		Cu^+	2	5.89
		Cu^{2+}	1	0.30
		Hg^{2+}	1、2、3、4	9.05、17.32、19.74、21.00
		In^{3+}	1、2	1.30、1.88
		Pb^{2+}	1、2、3、4	1.77、2.60、3.00、2.30
		Pd^{2+}	1、2、3、4	5.17、9.42、12.70、14.90
		Rh^{3+}	2、3、4、5、6	14.3、16.3、17.6、18.4、17.2
		Sc^{3+}	1、2	2.08、3.08
		Sn^{2+}	1、2、3	1.11、1.81、1.46
		Tl^{3+}	1、2、3、4、5、6	9.7、16.6、21.2、23.9、29.2、31.6
		U^{4+}	1	0.18
3	Cl^-	Ag^+	1、2、4	3.04、5.04、5.30
		Bi^{3+}	1、2、3、4	2.44、4.7、5.0、5.6
		Cd^{2+}	1、2、3、4	1.95、2.50、2.60、2.80
		Co^{3+}	1	1.42
		Cu^+	2、3	5.5、5.7
		Cu^{2+}	1、2	0.1、-0.6
		Fe^{2+}	1	1.17
		Fe^{3+}	2	9.8
		Hg^{2+}	1、2、3、4	6.74、13.22、14.07、15.07
		In^{3+}	1、2、3、4	1.62、2.44、1.70、1.60
		Pb^{2+}	1、2、3	1.42、2.23、3.23
		Pd^{2+}	1、2、3、4	6.1、10.7、13.1、15.7
		Pt^{2+}	2、3、4	11.5、14.5、16.0
		Sb^{3+}	1、2、3、4	2.26、3.49、4.18、4.72
		Sn^{2+}	1、2、3、4	1.51、2.24、2.03、1.48
		Tl^{3+}	1、2、3、4	8.14、13.60、15.78、18.00
		Th^{4+}	1、2	1.38、0.38
		Zn^{2+}	1、2、3、4	0.43、0.61、0.53、0.20
		Zr^{4+}	1、2、3、4	0.9、1.3、1.5、1.2
4	CN^-	Ag^+	2、3、4	21.1、21.7、20.6
		Au^+	2	38.3
		Cd^{2+}	1、2、3、4	5.48、10.60、15.23、18.78
		Cu^+	2、3、4	24.0、28.59、30.30
		Fe^{2+}	6	35.0
		Fe^{3+}	6	42.0
		Hg^{2+}	4	41.4
		Ni^{2+}	4	31.3
		Zn^{2+}	1、2、3、4	5.3、11.70、16.70、21.60
5	F^-	Al^{3+}	1、2、3、4、5、6	6.11、11.12、15.00、18.00、19.40、19.80
		Be^{2+}	1、2、3、4	4.99、8.80、11.60、13.10
		Bi^{3+}	1	1.42
		Co^{2+}	1	0.4
		Cr^{3+}	1、2、3	4.36、8.70、11.20
		Cu^{2+}	1	0.9
		Fe^{2+}	1	0.8

序号	配位体	金属离子	配位体数目 n	$\lg\beta_n$
5	F^-	Fe^{3+}	1、2、3、5	5.28、9.30、12.06、15.77
		Ga^{3+}	1、2、3	4.49、8.00、10.50
		Hf^{4+}	1、2、3、4、5、6	9.0、16.5、23.1、28.8、34.0、38.0
		Hg^{2+}	1	1.03
		In^{3+}	1、2、3、4	3.70、6.40、8.60、9.80
		Mg^{2+}	1	1.30
		Mn^{2+}	1	5.48
		Ni^{2+}	1	0.50
		Pb^{2+}	1、2	1.44、2.54
		Sb^{3+}	1、2、3、4	3.0、5.7、8.3、10.9
		Sn^{2+}	1、2、3	4.08、6.68、9.50
		Th^{4+}	1、2、3、4	8.44、15.08、19.80、23.20
		TiO^{2+}	1、2、3、4	5.4、9.8、13.7、18.0
		Zn^{2+}	1	0.78
		Zr^{4+}	1、2、3、4、5、6	9.4、17.2、23.7、29.5、33.5、38.3
6	I^-	Ag^+	1、2、3	6.58、11.74、13.68
		Bi^{3+}	1、4、5、6	3.63、14.95、16.80、18.80
		Cd^{2+}	1、2、3、4	2.10、3.43、4.49、5.41
		Cu^+	2	8.85
		Fe^{3+}	1	1.88
		Hg^{2+}	1、2、3、4	12.87、23.82、27.60、29.83
		Pb^{2+}	1、2、3、4	2.00、3.15、3.92、4.47
		Pd^{2+}	4	24.5
		Tl^+	1、2、3	0.72、0.90、1.08
		Tl^{3+}	1、2、3、4	11.41、20.88、27.60、31.82
7	OH^-	Ag^+	1、2	2.0、3.99
		Al^{3+}	1、4	9.27、33.03
		As^{3+}	1、2、3、4	14.33、18.73、20.60、21.20
		Be^{2+}	1、2、3	9.7、14.0、15.2
		Bi^{3+}	1、2、4	12.7、15.8、35.2
		Ca^{2+}	1	1.3
		Cd^{2+}	1、2、3、4	4.17、8.33、9.02、8.62
		Ce^{3+}	1	4.6
		Ce^{4+}	1、2	13.28、26.46
		Co^{2+}	1、2、3、4	4.3、8.4、9.7、10.2
		Cr^{3+}	1、2、4	10.1、17.8、29.9
		Cu^{2+}	1、2、3、4	7.0、13.68、17.00、18.5
		Fe^{2+}	1、2、3、4	5.56、9.77、9.67、8.58
		Fe^{3+}	1、2、3	11.87、21.17、29.67
		Hg^{2+}	1、2、3	10.6、21.8、20.9
		In^{3+}	1、2、3、4	10.0、20.2、29.6、38.9
		Mg^{2+}	1	2.58
		Mn^{2+}	1、3	3.9、8.3
		Ni^{2+}	1、2、3	4.97、8.55、11.33
		Pa^{4+}	1、2、3、4	14.04、27.84、40.7、51.4
		Pb^{2+}	1、2、3	7.82、10.85、14.58
		Pd^{2+}	1、2	13.0、25.8
		Sb^{3+}	2、3、4	24.3、36.7、38.3
		Sc^{3+}	1	8.9
		Sn^{2+}	1	10.4

序号	配位体	金属离子	配位体数目 n	$\lg\beta_n$
7	OH^-	Th^{3+}	1、2	12.86、25.37
		Ti^{3+}	1	12.71
		Zn^{2+}	1、2、3、4	4.40、11.30、14.14、17.66
		Zr^{4+}	1、2、3、4	14.3、28.3、41.9、55.3
8	NO_3^-	Ba^{2+}	1	0.92
		Bi^{3+}	1	1.26
		Ca^{2+}	1	0.28
		Cd^{2+}	1	0.40
		Fe^{3+}	1	1.0
		Hg^{2+}	1	0.35
		Pb^{2+}	1	1.18
		Tl^+	1	0.33
		Tl^{3+}	1	0.92
9	$P_2O_7^{4-}$	Ba^{2+}	1	4.6
		Ca^{2+}	1	4.6
		Cd^{3+}	1	5.6
		Co^{2+}	1	6.1
		Cu^{2+}	1、2	6.7、9.0
		Hg^{2+}	2	12.38
		Mg^{2+}	1	5.7
		Ni^{2+}	1、2	5.8、7.4
		Pb^{2+}	1、2	7.3、10.15
		Zn^{2+}	1、2	8.7、11.0
10	SCN^-	Ag^+	1、2、3、4	4.6、7.57、9.08、10.08
		Bi^{3+}	1、2、3、4、5、6	1.67、3.00、4.00、4.80、5.50、6.10
		Cd^{2+}	1、2、3、4	1.39、1.98、2.58、3.6
		Cr^{3+}	1、2	1.87、2.98
		Cu^+	1、2	12.11、5.18
		Cu^{2+}	1、2	1.90、3.00
		Fe^{3+}	1、2、3、4、5、6	2.21、3.64、5.00、6.30、6.20、6.10
		Hg^{2+}	1、2、3、4	9.08、16.86、19.70、21.70
		Ni^{2+}	1、2、3	1.18、1.64、1.81
		Pb^{2+}	1、2、3	0.78、0.99、1.00
		Sn^{2+}	1、2、3	1.17、1.77、1.74
		Th^{4+}	1、2	1.08、1.78
		Zn^{2+}	1、2、3、4	1.33、1.91、2.00、1.60
11	$S_2O_3^{2-}$	Ag^+	1、2	8.82、13.46
		Cd^{2+}	1、2	3.92、6.44
		Cu^+	1、2、3	10.27、12.22、13.84
		Fe^{3+}	1	2.10
		Hg^{2+}	2、3、4	29.44、31.90、33.24
		Pb^{2+}	2、3	5.13、6.35
12	SO_4^{2-}	Ag^+	1	1.3
		Ba^{2+}	1	2.7
		Bi^{3+}	1、2、3、4、5	1.98、3.41、4.08、4.34、4.60
		Fe^{3+}	1、2	4.04、5.38
		Hg^{2+}	1、2	1.34、2.40
		In^{3+}	1、2、3	1.78、1.88、2.36
		Ni^{2+}	1	2.4

序号	配位体	金属离子	配位体数目 n	$\lg\beta_n$
12	SO_4^{2-}	Pb^{2+}	1	2.75
		Pr^{3+}	1、2	3.62、4.92
		Th^{4+}	1、2	3.32、5.50
		Zr^{4+}	1、2、3	3.79、6.64、7.77

附录 10 金属-有机配位体配合物的稳定常数

附表 10 金属-有机配位体配合物的稳定常数

（表中离子强度都是在有限的范围内，$I\approx0$）

配位体	金属离子	配位体数目 n	$\lg\beta_n$
乙二胺四乙酸（EDTA）$[(HOOCCH_2)_2NCH_2]_2$	Ag^+	1	7.32
	Al^{3+}	1	16.11
	Ba^{2+}	1	7.78
	Be^{2+}	1	9.3
	Bi^{3+}	1	22.8
	Ca^{2+}	1	11.0
	Cd^{2+}	1	16.4
	Co^{2+}	1	16.31
	Co^{3+}	1	36.0
	Cr^{3+}	1	23.0
	Cu^{2+}	1	18.7
	Fe^{2+}	1	14.83
	Fe^{3+}	1	24.23
	Ga^{3+}	1	20.25
	Hg^{2+}	1	21.80
	In^{3+}	1	24.95
	Li^+	1	2.79
	Mg^{2+}	1	8.64
	Mn^{2+}	1	13.8
	$Mo(V)$	1	6.36
	Na^+	1	1.66
	Ni^{2+}	1	18.56
	Pb^{2+}	1	18.3
	Pd^{2+}	1	18.5
	Sc^{2+}	1	23.1
	Sn^{2+}	1	22.1
	Sr^{2+}	1	8.80
	Th^{4+}	1	23.2
	TiO^{2+}	1	17.3
	Tl^{3+}	1	22.5
	U^{4+}	1	17.50
	VO^{2+}	1	18.0
	Y^{3+}	1	18.32
	Zn^{2+}	1	16.4
	Zr^{4+}	1	19.4

配位体	金属离子	配位体数目 n	$\lg\beta_n$
乙酸 (acetic acid) CH_3COOH	Ag^+	1、2	0.73、0.64
	Ba^{2+}	1	0.41
	Ca^{2+}	1	0.6
	Cd^{2+}	1、2、3	1.5、2.3、2.4
	Ce^{3+}	1、2、3、4	1.68、2.69、3.13、3.18
	Co^{2+}	1、2	1.5、1.9
	Cr^{3+}	1、2、3	4.63、7.08、9.60
	$Cu^{2+}(20℃)$	1、2	2.16、3.20
	In^{3+}	1、2、3、4	3.50、5.95、7.90、9.08
	Mn^{2+}	1、2	9.84、2.06
	Ni^{2+}	1、2	1.12、1.81
	Pb^{2+}	1、2、3、4	2.52、4.0、6.4、8.5
	Sn^{2+}	1、2、3	3.3、6.0、7.3
	Tl^{3+}	1、2、3、4	6.17、11.28、15.10、18.3
	Zn^{2+}	1	1.5
乙酰丙酮 (acetyl acetone) $CH_3COCH_2CH_3$	$Al^{3+}(30℃)$	1、2	8.6、15.5
	Cd^{2+}	1、2	3.84、6.66
	Co^{2+}	1、2	5.40、9.54
	Cr^{2+}	1、2	5.96、11.7
	Cu^{2+}	1、2	8.27、16.34
	Fe^{2+}	1、2	5.07、8.67
	Fe^{3+}	1、2、3	11.4、22.1、26.7
	Hg^{2+}	2	21.5
	Mg^{2+}	1、2	3.65、6.27
	Mn^{2+}	1、2	4.24、7.35
	Mn^{3+}	3	3.86
	$Ni^{2+}(20℃)$	1、2、3	6.06、10.77、13.09
	Pb^{2+}	2	6.32
	$Pd^{2+}(30℃)$	1、2	16.2、27.1
	Th^{4+}	1、2、3、4	8.8、16.2、22.5、26.7
	Ti^{3+}	1、2、3	10.43、18.82、24.90
	V^{2+}	1、2、3	5.4、10.2、14.7
	$Zn^{2+}(30℃)$	1、2	4.98、8.81
	Zr^{4+}	1、2、3、4	8.4、16.0、23.2、30.1
草酸 (oxalic acid) $HOOCCOOH$	Ag^+	1	2.41
	Al^{3+}	1、2、3	7.26、13.0、16.3
	Ba^{2+}	1	2.31
	Ca^{2+}	1	3.0
	Cd^{2+}	1、2	3.52、5.77
	Co^{2+}	1、2、3	4.79、6.7、9.7
	Cu^{2+}	1、2	6.23、10.27
	Fe^{2+}	1、2、3	2.9、4.52、5.22
	Fe^{3+}	1、2、3	9.4、16.2、20.2
	Hg^{2+}	1	9.66
	Hg_2^{2+}	2	6.98
	Mg^{2+}	1、2	3.43、4.38
	Mn^{2+}	1、2	3.97、5.80
	Mn^{3+}	1、2、3	9.98、16.57、19.42
	Ni^{2+}	1、2、3	5.3、7.64、约8.5
	Pb^{2+}	1、2	4.91、6.76

配位体	金属离子	配位体数目 n	$\lg\beta_n$
草酸 （oxalic acid） HOOCCOOH	Sc^{3+}	1、2、3、4	6.86、11.31、14.32、16.70
	Th^{4+}	4	24.48
	Zn^{2+}	1、2、3	4.89、7.60、8.15
	Zr^{4+}	1、2、3、4	9.80、17.14、20.86、21.15
乳酸 （lactic acid） $CH_3CHOHCOOH$	Ba^{2+}	1	0.64
	Ca^{2+}	1	1.42
	Cd^{2+}	1	1.70
	Co^{2+}	1	1.90
	Cu^{2+}	1、2	3.02、4.85
	Fe^{3+}	1	7.1
	Mg^{2+}	1	1.37
	Mn^{2+}	1	1.43
	Ni^{2+}	1	2.22
	Pb^{2+}	1、2	2.40、3.80
	Sc^{2+}	1	5.2
	Th^{4+}	1	5.5
	Zn^{2+}	1、2	2.20、3.75
水杨酸 （salicylic acid） $C_6H_4(OH)COOH$	Al^{3+}	1	14.11
	Cd^{2+}	1	5.55
	Co^{2+}	1、2	6.72、11.42
	Cr^{2+}	1、2	8.4、15.3
	Cu^{2+}	1、2	10.60、18.45
	Fe^{2+}	1、2	6.55、11.25
	Mn^{2+}	1、2	5.90、9.80
	Ni^{2+}	1、2	6.95、11.75
	Th^{4+}	1、2、3、4	4.25、7.60、10.05、11.60
	TiO^{2+}	1	6.09
	V^{2+}	1	6.3
	Zn^{2+}	1	6.85
磺基水杨酸 （5-sulfosalicylic acid） $HO_3SC_6H_3(OH)COOH$	$Al^{3+}(0.1mol \cdot L^{-1})$	1、2、3	13.20、22.83、28.89
	$Be^{2+}(0.1mol \cdot L^{-1})$	1、2	11.71、20.81
	$Cd^{2+}(0.1mol \cdot L^{-1})$	1、2	16.68、29.08
	$Co^{2+}(0.1mol \cdot L^{-1})$	1、2	6.13、9.82
	$Cr^{3+}(0.1mol \cdot L^{-1})$	1	9.56
	$Cu^{2+}(0.1mol \cdot L^{-1})$	1、2	9.52、16.45
	$Fe^{2+}(0.1mol \cdot L^{-1})$	1、2	5.9、9.9
	$Fe^{3+}(0.1mol \cdot L^{-1})$	1、2、3	14.64、25.18、32.12
	$Mn^{2+}(0.1mol \cdot L^{-1})$	1、2	5.24、8.24
	$Ni^{2+}(0.1mol \cdot L^{-1})$	1、2	6.42、10.24
	$Zn^{2+}(0.1mol \cdot L^{-1})$	1、2	6.05、10.65
酒石酸 （tartaric acid） $(HOOCCHOH)_2$	Ba^{2+}	2	1.62
	Bi^{3+}	3	8.30
	Ca^{2+}	1、2	2.98、9.01
	Cd^{2+}	1	2.8
	Co^{2+}	1	2.1
	Cu^{2+}	1、2、3、4	3.2、5.11、4.78、6.51
	Fe^{3+}	1	7.49
	Hg^{2+}	1	7.0
	Mg^{2+}	2	1.36
	Mn^{2+}	1	2.49

配位体	金属离子	配位体数目 n	$\lg\beta_n$
酒石酸 （tartaric acid） $(HOOCCHOH)_2$	Ni^{2+}	1	2.06
	Pb^{2+}	1、3	3.78、4.7
	Sn^{2+}	1	5.2
	Zn^{2+}	1、2	2.68、8.32
丁二酸 （butanedioic acid） $HOOCCH_2CH_2COOH$	Ba^{2+}	1	2.08
	Be^{2+}	1	3.08
	Ca^{2+}	1	2.0
	Cd^{2+}	1	2.2
	Co^{2+}	1	2.22
	Cu^{2+}	1	3.33
	Fe^{3+}	1	7.49
	Hg^{2+}	2	7.28
	Mg^{2+}	1	1.20
	Mn^{2+}	1	2.26
	Ni^{2+}	1	2.36
	Pb^{2+}	1	2.8
	Zn^{2+}	1	1.6
硫脲 （thiourea） $H_2NC(=S)NH_2$	Ag^+	1、2	7.4、13.1
	Bi^{3+}	6	11.9
	Cd^{2+}	1、2、3、4	0.6、1.6、2.6、4.6
	Cu^+	3、4	13.0、15.4
	Hg^{2+}	2、3、4	22.1、24.7、26.8
	Pb^{2+}	1、2、3、4	1.4、3.1、4.7、8.3
乙二胺 （ethylenediamine） $H_2NCH_2CH_2NH_2$	Ag^+	1、2	4.70、7.70
	Cd^{2+}（20℃）	1、2、3	5.47、10.09、12.09
	Co^{2+}	1、2、3	5.91、10.64、13.94
	Co^{3+}	1、2、3	18.7、34.9、48.69
	Cr^{2+}	1、2	5.15、9.19
	Cu^+	2	10.8
	Cu^{2+}	1、2、3	10.67、20.0、21.0
	Fe^{2+}	1、2、3	4.34、7.65、9.70
	Hg^{2+}	1、2	14.3、23.3
	Mg^{2+}	1	0.37
	Mn^{2+}	1、2、3	2.73、4.79、5.67
	Ni^{2+}	1、2、3	7.52、13.84、18.33
	Pd^{2+}	2	26.90
	V^{2+}	1、2	4.6、7.5
	Zn^{2+}	1、2、3	5.77、10.83、14.11
吡啶 （pyridine） C_5H_5N	Ag^+	1、2	1.97、4.35
	Cd^{2+}	1、2、3、4	1.40、1.95、2.27、2.50
	Co^{2+}	1、2	1.14、1.54
	Cu^{2+}	1、2、3、4	2.59、4.33、5.93、6.54
	Fe^{2+}	1	0.71
	Hg^{2+}	1、2、3	5.1、10.0、10.4
	Mn^{2+}	1、2、3、4	1.92、2.77、3.37、3.50
	Zn^{2+}	1、2、3、4	1.41、1.11、1.61、1.93
甘氨酸 （glycin） H_2NCH_2COOH	Ag^+	1、2	3.41、6.89
	Ba^{2+}	1	0.77
	Ca^{2+}	1	1.38
	Cd^{2+}	1、2	4.74、8.60

続表

配位体	金属离子	配位体数目 n	$\lg\beta_n$
甘氨酸 (glycin) H_2NCH_2COOH	Co^{2+}	1、2、3	5.23、9.25、10.76
	Cu^{2+}	1、2、3	8.60、15.54、16.27
	Fe^{2+}（20℃）	1、2	4.3、7.8
	Hg^{2+}	1、2	10.3、19.2
	Mg^{2+}	1、2	3.44、6.46
	Mn^{2+}	1、2	3.6、6.6
	Ni^{2+}	1、2、3	6.18、11.14、15.0
	Pb^{2+}	1、2	5.47、8.92
	Pd^{2+}	1、2	9.12、17.55
	Zn^{2+}	1、2	5.52、9.96
2-甲基-8-羟基喹啉 （50%二噁烷） (8-hydroxy-2-methyl quinoline)	Cd^{2+}	1、2、3	9.00、9.00、16.60
	Ce^{3+}	1	7.71
	Co^{2+}	1、2	9.63、18.50
	Cu^{2+}	1、2	12.48、24.00
	Fe^{2+}	1、2	8.75、17.10
	Mg^{2+}	1、2	5.24、9.64
	Mn^{2+}	1、2	7.44、13.99
	Ni^{2+}	1、2	9.41、17.76
	Pb^{2+}	1、2	10.30、18.50
	UO_2^{2+}	1、2	9.4、17.0
	Zn^{2+}	1、2	9.82、18.72

附录 11　常见危险化学品的火灾危险与处置方法

附表 11　常见危险化学品的火灾危险与处置方法

分子式	名称	火灾危险	处置方法
—	压缩空气	与易燃气体、油脂接触有引起燃烧爆炸危险，受热时瓶内压力增大，有爆炸危险，有助燃性	切断气流，根据情况采取相应措施
AgCN	氰化银	不会燃烧，但遇酸会产生极毒、易燃的氰化氢气体；剧毒，吸入粉尘易中毒；与氟剧烈反应生成氟化银	禁用酸碱灭火剂，可用砂土、石粉压盖
$AgClO_3$	氯酸银	与有机物，还原剂，易燃物硫、磷等混合后，摩擦、撞击时有引起燃烧爆炸的危险	雾状水、砂土、泡沫
$AgClO_4$	高氯酸银	与易燃物和还原剂混合后，摩擦、撞击时有引起燃烧爆炸的危险	雾状水、砂土、泡沫灭火剂
$AgMnO_4$	高锰酸银	与有机物、还原剂、易燃物（如硫、磷）等混合，有成为爆炸性混合物的危险	水、砂土、泡沫
As_2O_3	三氧化二砷	剧毒，不会燃烧，但一旦发生火灾时，由于 As_2O_3 于193℃开始升华，会产生剧毒气体	水、砂土
$Ba(CN)_2$	氰化钡	不会燃烧，但遇酸产生极毒、易燃的气体；剧毒，吸入蒸气和粉尘易中毒	禁用酸碱灭火剂，可用干的砂土、石粉覆盖
$BaCl_2 \cdot 2H_2O$	氯化钡	有毒，不会燃烧	水、砂土、泡沫
$Ba(ClO_3)_2 \cdot H_2O$	一水合氯酸钡	与还原剂、有机物、铵的化合物等混合，有成为爆炸性混合物的危险；与硫酸接触易发生爆炸；燃烧时发出绿色火焰	雾状水、砂土

基础化学实验（上册）

192

分子式	名称	火灾危险	处置方法
$Ba(ClO_4)_2 \cdot 3H_2O$	三水合高氯酸钡	与有机物、还原剂、易燃物(如硫、磷)、金属粉末等接触有引起燃烧爆炸的危险	雾状水、砂土
$Ba(NO_3)_2$	硝酸钡	与有机物、还原剂、易燃物(如硫、磷)等混合后,摩擦、碰撞、遇火星,有引起燃烧爆炸的危险	雾状水、砂土、二氧化碳
$BaO_2, BaO_2 \cdot 8H_2O$	过氧化钡 八水合过氧化钡	遇有机物、还原剂、易燃物(如硫、磷)等有引起燃烧爆炸的危险	干砂、干石粉、干粉;禁止用水灭火
Be	铍	极细粉尘接触明火有发生燃烧或爆炸危险;有毒,长期接触易发肺炎,人在含铍 $0.1mg \cdot m^{-3}$ 的环境中会引起急性中毒	砂土、二氧化碳
$Be(C_2H_3O_2)_2$	乙酸铍	剧毒、可燃	水、砂土、泡沫
CO	一氧化碳	与空气混合能成为爆炸性混合物,遇高温瓶内压力增大,有爆炸危险;漏气遇火种有燃烧爆炸危险	雾状水、泡沫、二氧化碳
$Ca(CN)_2$	氰化钙	剧毒,本身不会燃烧,但遇酸会产生极毒、易燃的气体,吸入粉尘易中毒。该物质水溶液能通过皮肤吸收而引起中毒	可用干砂、石粉压盖;禁止用水及酸碱式灭火器灭火
$Ca(ClO_3)_2 \cdot 2H_2O$	二水合氯酸钙	与易燃物(硫、磷)、有机物、还原剂等混合后,经摩擦、撞击、受热有引起燃烧爆炸的危险	雾状水、砂土、泡沫
$Ca(ClO_4)_2$	高氯酸钙	与易燃物、有机物、还原剂混合,能成为有燃烧爆炸危险的混合物	砂土、水、泡沫
CaH_2	氢化钙	遇潮气、水、酸、低级醇分解,放出易燃的氢气。与氧化剂反应剧烈。在空气中燃烧极其剧烈	干砂、干粉;禁止用水和泡沫灭火
$Ca(MnO_4)_2 \cdot 5H_2O$	五水合高锰酸钙	与易燃物(硫、磷)或有机物、还原剂混合后,摩擦、撞击有引起燃烧爆炸的危险	雾状水、砂土、泡沫、二氧化碳
$Ca(NO_3)_2 \cdot 4H_2O$	四水合硝酸钙	与有机物、还原剂、易燃物(如硫、磷)等混合,有成为爆炸性混合物的危险	雾状水
CaO_2	过氧化钙	与有机物、还原剂、易燃物(如硫、磷)等相混合有引起燃烧爆炸的危险,遇潮气也能逐渐分解	干砂、干土、干石粉;禁止用水灭火
Cl_2	液氯	本身虽不燃,但有助燃性,气体外逸时会使人畜中毒,甚至死亡,受热时瓶内压力增大,危险性增加	雾状水
$CuCN$	氰化亚铜	本身不会燃烧,但遇酸产生极毒的易燃气体。剧毒,吸入蒸气或粉尘易中毒	禁用酸碱灭火剂,可用砂土压盖,可用水
F_2	氟	与多数可氧化物质发生强烈反应,常引起燃烧。与水反应放热,产生有毒及腐蚀性的烟雾。受热后瓶内压力增大,有爆炸危险。漏气可致附近人畜生命危险	二氧化碳、干粉、砂土
$Fe(CO)_5$	五羰基化铁	暴露在空气中,遇热或明火均能引起燃烧,并释放出有毒的 CO 气体	水、泡沫、二氧化碳、干粉
H_2	氢	氢气与空气混合能形成爆炸性混合物,遇火星、高温能引起燃烧爆炸,在室内使用或储存氢气时,氢气上升,不易自然排出,遇到火星时会引起爆炸	雾状水、二氧化碳
HCN	氰化氢(无水)	剧毒。漏气可致附近人畜生命危险,遇火种有燃烧爆炸危险。受热后瓶内压力增大,有爆炸危险	雾状水

分子式	名称	火灾危险	处置方法
$HClO_4$	高氯酸（72%以上）	性质不稳定,在强烈震动、撞击下会引起燃烧爆炸	雾状水、泡沫、二氧化碳
H_2S	硫化氢	剧毒的液化气体,受热后瓶内压力增大,有爆炸危险,漏气可致附近人畜生命危险	雾状水、泡沫、砂土
H_2O_2	过氧化氢溶液（40%以下）	受热或遇有机物易分解放出氧气。加热到100℃则剧烈分解。遇铬酸、高锰酸钾、金属粉末会起剧烈作用,甚至爆炸	雾状水、黄沙、二氧化碳
$HgCl_2$	氯化汞	不会燃烧。剧毒,吸入粉尘和蒸气会中毒。与钾、钠能猛烈反应	水、砂土
HgI_2	碘化汞	有毒,不会燃烧	雾状水、砂土
$Hg(NO_3)_2$	硝酸汞	受热分解放出有毒的汞蒸气。与有机物、还原剂、易燃物（硫、磷）等混合,易着火燃烧,摩擦、撞击有引起燃烧爆炸的危险。有毒	雾状水、砂土
KCN	氰化钾	剧毒,不会燃烧,但遇酸会产生剧毒、易燃的氰化氢气体,与硝酸盐或亚硝酸盐反应强烈,有发生爆炸的危险。接触皮肤极易侵入人体,引起中毒	禁用酸碱灭火剂和二氧化碳。如用水扑救,应防止接触含有氰化钾的水
$KClO_3$	氯酸钾	遇有机物、磷、硫、碳及铵的化合物,氧化物,金属粉末,稍经摩擦、撞击,即会引起燃烧爆炸。与硫酸接触易引起燃烧或爆炸	灭火时先用砂土,后用水
$KClO_4$	高氯酸钾	与有机物、还原剂、易燃物（如硫、磷）等相混合有引起爆炸的危险	雾状水、砂土
$KMnO_4$	高锰酸钾	与乙醚、乙醇、硫酸、硫黄、磷、双氧水等接触会发生爆炸;与甘油混合能发生燃烧;与铵的化合物混合有引起爆炸的危险	水、砂土
KNO_2	亚硝酸钾	与硫、磷、有机物、还原剂混合后,摩擦、撞击有引起燃烧爆炸的危险	雾状水、砂土
KNO_3	硝酸钾	与有机物及硫、磷等混合,有成为爆炸性混合物的危险。浸过硝酸钾的麻袋易自燃	雾状水
K_2O_2	过氧化钾	遇水及水蒸气产生热,量大时可能引起爆炸。与还原剂能产生剧烈反应。接触易燃物,如硫、磷等也能引起燃烧爆炸	干砂、干土、干石粉;严禁用水及泡沫灭火
K_2O_4	超氧化钾	本品为强氧化剂,遇易燃物、有机物、还原剂等能引起燃烧爆炸。遇水或水蒸气产生大量热量,可能发生爆炸	干砂、干土、干粉;禁止用水、泡沫灭火
K_2S	硫化钾	粉尘在空气中可能自燃而发生爆炸。燃烧后产生有毒和刺激性的二氧化硫气体。遇酸类产生易燃的硫化氢气体	水、砂土
$LiAlH_4$	氢化铝锂	易燃。当碾磨、摩擦或有静电火花时能自燃。遇水或潮湿空气、酸类、高温及明火有引起燃烧危险。与多数氧化剂混合能形成比较敏感的混合物,容易爆炸	干砂、干粉、石粉;禁止用水和泡沫灭火
$Mg(ClO_3)_2 \cdot 6H_2O$	六水合氯酸镁	与易燃物硫、磷,有机物,还原剂等混合后,摩擦、撞击有引起燃烧爆炸的危险	雾状水、砂土、泡沫
$Mg(ClO_4)_2$	高氯酸镁	与有机物、还原剂、易燃物（如硫、磷）及金属粉末等接触,有引起燃烧爆炸的危险	雾状水、砂土

分子式	名称	火灾危险	处置方法
NH_3	液氨	猛烈撞击钢瓶受到震动,气体外逸会危及人畜健康与生命,遇水则变为有腐蚀性的氨水,受热后瓶内压力增大,有爆炸危险,空气中氨蒸气浓度达15.7%～27.4%时引起燃烧危险,有油类存在时,更增加燃烧危险	雾状水、泡沫
NH_4ClO_3	氯酸铵	与有机物、易燃物(如硫、磷)、还原剂以及硫酸相接触,有燃烧爆炸的危险。遇高温(100℃以上)或猛烈撞击也会引起爆炸	雾状水
NH_4ClO_4	高氯酸铵	与有机物、还原剂、易燃物(如硫、磷)以及金属粉末等混合及与强酸接触有引起燃烧爆炸的危险	雾状水、砂土
NH_4MnO_4	高锰酸铵	属强氧化剂,遇有机物、易燃物、还原性物质能引起燃烧或爆炸。受热、震动、撞击均能引起爆炸,分解出有毒气体	水、砂土
NH_4NO_2	亚硝酸铵	遇高温(60℃以上)、猛撞以及与易燃物、有机物接触,有发生爆炸的危险	雾状水、砂土
NH_4NO_3	硝酸铵	混入有机杂质时,能明显增加其爆炸危险性。与硫、磷、还原剂相混合,有引起燃烧爆炸的危险	雾状水
NO_2	二氧化氮	不会燃烧,但有助燃性,具有强氧化性,如接触炭、磷和硫有助燃作用	干砂、二氧化碳,不可用水灭火
N_2O	一氧化二氮	受高温有爆炸危险,有助燃性	雾状水
N_2O_3	三氧化二氮	遇可燃物、有机物、还原剂易燃烧,受热分解放出 NO_2 有毒烟雾。漏气可致附近人畜生命危险	雾状水、二氧化碳
$NaBH_4$	硼氢化钠	与氧化剂反应剧烈,有燃烧危险,与水或水蒸气反应能产生氢气。接触酸或酸性气体反应剧烈,放出氢气和热量,有燃烧危险	干砂、干粉;禁止用水和泡沫灭火
$NaClO_2$	亚氯酸钠	与易燃物(如硫、磷)、有机物、还原剂、氰化物、金属粉末混合以及与硫酸接触,有引起着火燃烧或爆炸的危险	雾状水、砂土
$NaClO_3$	氯酸钠	与有机物、还原剂及硫、磷等混合,有成为爆炸性混合物的危险。与硫酸接触会引起爆炸	雾状水
$NaClO_4$	高氯酸钠	与有机物、还原剂、易燃物(如硫、磷)等混合或与硫酸接触有引起燃烧爆炸的危险	水、砂土
$NaMnO_4 \cdot 3H_2O$	三水合高锰酸钠	与有机物、还原剂、易燃物(如硫、磷)等接触有引起燃烧爆炸的危险。遇甘油立即分解而强烈燃烧	雾状水、砂土
NaN_3	叠氮化钠	遇明火、高温、震动、撞击、摩擦,有引起燃烧爆炸危险	雾状水、泡沫;禁止用砂土压盖
$NaNO_3$	硝酸钠	其危险程度略低于硝酸钾。与硫、磷、木炭等易燃物混合,有成为爆炸性混合物的危险	雾状水
Na_2O_4	超氧化钠	强氧化剂,接触易燃物、有机物、还原剂能引起燃烧爆炸。遇水或水蒸气产生热,量大时能发生爆炸	干砂、干土、干粉;禁止用水、泡沫灭火
$Na_2S_2O_4 \cdot 2H_2O$	二水合连二亚硫酸钠	有极强的还原性,遇氧化剂、少量水或吸收潮湿空气能发热,引起冒黄烟燃烧,甚至爆炸	干砂、干粉、二氧化碳;禁止用水灭火

分子式	名称	火灾危险	处置方法
$Ni(CO)_4$	羰基镍	剧毒,遇明火、高温、氧化剂能燃烧。受热、遇酸或酸雾会产生极毒气体,能与空气、氧、溴强烈反应而引起爆炸	雾状水、二氧化碳、砂土、泡沫。灭火时消防员应戴防毒面具
O_2	氧	与乙炔、氢、甲烷等按一定比例混合,能使油脂剧烈氧化引起燃烧爆炸,有助燃性	切断气流,根据情况采取相应措施
OsO_4	四氧化锇	本身不会燃烧,但受热能分解放出剧毒的烟雾。剧毒,触水皮肤能引起皮炎,甚至坏死。能刺激眼睛结膜,甚至失明。吸入蒸气可使人死亡	水、砂土
P_4	红磷	遇热、火种、摩擦、撞击或溴、氯气等氧化剂都有引起燃烧的危险	发烟及初起火苗时用黄沙、干粉、石粉;大火时用水,但应注意水的流向以及红磷散失后的场地处理
P_4	黄磷	在空气中会冒白烟燃烧。受撞击、摩擦或与氯酸钾等氧化剂接触能立即燃烧,甚至爆炸	雾状水、砂土(火熄灭后应仔细检查,将剩下的黄磷移入水中,防止复燃)
PF_5	五氟化磷	受热后瓶内压力增大,有爆炸危险,漏气可致附近人畜生命危险	二氧化碳、干砂、干粉
PH_3	磷化氢	能自燃。受热分解放出有毒的PO_x气体。遇氧化剂发生强烈反应。遇火种立即燃烧爆炸	雾状水、泡沫、二氧化碳
$Pb(C_2H_5)_4$	四乙基铅	剧毒,可燃,遇明火、高温有燃烧危险,受热分解放出有毒气体。遇氧化剂反应剧烈	雾状水、泡沫、二氧化碳、砂土
$Pb(ClO_4)_2 \cdot 3H_2O$	三水合高氯酸铅	与有机物、还原剂及硫、磷等混合后,撞击、摩擦引起燃烧爆炸的危险。与硫酸接触易着火燃烧	水、砂土
$Pb(NO_3)_2$	硝酸铅	与有机物、还原剂及易燃物硫、磷等混合后,稍经摩擦,即有引起燃烧爆炸的危险。有毒	雾状水、砂土
SF_4	四氟化硫	剧毒。受热,遇水、水蒸气、酸或酸雾生成有毒及腐蚀性烟雾,漏气可致附近人畜生命危险,受热后瓶内压力增大,有爆炸危险	二氧化碳、干粉、干砂;禁止用水灭火
SO_2	二氧化硫	剧毒。受热后瓶内压力增大,有爆炸危险,漏气可致附近人畜生命危险	雾状水、泡沫、砂土
SeO_2	二氧化硒	剧毒,不会燃烧。遇明火、高温时放出的蒸气极毒。按国家规定,车间空气中最高容许浓度为$0.1mg \cdot m^{-3}$	水、砂土
SiF_4	四氟化硅	剧毒。漏气可致附近人畜生命危险,受热后瓶内压力增大,有爆炸危险	雾状水
Th	金属钍	大块的钍不燃,粉末有燃烧爆炸危险	干砂、干粉
$Th(NO_3)_4 \cdot 4H_2O$	四水合硝酸钍	遇高温分解,遇有机物、易燃物能引起燃烧,燃烧后有放射性灰尘,污染环境,危害人体健康	雾状水、泡沫、砂土、二氧化碳(火灾后现场要进行射线测定及消毒处理)
Tl	铊	不会燃烧,但剧毒,易经皮肤吸收,吸入后使肾脏受到刺激,毛发脱落或有精神异常症状	干砂、二氧化碳
$TlC_2H_3O_2$	乙酸亚铊	剧毒,可燃	水、泡沫、砂土

分子式	名称	火灾危险	处置方法
$UO_2(NO_3)_2 \cdot 6H_2O$	六水合硝酸铀酰	硝酸铀酰的醚溶液在阳光照射下能引起爆炸,高温分解。遇有机物、易燃物能引起燃烧。燃烧时产生大量放射性灰尘,污染环境,危害人体健康	泡沫、砂土、二氧化碳;不宜用水(火灾后现场要进行射线测定及消毒处理)
$Zn(CN)_2$	氰化锌	本身不会燃烧,但遇酸会产生极毒、易燃的氰化氢气体。剧毒,吸入蒸气和粉尘易中毒	禁用酸碱灭火剂,可用砂土、石粉压盖。如用水,要防止流入河道,污染环境
$Zn(ClO_3)_2 \cdot 4H_2O$	四水合氯酸锌	与易燃物、有机物、还原剂等混合后,经摩擦、撞击、受热能引起燃烧爆炸。接触硫酸易着火或爆炸	雾状水、泡沫、砂土
$Zn(MnO_4)_2 \cdot 6H_2O$	六水合高锰酸锌	与有机物、还原剂、易燃物(如硫、磷)等混合后,经摩擦、撞击,有引起燃烧爆炸的危险	雾状水、砂土、泡沫、二氧化碳
$Zn(NO_3)_2 \cdot 3H_2O$	三水合硝酸锌	与易燃物(硫、磷)、有机物、还原剂等混合后,着火,稍经摩擦,有引起燃烧爆炸的危险	水、砂土
$ZrSiO_4$	锆英石	有放射性	水、砂土、二氧化碳
B_2H_6	乙硼烷	毒性相当于光气。受热,遇热水迅速分解放出氢气。遇卤素反应剧烈	干砂、石粉、二氧化碳,切忌用水灭火
B_5H_9	戊硼烷	毒性高于氢氰酸,遇热、明火易燃	干砂、石粉、二氧化碳;禁用水和泡沫灭火
CH_4	甲烷	与空气混合能形成爆炸性混合物,遇火星、高温有燃烧爆炸危险	雾状水、泡沫、二氧化碳
CH_3Cl	一氯甲烷	空气中遇火星或高温(白热)能引起爆炸,并生成光气,接触铝及其合金能生成自燃性的铝化合物	雾状水、泡沫
CH_3NH_2	一甲胺(无水)	遇明火、高温有引起燃烧爆炸危险。钢瓶和附件损坏会引起爆炸	雾状水、泡沫、二氧化碳、干粉
CH_2N_2	重氮甲烷	化学反应时,能发生强烈爆炸。未经稀释的液体或气体,在接触碱金属、粗糙的物品表面,或加热到100℃,能发生爆炸	干粉、石粉、二氧化碳、雾状水
CH_3NO_3	硝酸甲酯	遇明火、高温,受撞击,有引起燃烧爆炸危险	雾状水;禁止用砂土压盖
CH_3SH	甲硫醇	遇明火易燃烧,遇酸放出有毒气体,遇水放出有毒易燃气体,遇氧化剂反应强烈,其蒸气能与空气形成爆炸性混合物	二氧化碳、化学干粉、1211灭火剂、砂土;忌用酸碱灭火剂、水和泡沫灭火
CCl_3NO_2	三氯硝基甲烷	剧毒,不易燃烧。受热分解放出有毒气体,遇发烟硫酸分解生成光气和亚硝基硫酸,在碱和乙醇中分解加快	水、泡沫、砂土
$C(NO_2)_4$	四硝基甲烷	遇明火、高温、震动、撞击,有引起燃烧爆炸危险	雾状水、二氧化碳
$COCl_2$	碳酰氯	剧毒,漏气可致附近人畜生命危险。受热后瓶内压力增大,有爆炸危险	雾状水、二氧化碳。万一有光气泄漏,微量时可用水蒸气冲散,可用液氨喷雾解毒
CS_2	二硫化碳	遇火星、明火极易燃烧爆炸,遇高温、氧化剂有燃烧危险	水、二氧化碳、黄沙
CCl_3CHO	三氯乙醛(无水)	不燃烧,但受热分解放出有催泪性及腐蚀性的气体	雾状水、泡沫、砂土、二氧化碳

分子式	名称	火灾危险	处置方法
$CH_2=CH_2$	乙烯	易燃,遇火星、高温、助燃气有燃烧爆炸危险	水、二氧化碳
$CH_2=CHCl$	氯乙烯	能与空气形成爆炸性混合物,遇火星、高温有燃烧爆炸危险	雾状水、泡沫、二氧化碳
C_2H_5Cl	氯乙烷	与空气混合能形成爆炸性混合物,遇火星、高温有燃烧爆炸危险	雾状水、泡沫、二氧化碳
CH_3CHO	乙醛	遇火星、高温、强氧化剂、湿性易燃物品、氨、硫化氢、卤素、磷、强碱等,有燃烧爆炸危险。其蒸气与空气混合成为爆炸性混合物	干砂、干粉、二氧化碳、雾状水、泡沫
CH_2ClCHO	氯乙醛	可燃,并有腐蚀性及刺激性臭味	雾状水、泡沫、二氧化碳、干粉
CH_2FCOOH	氟乙酸	可燃,受热分解放出有毒的氟化物气体,有腐蚀性	泡沫、雾状水、砂土、二氧化碳
$C_2H_5NH_2$	乙胺	易燃,有毒,遇高温、明火、强氧化剂有引起燃烧爆炸危险	泡沫、二氧化碳、雾状水、干粉、砂土
$(CH_2)_2O$	环氧乙烷	与空气混合能形成爆炸性混合物,遇火星有燃烧爆炸危险	水、泡沫、二氧化碳
CH_3OCH_3	甲醚	与空气混合能形成爆炸性混合物,遇火星、高温有燃烧爆炸危险	雾状水、泡沫、二氧化碳
$(CH_3O)_2SO_2$	硫酸二甲酯	剧毒,可燃。蒸气无严重气味,不易被察觉,往往在不知不觉中使人中毒。遇明火、高温能燃烧,与氢氧化铵反应强烈	雾状水、泡沫、二氧化碳、砂土
$(CH_3)_2S$	甲硫醚	易燃,遇热分解。分解剧烈时有爆炸危险。与氧化剂反应剧烈。遇高温、明火极易燃烧	二氧化碳、干粉、泡沫、砂土
CH_3SCN	硫氰酸甲酯	有毒,遇明火能燃烧,受热放出有毒气体	雾状水、泡沫、干粉、砂土;忌用酸碱灭火剂
$CH_3CH_2CH_3$	丙烷	与空气混合能形成爆炸性混合物,遇火星、高温有燃烧爆炸危险	雾状水、二氧化碳
C_3H_6	环丙烷	与空气混合形成爆炸性混合物,遇火星、高温有燃烧爆炸危险	二氧化碳、泡沫
$CH_3CH=CH_2$	丙烯	与空气混合能形成爆炸性混合物,遇火星、高温有燃烧爆炸危险	雾状水、泡沫、二氧化碳
$CH_3C\equiv CH$	丙炔	遇明火易燃易爆,受高温引起爆炸,遇氧化剂反应剧烈	水、二氧化碳
$ClCH_2CH_2CN$	3-氯丙腈	有毒,遇明火燃烧,受热放出有毒物质,易经皮肤吸收中毒,其毒性介于丙烯腈和氢氰酸之间	泡沫、二氧化碳、干粉、砂土
CH_3COCH_3	丙酮	蒸气与空气混合能成为爆炸性混合物,遇明火、高温易引起燃烧	抗溶性泡沫、泡沫、二氧化碳、化学干粉、黄砂
$CH_2=CHCHO$	丙烯醛	易燃,能与空气形成爆炸性混合物,遇火星易燃。遇光和热有促进作用,能引起爆炸的危险	泡沫、干粉、二氧化碳、砂土
$C_2H_5OCH_3$	甲乙醚	遇高温、明火、强氧化剂有引起燃烧爆炸的危险,其蒸气能与空气形成爆炸性混合物	泡沫、抗溶性泡沫、二氧化碳、干粉
$HCOOC_2H_5$	甲酸乙酯	遇热、明火、氧化剂有引起燃烧危险	泡沫、二氧化碳、干粉、砂土
$C_3H_5(ONO_2)_3$	硝化甘油	遇暴冷暴热、明火、撞击,有引起爆炸的危险	雾状水
$CH_3(CH_2)_2CH_3$	正丁烷	与空气混合能形成爆炸性混合物,遇火星、高温有燃烧爆炸危险	水、雾状水、二氧化碳

分子式	名称	火灾危险	处置方法
$C_2H_5CH=CH_2$	1-丁烯	与空气混合能形成爆炸性混合物。遇火星、高温有燃烧爆炸危险	雾状水、泡沫、二氧化碳
$CH_2=CHCH=CH_2$	丁二烯	与空气混合能形成爆炸性混合物。遇火星、高温有燃烧爆炸危险	雾状水、二氧化碳
$CH_2=CHCH_2CN$	3-丁烯腈	剧毒,在空气中能燃烧,受热分解或接触酸能生成有毒的烟雾	雾状水、泡沫、砂土、二氧化碳;禁用酸碱式灭火器
$(C_2H_5)_2NH$	二乙胺	易燃,遇高温、明火、强氧化剂有引起燃烧危险	雾状水、泡沫、干粉、二氧化碳
$CH_3OC_3H_7$	甲基丙基醚	遇热、明火、强氧化剂有引起燃烧爆炸危险,其蒸气极易燃烧	泡沫、二氧化碳、干粉、抗溶性泡沫
$(C_2H_5)_2O$	乙醚	极易燃烧,遇火星、高温、氧化剂、过氯酸、氯气、氧气、臭氧等有发生燃烧爆炸危险,有麻醉性,对人的麻醉浓度为 $109.8\sim196.95 g\cdot m^{-3}$,浓度超过 $303 g\cdot m^{-3}$ 时有生命危险	干粉、二氧化碳、砂土、泡沫
$O(CH_2)_3CH_2$	四氢呋喃	蒸气能与空气形成爆炸物。与酸接触能发生反应。遇明火、强氧化剂有引起燃烧危险。与氢氧化钾、氢氧化钠有反应。未加稳定剂的四氢呋喃暴露在空气中能形成爆炸性的过氧化物	泡沫、干粉、砂土
$HN(CH_2)_3CO$	2-吡咯烷酮	有毒,遇明火能燃烧,受热时能分解出有毒的氧化氮气体,能与氧化剂发生反应	雾状水、泡沫、二氧化碳、砂土
$ClCH_2COOC_2H_5$	氯乙酸乙酯	有毒,受热分解,产生有毒的氯化物气体。与水或水蒸气起化学反应,产生有毒及腐蚀性气体。能与氧化剂发生反应,遇明火、高温能燃烧	泡沫、二氧化碳、砂土
$(CH_3)_4Si$	四甲基硅烷	遇热、明火、强氧化剂有引起燃烧的危险	砂土、二氧化碳、泡沫
$CH_3(CH_2)_3CH_3$	正戊烷	易燃,其蒸气与空气混合能形成爆炸性混合物。遇明火、高温、强氧化剂有引起燃烧危险	泡沫、干粉、二氧化碳、砂土
$(CH_2)_5$	环戊烷	遇热、明火、氧化剂能引起燃烧。其蒸气如与空气混合,形成有爆炸性危险的混合物	泡沫、二氧化碳、干粉、1211灭火剂、砂土
$O(CH_2)_4CH_2$	四氢吡喃	存放过程中遇空气能产生有爆炸性的物质。遇热、明火、强氧化剂有引起燃烧的危险	泡沫、二氧化碳、砂石
$CH_3(CH_2)_4CH_3$	正己烷	遇热或明火能发生燃烧爆炸。蒸气与空气形成爆炸性混合物	泡沫、二氧化碳、干粉
$(CH_2)_6$	环己烷	易燃,遇明火、氧化剂能引起燃烧、爆炸	泡沫、二氧化碳、干粉、砂土
$CH_2=CH(CH_2)_3CH_3$	1-己烯	遇热、明火、强氧化剂有燃烧爆炸危险。其蒸气能与空气形成爆炸性混合物	泡沫、二氧化碳、干粉、1211灭火剂、砂土
$(C_2H_5)_3B$	三乙基硼	遇空气、氧气、氧化剂、高温或遇水分解(放出有毒易燃气体),均有引起燃烧危险(比三丁基硼活泼)	二氧化碳、干砂、干粉;禁止用1211等含卤化合物的灭火剂
$(C_3H_7)_2O$	正丙醚	遇热、明火、强氧化剂有引起燃烧的危险	泡沫、二氧化碳、干粉、黄砂
$C_6H_5NO_2$	硝基苯	有毒,遇火种、高温能引起燃烧爆炸,与硝酸反应强烈	雾状水、泡沫、二氧化碳、砂土
$C_6H_3(NO_2)_3$	1,3,5-三硝基苯	遇明火、高温或经震动、撞击、摩擦,有引起燃烧爆炸危险	雾状水;禁止用砂土压盖
$(NO_2)_2C_6H_3NHNH_2$	2,4-二硝基苯肼	干品受震动、撞击会引起爆炸,与氧化剂混合,能成为有爆炸性的混合物	水、泡沫、二氧化碳

分子式	名称	火灾危险	处置方法
C_6H_5OH	苯酚	遇明火、高温、强氧化剂有燃烧危险,有毒和腐蚀性	水、砂土、泡沫
NOC_6H_4OH	4-亚硝基(苯)酚	遇明火,受热或接触浓酸、浓碱,有引起燃烧爆炸的危险	水、干粉、泡沫、二氧化碳
$2,4\text{-}(NO_2)_2C_6H_3OH$	2,4-二硝基苯酚	遇火种、高温易引起燃烧,与氧化剂混合后能成为爆炸性混合物。遇重金属粉末能起化学作用而生成盐,增加危险性。有毒	雾状水、黄砂、泡沫、二氧化碳
C_6H_5SH	苯硫酚	可燃。受热分解或接触酸类放出有毒的硫化物气体,并有腐蚀性	雾状水、泡沫、二氧化碳、砂土
$C_6H_5CH_2Cl$	苄基氯	有毒,遇火能燃烧,当有金属(如铁)存在时分解,并可能引起爆炸。与水或水蒸气发生作用,能产生有毒和腐蚀性的气体,与氧化剂能发生强烈反应	泡沫、砂土、二氧化碳、干粉
$C_6H_5CHCl_2$	二氯甲基苯	可燃,有毒和腐蚀性	干砂、二氧化碳
$C_6H_5CH(OH)CN$	苯乙醇腈	剧毒,可燃。遇热、酸分解放出有毒气体	水、二氧化碳、砂土;禁用酸碱灭火剂
$C_6H_5N(CH_3)_2$	N,N-二甲(基)苯胺	有毒,遇明火能燃烧,受热能分解放出有毒的苯胺气味,能与氧化剂发生反应	泡沫、二氧化碳、干粉、砂土
$C_6H_5N\!=\!NNHC_6H_5$	重氮氨基苯	受强烈震动或高温有爆炸危险	砂土、泡沫、二氧化碳、雾状水
$C_{12}H_{16}O_6(NO_3)_4$	硝化纤维素(含氮≤12.6%,含硝化纤维素≤55%)	遇火星、高温、氧化剂、大多数有机胺(如间苯二甲胺等)会发生燃烧和爆炸。干燥品久储变质后,易引起自燃,通常加乙醇、丙醇或水作湿润剂。湿润剂干燥后,容易发生火灾	水、泡沫、二氧化碳
$C_{10}H_4(NO_2)_4$	四硝基萘	受撞击或高温会发生爆炸。摩擦敏感度较TNT稍低。遇还原剂反应剧烈,分解后放出有毒的氧化氮气体	雾状水、泡沫;禁止用砂土压盖

附录 12　常用酸碱溶液的配制

附表 12　常用酸碱溶液的配制

名称	浓度 c(近似)/mol·L^{-1}	相对密度(20℃)	质量分数/%	配制方法
浓 HCl	12	1.19	37.23	
稀 HCl	6	1.10	20.0	取浓盐酸与等体积水混合
			7.15	取浓盐酸 167mL,稀释成 1L
浓 HNO$_3$	16	1.42	69.80	
稀 HNO$_3$	6	1.20	32.36	取浓硝酸 381mL,稀释成 1L
	2			取浓硝酸 128mL,稀释成 1L
浓 H$_2$SO$_4$	18	1.84	95.6	
稀 H$_2$SO$_4$	3	1.18	24.8	取浓硫酸 167mL,缓缓倾入 833mL 水中
浓 HAc	17	1.05	99.5	

名称	浓度 c（近似）/mol·L⁻¹	相对密度（20℃）	质量分数/%	配制方法
稀 HAc	6		35.0	取浓 HAc 350mL，稀释成 1L
	2			取浓 HAc 118mL，稀释成 1L
浓 NH₃·H₂O	15	0.90	25~27	
稀 NH₃·H₂O	6	10		取浓 NH₃·H₂O 400mL，稀释成 1L
	2			取浓 NH₃·H₂O 134mL，稀释成 1L
NaOH	6	1.22	19.7	将 NaOH 240g 溶于水中，稀释至 1L
	2			将 NaOH 80g 溶于水中，稀至 1L

注：盛装各种试剂的试剂瓶应贴上标签，标签上用炭黑墨汁（不能用钢笔或铅笔）写明试剂名称、浓度及配制日期，标签上面涂一薄层石蜡保护。

附录 13　常用指示剂

附表 13　酸碱指示剂

名称	变色 pH 值范围	颜色变化	配制方法
百里酚蓝，0.1%	1.2~2.8	红—黄	0.1g 指示剂与 4.3mL 0.05mol·L⁻¹ NaOH 溶液一起研匀，加水稀释成 100mL
甲基橙，0.1%	8.0~9.6 3.1~4.4	黄—蓝 红—黄	将 0.1g 甲基橙溶于 100mL 热水
溴酚蓝，0.1%	3.0~4.6	黄—紫蓝	0.1g 溴酚蓝与 3mL 0.05mol·L⁻¹ NaOH 溶液一起研匀，加水稀释成 100mL
溴甲酚绿，0.1%	3.8~5.4	黄—蓝	0.1g 指示剂与 21mL 0.05mol·L⁻¹ NaOH 溶液一起研匀，加水稀释成 100mL
甲基红，0.1%	4.8~6.0	红—黄	将 0.1g 甲基红溶于 60mL 乙醇中，加水至 100mL
中性红，0.1%	6.8~8.0	红—黄橙	将 0.1g 中性红溶于 60mL 乙醇中，加水至 100mL
酚酞，1%	8.2~10.0	无色—淡红	将 0.1g 酚酞溶于 90mL 乙醇中，加水至 100mL
百里酚酞，0.1%	9.4~10.6	无色—蓝色	将 0.1g 指示剂溶于 90mL 乙醇中，加水至 100mL
茜素黄 R，0.1%	10.1~12.1	黄—紫	将 0.1g 茜素黄溶于 100mL 水中
甲基红-溴甲酚绿	5.1（灰）	红—绿	3 份 0.1% 溴甲酚绿乙醇溶液与 1 份 0.2% 甲基红乙醇溶液混合
百里酚酞-茜素黄 R	10.2	黄—紫	将 0.1g 茜素黄和 0.2g 百里酚酞溶于 100mL 乙醇中
甲酚红-百里酚蓝	8.3	黄—紫	1 份 0.1% 甲酚红钠盐水溶液与 8 份 0.1% 百里酚蓝盐水溶液混合

附表 14　氧化还原法指示剂

名称	变色电位 Ψ/V	颜色		配制方法
		氧化态	还原态	
二苯胺，1%	0.76	紫	无色	将 1g 二苯胺在搅拌下溶于 100mL 浓硫酸和 100mL 浓磷酸中，储于棕色瓶中
二苯胺磺酸钠，0.5%	0.85	紫	无色	将 0.5g 二苯胺磺酸钠溶于 100mL 水中，必要时过滤

名称	变色电位 Ψ/V	颜色		配制方法
		氧化态	还原态	
邻菲罗啉硫酸亚铁,0.5%	1.06	淡蓝	红	将 0.5g $FeSO_4 \cdot 7H_2O$ 溶于 100mL 水中,加 2 滴硫酸,加 0.5g 邻菲罗啉
邻苯氨基苯甲酸,0.2%	1.08	紫红	无色	将 0.2g 邻苯氨基苯甲酸加热溶解在 100mL 0.2% Na_2CO_3 溶液中,必要时过滤
淀粉,1%				将 1g 可溶性淀粉,加少许水调成浆状,在搅拌下注入 100mL 沸水中,微沸 2min,放置,取上层溶液使用(若要保持稳定,可在研磨淀粉时加入 1mg HgI_2)

附表 15 沉淀及金属指示剂

名称	颜色		配制方法
	游离态	化合态	
铬酸钾	黄	砖红	5% 水溶液
硫酸铁铵,40%	无色	血红	$NH_4Fe(SO_4)_2 \cdot 12H_2O$ 饱和水溶液,加数滴浓 H_2SO_4
荧光黄,0.5%	绿色荧光	玫瑰红	0.50g 荧光黄溶于乙酸,并用乙醇稀释至 100mL
铬黑 T(EBT)	蓝	酒红	①将 0.2g 铬黑 T 溶于 15mL 三乙醇胺及 5mL 甲醇中;②将 1g 铬黑 T 与 100g NaCl 研细、混匀(1:100)
钙指示剂	蓝	红	将 0.5g 钙指示剂与 100g NaCl 研细、混匀
二甲酚橙,0.1%(XO)	黄	红	将 0.1g 二甲酚橙溶于 100mL 离子交换水中
K-B 指示剂	蓝	红	将 0.5g 酸性铬蓝试剂 K 加 1.25g 萘酚绿 B,再加 25g K_2SO_4 研细、混匀
磺基水杨酸	无	红	10% 水溶液
PAN 指示剂 0.2%	黄	红	将 0.2g PAN 溶于 100mL 乙醇中
邻苯二酚紫,0.1%	紫	蓝	将 0.1g 邻苯二酚紫溶于 100mL 离子交换水中
钙镁试剂(calmagite),0.5%	红	蓝	将 0.5g 钙镁试剂溶于 100mL 离子交换水中

附录 14 常用缓冲溶液

附表 16 常用缓冲溶液

缓冲溶液组成	pK_a	缓冲溶液 pH 值	配制方法
一氯乙酸-NaOH	2.86	2.8	将 200g 一氯乙酸溶于 200mL 水中,加 NaOH 40g,溶解后稀释至 1L
甲酸-NaOH	3.76	3.7	将 95g 甲酸和 40g NaOH 溶于 500mL 水中,稀释至 1L
NH_4Ac-HAc	4.74	4.5	将 77g NH_4Ac 溶于 200mL 水中,加冰乙酸 59mL,稀释至 1L
NaAc-HAc	4.74	5.0	将 120g 无水 NaAc 溶于 200mL 水中,加冰乙酸 60mL,稀释至 1L
$(CH_2)_6N_4$-HCl	5.15	5.4	将 40g 六亚甲基四胺溶液溶于 200mL 水中,加浓 HCl 10mL,稀释至 1L
NH_4Ac-HAc		6.0	将 600g NH_4Ac 溶于 200mL 水中,加冰乙酸 20mL,稀释至 1L
NH_4Cl-NH_3	9.26	8.0	将 100g NH_4Cl 溶于水中,加浓氨水 7.0mL,稀释至 1L
NH_4Cl-NH_3	9.26	9.0	将 70g NH_4Cl 溶于水中,加浓氨水 48mL,稀释至 1L
NH_4Cl-NH_3	9.26	10	将 54g NH_4Cl 溶于水中,加浓氨水 350mL,稀释至 1L

附录 15　常用基准物质及其干燥条件

附表 17　常用基准物及其干燥条件

基准物	干燥后的组成	干燥温度及时间
$NaHCO_3$	Na_2CO_3	260～207℃,干燥至恒重
$Na_2B_4O_7 \cdot 10H_2O$	$Na_2B_4O_7 \cdot 10H_2O$	NaCl-蔗糖饱和溶液干燥器中室温下保存
$KHC_6H_4(COO)_2$	$KHC_6H_4(COO)_2$	105～110℃,干燥 1h
$Na_2C_2O_4$	$Na_2C_2O_4$	105～110℃,干燥 2h
$K_2Cr_2O_7$	$K_2Cr_2O_7$	130～140℃,干燥 0.5～1h
$KBrO_4$	$KBrO_4$	120℃,干燥 1～2h
KIO_3	KIO_3	105～120℃,干燥
As_2O_3	As_2O_3	硫酸干燥器中干燥至恒重
$(NH_4)Fe(SO_4)_2 \cdot 6H_2O$	$(NH_4)Fe(SO_4)_2 \cdot 6H_2O$	室温下,空气干燥
$NaCl$	$NaCl$	250～350℃,加热 1～2h
$AgNO_3$	$AgNO_3$	120℃,干燥 2h
$CuSO_4 \cdot 5H_2O$	$CuSO_4 \cdot 5H_2O$	室温下,空气干燥
$KHSO_4$	K_2SO_4	750℃以上,灼烧
ZnO	ZnO	约 800℃,灼烧至恒重
无水 Na_2CO_3	Na_2CO_3	260～270℃,加热半小时
$CaCO_3$	$CaCO_3$	105～110℃,干燥

附录 16　常用洗涤剂

附表 18　常用洗涤剂

名称	配制方法	备　注
合成洗涤剂	将合成洗涤剂粉用热水搅拌配成浓溶液	用于一般的洗涤
皂角水	将皂荚捣碎,用水熬成溶液	用于一般的洗涤
铬酸洗液	取 $K_2Cr_2O_7$(L.R.)20g 于 500mL 烧杯中,加水 40mL,加热溶解,冷却后,缓缓加入 320mL 粗浓 H_2SO_4 即成(注意边加边搅),储于磨口细口瓶中	用于洗涤油污及有机物,使用时防止被水稀释。用后倒回原瓶,可反复使用,直至溶液变为绿色
$KMnO_4$ 碱性洗液	取 $KMnO_4$(L.R.)4g,溶于少量水中,缓缓加入 100mL 10% NaOH 溶液	用于洗涤油污及有机物,洗后玻璃壁上附着的 MnO_2 沉淀,可用粗亚铁盐或 Na_2SO_4 溶液洗去
碱性乙醇溶液	30%～40%乙醇溶液	用于油污洗涤
乙醇-浓硝酸洗液		用于洗涤沾有有机油污的、结构较复杂的仪器。洗涤时先加入少量乙醇于脏仪器中,再加入少量浓硝酸,即产生大量棕色 NO_2,将有机物氧化而破坏

附录 17　气相色谱仪的使用方法

　　气相色谱仪的种类有很多,但其结构的基本原理、分析的基本流程和主要部分以及使用方法是类似的。

一、热导池检测器的使用

（1）热导池检测器的启动　启动前先检查气路、电路是否按照使用热导池检测器的要求接好。

通入载气：先开钢瓶阀，再开减压阀，控制压力在 $203.0 \sim 405.0$ kPa，然后开稳压阀，使压力表指在 152.0 kPa 左右；调节针形阀，控制载气流速使之符合操作条件（柱后流速可用皂沫流速计测量）。

恒温：开启电源开关，将柱温、汽化室、检测器温度旋钮转至要求温度的位置。加热至一定时间后，用温度测量旋钮分别检查三处温度是否符合要求。若温度已符合要求，再检查载气流速是否正常。

加桥电流并调整池平衡：先将热导衰减放在最大挡（即 1/128），将桥电流调节旋钮旋到电流最小位置（逆时针旋到底），然后开启热导电源，将桥电流加到所需毫安值（加桥电流应参考仪器说明书，一般桥电流不能超过 200mA）。开启记录仪，将"选择旋钮"转到热导调零位置。调节"调零粗细调"旋钮，将记录仪指针调到零处，将"选择旋钮"转到记录调零位置，用"记录调零"调节指针到所需位置（即要求基线的位置），再将"选择旋钮"转到"测量"位置。开始调整池平衡，先将衰减放在 1/4 挡或 1/8 挡。将池平衡旋钮放在中间位置（先将旋钮右旋至极限位置，然后左旋 5 圈即是中间位置），调节"调零粗细调"，使记录仪指针回到原基线。降低桥电流 20mA，此时记录仪指针偏离基线，调节"池平衡"，使记录仪指针回到基线。将桥电流恢复到原值，指针又偏离基线，调节"调零"旋钮，使指针再回到基线。如此调节，反复多次，达到桥电流改变 20mA，指针只有 +0.5V 偏离。然后将衰减调到 1/1，再重复以上调节，达到桥电流改变 20mA，指针只有 +0.1V 偏离，即可认为调节已达到要求。将纸速选择放到适当位置，待基线走直后，即可进样分析。

（2）热导池检测器的关闭　测量完成后，先抬起记录笔，关闭记录仪各开关，再将桥电流调节旋转到最小位置，关闭热导电源，再关闭色谱仪电源；待温度下降后，关闭载气。

二、氢火焰离子化检测器的使用

（1）氢火焰离子化检测器的启动　启动前先检查气路、电路是否完全按照氢火焰离子化检测器的要求接好。启用氢火焰离子化检测器，主要是正确使用微电流放大器和温度控制器。

通入载气：与使用热导检测器的操作步骤相同。

恒温：将微电流放大器上基流补偿两个旋钮旋到零点，记录衰减放在"1"处，开启两控制器上的电源开关，将柱温、汽化室、检测器温度选择旋钮至要求温度位置。加热一定时间后，用温度测量旋钮分别检查三处温度是否达到要求。若温度已达要求，即可调节微电流放大和记录部分。

微电流放大及记录仪调节：在调节前微电流放大及记录仪要预热一定时间（约 0.5h）。将选择旋钮至放大调零处，将记录仪指针调至"0"处。再将选择旋钮旋至记录调零处。调节记录调零旋钮，使记录仪指针恰在所需要位置上（1mV 或 9mV，若满标是 5mV，则应是 1mV 或 4mV，位置应由出峰方向，即极性选择来决定）。把极性选择旋到 Ⅰ－Ⅱ＋或 Ⅰ＋Ⅱ－（或正或负）处，打开走纸开关，准备点火。

（2）氢火焰离子化检验器的点火　待基线平直后，再检查载气是否在规定流速内（如

N₂，约 50mL·min⁻¹）；打开空气钢瓶（或空气压缩机），调节空气稳压阀，使空气流速约为 500mL·min⁻¹；打开空气钢瓶，调节氢气稳压阀，使氢气流速约为 50mL·min⁻¹；将气流调好后，开始点火。

按下点火按钮（每次按下时间不得超过 5s），听到检测器发生"Po"声响，记录仪指针发生摆动，指针一般不会恰回原位置，有时会来回移动，表示已点燃。若仪器是双火燃的，只有一边点着而另一边未点着，则记录仪指针偏在一边，或火点燃后又熄灭，这时需重按点火按钮。即使两个火焰都点燃，但由于两边氢和氮的流量不同，引起两个火焰不平衡，记录仪指针也会偏在一边，此时使用基流补偿旋钮，将粗调旋到适当位置，再用细调将记录仪指针调到需要的位置（若调不动，可将极性选择的检测位置调换一下）。再调节两边氢流速，若调节时指针跟着移动，表示两火焰均已点着。此时慢慢将基流补偿旋回零点，在旋回过程中指针发生偏离，可调节氢气流速使指针回到原记录调零要求位置。两火焰基本上达到平衡后，将衰减调到分析所需要的位置，待基线平直后即可进样分析，若仪器为单火焰装置，则点火后如指针偏离，需用基流补偿旋钮，将其调回原位置，而不用气流调节。

（3）氢火焰离子化检测器的关闭　先关闭氢气钢瓶阀，再关低压阀，再关氢稳压阀。待转子流量计回零后，再关掉空气钢瓶和气路，然后关掉电源。待柱温降至室温后，再完全关断载气。实验完后，应检查每个钢瓶是否关好。当高压表回零后，表上低压阀应松开（关掉）。切断实验室电源，检查仪器无问题后实验人员才能离开实验室。

使用氢火焰离子检测器应注意：不点火时切勿开氢电路，以免氢逸出而发生爆炸；要打开检测室时，应将选择极性开关拨到零点，以防触电；火焰点燃后，不允许旋动放大调零，如需调零，只能使用记录调零旋钮。

以上所述只是一般知识，随仪器型号不同，其结构和使用方法可能有些不同，详细情况可参考其使用说明书。

附录 18　X 射线衍射仪——D8 ADVANCE

一、仪器说明

X 射线衍射（XRD）是所有物质，包括从流体、粉末到完整晶体的重要的无损分析工具。对材料学、物理学、化学、地质、环境、纳米材料、生物等领域来说，X 射线衍射仪都是物质结构表征，以性能为导向研制与开发新材料，宏观表象转移至微观认识，建立新理论和质量控制不可缺少的方法。通过对置于分光器（测角仪）中心的样品上照射 X 射线，X 射线在样品上产生衍射，改变 X 射线对样品的入射角度和衍射角度的同时，检测并记录 X 射线的强度，可以得到 X 射线衍射谱图。用计算机解析谱图中峰的位置和强度关系，可以进行物质的定性分析、晶格常数的确定和应力分析等。而且通过峰高和峰面积也可进行定量分析。除此以外，通过峰角度的扩大或峰形进行粒径、结晶度、精密 X 射线结构解析等各种分析，还可以进行高低温及不同气氛与压力下的结构变化的动态分析等。

1. 主要性能

D8 型 X 射线衍射仪系列是当今世界上最先进的 X 射线衍射仪系统。它的设计精密，硬件、软件功能齐全，能够精确对金属和非金属多晶粉末样品进行物相检索分析、物相定量分析、晶胞参数计算和固溶体分析、晶粒度及结晶度分析等。仪器包括陶瓷 X 光管、X 射线高压发生器、高精度测角仪、闪烁晶体探测器、计算机控制系统、数据处理软件、相关应用软件和循环水装置。

2. 技术指标

（1）X 射线发生器　最大输出功率：$\geqslant 2.2 kW$。电流电压输出稳定性优于 0.005％（外电压波动 10％时）。X 射线防护：国际安全认证，射线剂量 $\leqslant 0.2 \mu SV \cdot h^{-1}$。

（2）X 光管　光管类型：陶瓷 X 光管，Cu 靶，其他靶材可选，更换无须校准。光管功率：2.2kW。长细焦斑：0.4mm×12mm。最大管压：60kV。最大管流：80mA。

（3）测角仪　采用步进电动机驱动和光学编码器技术，扫描方式 θ / θ 或 $\theta / 2\theta$ 测角仪；最小步进角度 0.0001°；角度重现性 0.0001°；扫描角度范围 $2\theta = -110° \sim 168°$；最高定位速度 $\geqslant 1500° \cdot min^{-1}$。索拉（Soller）狭缝：0.02rad、0.04rad、0.08rad。

（4）探测器部分　闪烁晶体计数器；动态范围 $\geqslant 2 \times 10^6 cps$；背底噪声 $< 0.5cps$。固体探测器：锂漂移硅能量色散型。测量范围 $2 \sim 30 keV$。能量分辨率：$E \geqslant 279 eV$。

（5）系统软件　系统控制和数据采集软件；物相检索软件及数据库；粉末衍射全分析软件包〔相分析软件、物相定量分析软件；精密测定晶胞参数；样品中无定形含量；微晶尺寸和（或）微观应力分析软件；结构精修和面间距与角度计算；模拟复杂混合相或单相的无标定量分析〕；残余应力分析软件；晶粒度分析软件。

3. 应用范围

D8 ADVANCE 型 X 射线衍射仪集成最先进的技术，提供了完善的衍射解决方案，可进行如下工作：物相检索；物相定量分析；嵌镶尺寸（晶粒大小）及微观应力（晶格畸变）测定；线形分析，除函数拟合法外，含独家开发的基本参数法分析软件，用作物相分析、点阵参数测定等数据处理前进行线形优化处理；Kα 剥离、数据平滑、傅里叶变换、三维图形功能等。其广泛应用于物理、化学、药物学、冶金学、高分子材料、生命科学及材料科学，可以分析黏土矿物、合金、陶瓷、食品、药物、生物材料、建筑材料、高分子材料、半导体材料、超导材料、纳米材料、超晶格材料和磁性材料的物相鉴定，材料可以是单晶体、多晶体、纤维、薄膜等的片状、块状、粉末状固体，为科学研究提供准确可靠的数据。

4. 样品要求

来样标明名称、来源、主要成分，待测样品（包含元素）。

固体粉末：大于 1g，建议事先处理为 300 目左右。

二、术语、符号

X 射线：通常将波长为 $10^{-3} \sim 10nm$ 的电磁波叫作 X 射线，用于晶体衍射的 X 射线波长一般为 $0.05 \sim 0.25nm$。

晶体：由结构单元在三维空间呈周期性重复排列而成的固态物质。这里的结构基元指的是原子、分子、离子或它们的集团；在晶体学中，（空间）点阵是用来表达晶体中原子团排列的周期性的工具，是三维空间中周期重复排列的点的集合。晶体可以用简单的公式表示如下：

$$晶体＝（空间）点阵＋结构基元$$

多晶体：由许多小晶粒聚集而成的物体称为多晶体或多晶材料。它可以是单相的，也可以是多相的。

晶胞：晶体中用来反映晶体的周期性、对称性及结构单元的基本构造单元，其形状为一平行六面体。

晶胞参数：

点阵常数：平行六面体形的晶胞可用其三个边的长度 a、b、c 及它们间的夹角 α（b、c 边的夹角）、β（a、c 边的夹角）、γ（a、b 边的夹角）这六个常数来表达，这六个常数就叫作点阵常数或晶胞参数。

点阵畸变：存在于点阵内部的不均匀应变。

晶系：晶体中可能存在的点阵，按其本身的对称性，即晶胞的对称性可分为七种，称为七个晶系。

（晶）面间距 d：空间点阵可认为是由许多相同的具有一定周期构造的平面点阵平行等距排列而成的平面点阵族构成的。两个相邻平面点阵间的距离就叫作面间距。

晶面指数（h、k、l）：用来代表一个平面点阵族的，用圆括号括起来的三个互质的整数（h、k、l）。

多晶衍射法：利用晶体对 X 射线的衍射效应，获得多晶样品的 X 射线衍射图的方法。该法给出一套基本数据——d-I 值（衍射面间距和衍射强度）。根据这些数据可进行物相分析、计算晶胞参数、确定空间点阵以及测定简单金属和化合物的晶体结构。样品通常为块状或粉末状，若是后者，又称为 X 射线粉末法。

高温衍射：将试样保持在高于室温的某个温度下进行 X 射线衍射。

衍射谱：表现测角角度和衍射强度关系的图谱。

相对强度 I/I_1：某衍射峰的相对强度是该衍射峰的面积（或峰高）与该衍射谱中最强衍射峰的面积（或峰高）I_1 的比值乘上 100。此面积（或峰高）为扣除背底后的值，物相定性分析采用相对强度。

积分强度：

累积强度：单位长度衍射线上接收到的累积能量，实际上是该衍射峰的积分计数与背底计数之差。物相定量分析采用积分强度。

择优取向：多晶聚集体中小晶粒的取向不是在空间均匀分布，而是相对集中在某些方向。

物相：

物相是具有相同成分及相同物理化学性质的，即具有相同晶体结构的物质均匀部分。

相变：晶体结构发生变化的现象。

半高宽：衍射峰高极大值一半处的衍射峰宽。

积分宽：用衍射峰面积（积分强度）除以衍射峰高极大值（峰值强度）来表示的衍射线宽度。

微观应力：存在于晶体内部的残余应力。

（晶体）缺陷：晶体内部周期性遭到破坏的地方。

分析线：在待测物相、标准物质衍射图中选作定量分析用或做线形分析用的衍射线。

单位符号：晶体学常用的长度单位是"埃"（Angstrom），符号是"Å"（1Å＝0.1nm）；角度单位是"度"，符号为"°"。

参 考 文 献

［1］ 刘瑾等. 基础化学实验. 合肥：安徽科学技术出版社，2006.

［2］ 李梦龙等. 化学数据速查手册. 北京：化学工业出版社，2003.

［3］ 刁国旺等. 大学化学实验基础化学实验一. 南京：南京大学出版社，2006.

［4］ 古凤才等. 基础化学实验教程：第 2 版. 北京：科学出版社，2004.

［5］ 窦英等. 大学化学实验-无机及分析化学实验分册：第 2 版. 天津：天津大学出版社，2015.

［6］ 北京师范大学无机化学教研室等. 无机化学实验：第 3 版. 北京：高等教育出版社，2000.

［7］ 何凤姣等. 无机化学：第 2 版. 北京：科学出版社，2006.

［8］ 郭伟强等. 大学化学基础实验. 北京：科学出版社，2005.

［9］ 中山大学等. 无机化学实验：第 3 版. 北京：科学出版社，2011.

［10］ 浙江大学普通化学教研组等. 普通化学：第 6 版. 北京：高等教育出版社，2011.

［11］ 《化学分析基本操作规范》编写组. 化学分析基本操作规范. 北京：高等教育出版社，1984.

［12］ 成都科学技术大学分析化学教研组，浙江大学分析化学教研组. 分析化学实验. 北京：高等教育出版社，1989.

［13］ 武汉大学. 分析化学实验：第 2 版. 北京：高等教育出版社，1985.

［14］ 南京药学院. 分析化学. 北京：人民卫生出版社，1979.

［15］ 复旦大学《仪器分析实验》编写组. 仪器分析实验. 上海：复旦大学出版社，1986.

［16］ 湖南省计量标准管理局. 天平与砝码. 北京：中国标准出版社，1979.

［17］ 孙守田. 化验员基本知识. 北京：化学工业出版社，1977.

［18］ 《仪器实验分析》编写组. 仪器分析实验. 上海：复旦大学出版社，1998.

［19］ 刘振海. 热分析导论. 北京：化学工业出版社，1991.

［20］ 蔡正千. 热分析. 北京：高等教育出版社，1993.

［21］ 陆昌伟，奚同庚. 热分析质谱法. 上海：上海科学技术文献出版社，2002.

［22］ 何燧源. 环境污染物分析监测. 北京：化学工业出版社，2001.

［23］ 黄秀莲. 环境分析与监测. 北京：高等教育出版社，1989.